高等学校工程训练系列教材

U0748408

工程实训教程

Gongcheng Shixun Jiaocheng

主　编　米承继　张　灵　郭文敏　毕仁贵
副主编　周　静　丁志兵　唐校福　刘　洋

中国教育出版传媒集团

高等教育出版社·北京

内容提要

本书根据工科类专业大学生工程实训课程的相关基本要求进行编写，分为机械制造基础知识、机械制造工程实训和创新能力与工程实践三篇，共计15章，不仅包括传统的车削、铣削、刨削、磨削、焊接、铸造等实训内容，且部分章节融入了思政元素，同时还包括了数控加工、特种加工以及面向学科竞赛的工程实践内容和典型案例。

本书可作为普通高等教育本科院校工科类专业大学生工程实训课程的教材，也可以作为高职高专院校工科类专业大学生工程实训的指导用书和参加技能鉴定与比赛的辅导用书，还可以作为工程技术人员的参考用书。

图书在版编目（ＣＩＰ）数据

工程实训教程/米承继等主编；周静等副主编. --
北京：高等教育出版社，2024.2
ISBN 978-7-04-061545-6

Ⅰ. ①工…　Ⅱ. ①米…　②周…　Ⅲ. ①工程技术-教
材　Ⅳ. ①TB

中国国家版本馆CIP数据核字（2024）第022576号

策划编辑	龙琳琳	责任编辑　龙琳琳	封面设计　张申申　贺雅馨	版式设计　杨　树	
责任绘图	黄云燕	责任校对　刘娟娟	责任印制　耿　轩		

出版发行	高等教育出版社		网　　址	http://www.hep.edu.cn
社　　址	北京市西城区德外大街4号			http://www.hep.com.cn
邮政编码	100120		网上订购	http://www.hepmall.com.cn
印　　刷	山东临沂新华印刷物流集团有限责任公司			http://www.hepmall.com
开　　本	787mm×1092mm　1/16			http://www.hepmall.cn
印　　张	17.25			
字　　数	380千字		版　　次	2024年2月第1版
购书热线	010-58581118		印　　次	2024年9月第3次印刷
咨询电话	400-810-0598		定　　价	33.40元

前言

自教育部实施"双一流"建设计划以及"双万计划"以来,高等学校积极实施课程建设、学科建设、专业建设以及课程思政建设,旨在通过新工科专业建设、多学科融合与创新、"虚实结合"教学新手段等方式提升教学效果,结合工程教育认证,使我国高等教育得到国际社会的广泛认可。

金工实习作为一门机械类和非机械类工科专业的实践性基础课程,是机械类各专业学生学习"机械设计""机械原理""高等机构学"等课程必不可少的先修课,也是非机械类有关专业教学中重要的实践教学环节。随着新材料、新工艺、新装备等新技术的不断涌现,基于传统技术编写的《金工实习》《机械工程实训》等教材的教学内容与工艺方法,与目前的先进制造技术、智能制造技术等不完全匹配。因此,需要一本融合新技术、新手段、新方法,且满足机械类和非机械类工科专业教学要求的易读性、普适性、综合性较好的教材。

本书主要有四大特色:第一,教材中零部件及机床设备图绝大部分采用三维模型或者实物图,利于学生对零部件及机床设备的理解和认知;第二,教材针对教育部实施的创新能力培养工程,围绕中国大学生工程实践和创新能力大赛、全国大学生机械创新设计大赛等学科竞赛主题,结合实际案例阐述了创新设计的一般方法和实施步骤,提高学生的学习积极性;第三,教材罗列了当下工业界和学术界正在使用或推广的新工艺和新设备,丰富了金工实习的内容,可以提高学生的学习效果、激发学生的学习兴趣、扩展学生的视野和格局;第四,部分章节结合实训操作和思政元素,培养学生的职业道德、综合素养、专业技能,形成"德能互驱"双重效应。

本书为高等学校大学生工程实训(金工实习)课程的教材,

由湖南工业大学、邵阳学院、吉首大学联合组织编写,由米承继、张灵、郭文敏、毕仁贵担任主编,周静、丁志兵、唐校福、刘洋担任副主编,由中南大学吴万荣教授和湖南工业大学姚齐水教授审阅。具体编写分工如下:第 1 章(张灵、郭文敏)、第 2 章(张灵、丁志兵)、第 3 章(张灵)、第 4 章(张灵)、第 5 章(卜旦霞)、第 6 章(付宇洲)、第 7 章(陈若莹)、第 8 章(米承继)、第 9 章(米承继、毕仁贵)、第 10 章(米承继)、第 11 章(卢定军)、第 12 章(周静)、第 13 章(明瑞)、第 14 章(米承继、唐校福)、第 15 章(米承继、刘洋)。

在本书的编写过程中,得到了省内外兄弟院校的有关教师和企业的工程技术人员的大力支持和帮助,在此一并表示衷心感谢。

由于编者水平有限,书中难免存在不足和欠妥之处,敬请各位专家和读者批评指正。留言邮箱:284648680@qq.com。

编者

2023 年 12 月

目录

第一篇
机械制造基础知识

第1章
工程实训概论

1.1 工程实训的目的和意义

工程实训是我国高等学校工科类人才培养过程中重要的实践教学环节,是符合现阶段中国国情并独具特色的校内工程实践教学模式。课程最初起源于工科专业传统的金工实习,经过几十年的发展,工程实训教学有了较大的发展,以实际工业环境为背景,以产品全生命周期为主线进行工程实训,学生不仅受到工程实践的教育,也获得工程文化的体验。工程实训课程内容既包含传统制造技术(铸造、焊接、锻压、热处理、车削、铣削、钳工、刨削、磨削等)的训练,又有数控加工和特种加工(激光加工、电火花成形、线切割、快速成形等)等先进制造技术的训练。工程实训在提高大学生工程实践能力和科技创新能力方面,具有理论课程不可替代的作用。在使学生学习基本操作技能和工艺知识、传统和先进制造技术的基础上,着重培养学生的工程实践能力和创新意识。通过以项目为载体的工程实训,学生应具备初步选择加工方法和分析工艺过程、自主加工制作创新作品的能力。

根据学生知识、能力和素质培养的规律性,以及不同专业人才培养课程设置的阶段性,工程实训课程体系一般分为四个层次:工程认知训练、工程技能训练、工程综合训练、工程创新训练。其中,工程认知训练旨在使学生了解工程技术发展历程及工业生产过程与环境的相关知识;工程技能训练旨在使学生掌握基本的仪器、设备、工具等的使用方法以及相关工艺操作的基本技能;工程综合训练旨在使学生熟悉特定产品对象分析、设计、制造与实际运行的完整过程,培养学生初步的工程综合应用能力;工程创新训练旨在为学生的创意、创新与创业实践活动提供全方位的支持平台,并通过创新实践课程、创新实践项目、科技竞赛活动等激发学生的工程创新能力。

工程实训课程以"学习工艺知识,增强实践能力;提高综合素质,培养创新精神"为教学目标,通过机械制造工程实训,使学生具备以下能力:

(1)了解机械制造的基本过程和基础知识

通过工程实训,掌握机械制造的各种主要加工方法,了解所用设备的基本结构和工作原理;能够正确操作机床设备,使用各类工具、夹具、量具;了解加工工艺和工程术语,使学生对工程问题从感性认识上升到理性认识。这些实践知识将为学生以后学习有关专业技术基础课、专业课及进行毕业设计等打下良好的基础。

（2）培养实践动手能力

我国工程教育专业认证标准中明确提出，工科类相关专业课程体系必须包括工程实践，应设置完善的实践教学体系，培养学生的实践能力和创新能力。学生通过参加生产实践，操作各种设备，使用各种工具、夹具、量具，独立完成简单零件的加工制作全过程，应具备对简单零件初步选择加工方法和分析工艺过程的能力。

（3）提高综合素质

在真实的工程环境中，培养学生在生产实践中调查、观察问题的能力，以及学会理论联系实际、运用所学知识分析解决工程实际问题的能力。同时，要使学生增强劳动观念、遵守组织纪律、具有团队协作的工作作风；爱惜国家财产、具有经济观点和质量意识，培养学生理论联系实际和一丝不苟的科学作风。这些都是全面开展素质教育不可缺少的重要组成部分，也是机械制造工程实训提高人才综合素质、培养高质量人才需要完成的一项重要任务。

1.2　工程实训的内容与要求

任何机器和设备都是由相应的零件组装而成的，只有制造出符合技术要求的零件，才能装配出合格的机器。一般的机械生产制造过程如图 1-1 所示：

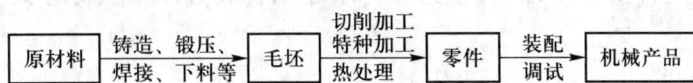

图 1-1　机械生产制造过程

原材料是指被加工零件的原始坯料，传统的机械加工方法是将原材料通过铸造、锻压、焊接等加工方法制成毛坯，然后由毛坯经切削加工等制成零件。随着现代新技术、新工艺的应用与发展，加工方法发生了很大的改变。例如 3D 打印就是一种以数字模型文件为基础，运用粉末状金属或塑料等可黏合材料，通过逐层打印的方式来构造物体的增材制造技术。

切削加工是利用工件和刀具之间的相对运动，将毛坯上多余的金属切除，得到零件所需要的形状、尺寸以及表面粗糙度的过程。切削加工的方法很多，主要有车削、铣削、刨削、磨削、钻削等机械加工和钳工。

特种加工是相对传统切削加工而言的加工方法，泛指用电能、热能、光能、电化学能、化学能、声能及特殊机械能等能量达到去除或增加材料目的的加工方法，从而实现材料的去除、变形、改变性能或镀覆等。

在毛坯制造和切削加工过程中，为了便于切削和保证零件的力学性能，需要在某些加工工序之前或之后进行热处理。热处理不改变零件的形状,而是通过加热、保温、冷却来改变零件材料的内部组织结构,从而获得所需的力学性能。

机械制造工程实训是对产品的制造过程进行实践性教学的关键环节,也是学生创新能力培养的重要环节,其具体内容包括如下三个方面。

(1)传统机械加工基础实训,使学生了解机械加工的基本操作技能及各种工艺知识。

(2)现代制造技术实训,培养学生了解各种现代制造技术工艺知识,使其了解工业模块化、系统化及智能制造的理念。

(3)创新实践训练,通过创新认知课程、创意制作课程、项目竞赛活动等,激发学生的创新意识,使其学习创新方法,培养创新能力。

1.3   工程实训的安全规程

工程实训的教学过程接近企业的实际生产环境,教师在实验室或车间开展教学,因此存在各式各样的安全隐患。如果实训人员不遵守工艺操作规程或者缺乏一定的安全知识,很容易发生机械伤害、触电、烫伤等工伤事故。在我国工程实训的历史上,多数安全事故的出现都源自安全意识的缺乏。因此,必须牢固树立安全意识,充分认识安全的重要性。工程实训前,学生必须接受有关安全教育和纪律教育的实习动员,并以适当的方式进行考核,使所有参加实训的学生都要树立起"安全第一"的观念,懂得并严格执行有关的安全技术规章制度。

1.3.1   工程实训的安全注意事项

工程实训中的安全注意事项有以下几点:

(1)按规定穿戴好劳动防护用品,实习学生要求穿长裤,焊接实训必须穿长袖服装,防止弧光灼伤皮肤。不允许穿裙子、背心以及拖鞋、凉鞋、高跟鞋等,女生要戴工作帽,将头发束于帽内。

(2)听从教师的实习指导,遵守实习纪律。在实习地点工作,不得串岗或做与实习无关的事情,不要高声喧嚷或打闹嬉戏。

(3)未经教师许可,不能擅自启动机器设备的开关或拨动手柄等。

(4)工作前,应先检查设备状况,无故障后再实训;实习时,应注意爱护机器、工具,防止损坏;实习完毕,按规定做好保养、清洁和整理工作。

(5)工作场地要保持清洁,零件、毛坯和原材料的放置位置要稳当;工具、量具应放置在工作台的适当位置,以免砸伤人。

(6)重物及吊车下不得站人。

（7）清除切屑时必须使用钩子或刷子等工具，不可徒手清理，不用嘴吹，避免切屑进入眼睛。

（8）若发生事故，应及时向指导教师报告，妥善处理或及时就医。

1.3.2　机床操作通用安全守则

操作机器必须严格遵守"机床操作通用安全守则"以及各实习工种的具体安全规则。

1. 机床开动前

（1）在开始工作以前，必须按要求着装，禁止戴手套和围巾操作机床。

（2）未得到实习指导教师的许可，不得擅自开动机床。

（3）检查机床各种转动部分的润滑情况是否良好，主轴、刀架、工作台在运转时是否受到阻碍，防护装置是否安装好，机床及其周围是否堆放有影响安全的物品。

（4）必须夹紧刀具和工件，夹紧后立即取下扳手，以免开动机床时扳手飞出伤人。

2. 机床运转时

（1）不得用手触摸加工中的刀具、工件或其他运转部件。

（2）若遇到刀具或工件破裂，应立即停车并向指导教师报告。

（3）切断工件时，不要用手抓住将要断离的工件。

（4）禁止直接用手去除切屑。

（5）禁止在机床运行时测量工件的尺寸、触摸旋转的工件以及添加润滑液等。

3. 刀具和工件接触时

必须缓慢小心地使刀具和工件接触，以免损伤刀具、工件，或造成其他事故。

4. 装夹刀具及工件时

机床空挡时方可装夹刀具及工件，刀具和工件必须安装牢固，以免飞出伤人。

第 2 章
工程材料与热处理

2.1 机械工程材料分类及应用

材料是用于制造机器零件、工程构件及生活日用品的物质。材料的开发、使用贯穿于人类的进化史。从原始时代起,人类在使用材料时就注意到各种材料的基本特性,并经过无数次的试验,不断丰富了对材料的认知。工业生产和人们的日常生活都离不开材料,材料的品种、数量和质量是衡量一个国家现代化程度的重要标志。

工业生产中所使用的材料属于工程材料,工程材料种类繁多,主要包括金属材料、非金属材料和复合材料三大类,如图 2-1 所示。

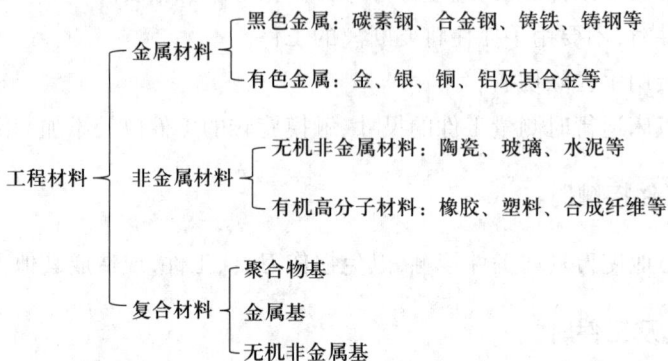

```
                          ┌─ 黑色金属:碳素钢、合金钢、铸铁、铸钢等
              ┌─ 金属材料 ─┤
              │           └─ 有色金属:金、银、铜、铝及其合金等
              │
              │              ┌─ 无机非金属材料:陶瓷、玻璃、水泥等
工程材料 ─────┤─ 非金属材料 ─┤
              │              └─ 有机高分子材料:橡胶、塑料、合成纤维等
              │
              │           ┌─ 聚合物基
              └─ 复合材料 ─┤─ 金属基
                          └─ 无机非金属基
```

图 2-1　工程材料分类

2.1.1　金属材料

金属材料是指金属元素或以金属元素为主构成的具有金属特性的材料的统称,包括纯金属、合金、金属间化合物等。合金是以一种金属为基础,加入其他金属或非金属,经过熔炼或烧结制成的具有金属特性的材料。最常用的合金是以铁为基础的铁碳合金,如碳素钢、灰铸铁等。

金属材料的品种繁多,工程上常用的金属材料主要有黑色及有色金属材料等。黑色金属材料中使用最多的是钢铁,钢铁材料是钢和铸铁的总称,广泛用于工业、农业生产及国民经济各部门。各种机器设备上的轴、齿轮、弹簧,建筑上使用的钢筋、钢板,以及交通运输中的车辆、铁轨、船舶等都要使用钢铁材料制造。为了改善钢的性能,人们常在钢中加入硅、锰、铬、镍、钨、钼及钒等合金元素,以提高钢的强度、耐磨性、抗腐蚀性能等。

有色金属包括铝、铜、钛、镁、锌、铅及其合金等,虽然它们的产量及使用量不如钢铁材料大,但由于其具有某些独特的性能和优点,从而成为当代工业生产中不可缺少的材料。

此外,为了适应科学技术的高速发展,人们还在不断推陈出新,进一步开发出稀有金属材料、高温合金、高性能结构材料等新型金属材料。

1. 钢

工业上将碳的质量分数小于 2.11% 的铁碳合金称为钢。工业用钢按化学成分可分为碳素钢和合金钢两大类。钢具有良好的使用性能和工艺性能,因此得到广泛应用。

（1）碳素钢

碳素钢是以铁和碳为主要元素组成的,常含有硅、锰、硫、磷等杂质成分。由于这类钢容易冶炼、价格低廉、工艺性好,广泛用于工程建筑、车辆、船舶以及桥梁、容器等构件。

常用碳素钢的分类、牌号及应用如表 2-1 所示。

表 2-1 常用碳素钢的分类、牌号及应用

分类	牌号		应用举例
	牌号举例	符号说明	
碳素结构钢	Q235AF	Q 表示"屈服强度"汉语拼音首字母。235 表示 $\sigma_s \geqslant 235$ MPa。A 表示硫、磷的质量分数的大小。F 表示沸腾钢	制造螺钉、螺母、螺栓、垫圈、手柄、小轴及作为型材等
优质碳素结构钢	20、40、45、65	两位数字代表钢中平均碳的质量分数的万分数。例如,45 钢中碳的质量分数为 0.45%	制造各类机械零件。例如,轴、齿轮、连杆、弹簧等
碳素工具钢	T7、T8、T12、T12A	T 表示"碳素工具钢"汉语拼音首字母。数字编号表示钢的碳的质量分数的千分数。例如,T7 代表碳的质量分数约等于 0.7% 的优质碳素工具钢;A 表示高级优质碳素工具钢,钢中有害杂质(P、S)的含量较少	制造各类刀具、量具和模具。例如,锤头、钻头、冲头、丝锥、板牙、锯条、刨刀、锉刀、量具、剃刀、小型冲模等

（2）合金钢

为了提高钢的性能,在碳素钢基础上特意加入合金元素所获得的钢种称为合金钢。常用的合金元素有锰、硅、铬、镍、钼、钨、钒、钛、硼等。工业上常按用途把合金钢分为合金结构钢（主要用于制造各种机械零件和工程构件）、合金工具钢（主要用于制造各种刀具、量具和模具

等)、特殊性能钢(是具有特殊的物理、化学性能的钢,可分为不锈钢、耐热钢、耐磨钢等)。

常用合金钢的分类、牌号及应用如表2-2所示。

表2-2 常用合金钢的分类、牌号及应用

分类	牌号		应用举例
	牌号举例	符号说明	
合金结构钢	16Mn、40Cr、60Si2Mn	数字编号表示钢中碳的平均质量分数的万分数。 元素符号表示加入的合金元素,当合金元素平均质量分数小于1.5%时,则只标出元素符号,而不标明其质量分数;倘若元素的平均质量分数为1.5%~2.5%时,元素符号后面写数字2,当元素的平均质量分数为2.5%~3.5%时,元素符号后面写数字3	制造各类重要的机械零件。例如,齿轮、活塞销、凸轮、气门顶杆、曲轴、机床主轴、板簧、卷簧、压力容器、汽车纵横梁、桥梁结构、船舶结构等
合金工具钢	5CrMnMo、W18Cr4V、9SiCr	数字编号表示钢中碳的平均质量分数的千分数。 元素符号表示加入的合金元素,当合金元素平均质量分数小于1.5%时,则只标出元素符号,而不标明其质量分数;倘若元素的平均质量分数为1.5%~2.5%时,元素符号后面写数字2;当元素的平均质量分数为2.5%~3.5%时,元素符号后面写数字3	制造各类重要的大型复杂刀具、量具和模具。例如,板牙、丝锥,形状复杂的冲模、块规、螺纹塞规、样板、铣刀、车刀、刨刀、钻头等
特殊性能钢	1Cr18Ni9Ti、4Cr9Si2、ZGMn13	不锈钢:1Cr18Ni9Ti; 耐热钢:4Cr9Si2; 耐磨钢:ZGMn13	不锈钢:制造医疗器械、耐酸容器、管道等; 耐热钢:制造加热炉构件、过热器等; 耐磨钢:制造破碎机颚板、衬板、履带板等

2. 铸铁

铸铁是碳质量分数大于2.11%,并含有较多硅、锰、硫、磷等元素的铁碳合金。铸铁的生产工艺和生产设备简单,价格便宜,具有许多优良的使用性能和工艺性能,所以应用非常广泛,是工程上最常用的金属材料之一。

铸铁与钢相比,虽然力学性能较差(强度低、塑性低、脆性大),但却有着优良的铸造工艺性、切削加工性、消振性和减摩性等。因此,铸铁在生产中仍获得普遍应用。

铸铁中的碳由于成分和凝固时冷却条件的不同,可以呈化合状态(Fe_3C)或游离状态

（石墨）存在，这就使铸铁的内部组织、性能、用途等存在较大的差异。铸铁按照碳存在的形式可以分为：白口铸铁、灰口铸铁、麻口铸铁；按铸铁中石墨的形态可以分为：灰铸铁、可锻铸铁、球墨铸铁、蠕墨铸铁。

常用铸铁的分类、牌号及应用如表 2-3 所示。

表 2-3　常用铸铁的分类、牌号及应用

分类	牌号		应用举例
	牌号举例	符号说明	
灰口铸铁	HT100 HT150 HT200 HT250 HT300 HT350	HT 表示"灰铁"汉语拼音首字母。 数字表示该材料的最低抗拉强度值，单位是 MPa。例如，HT200 表示 $\sigma_b \geq 200$MPa 的灰口铸铁材料	制造各类机械零件。例如，机床床身、飞轮、机座、轴承座、气缸体、齿轮箱、液压泵体等
可锻铸铁	KT300-06 KT350-10 KT450-06 KT650-02 KT700-02	KT 表示"可铁"汉语拼音首字母。 数字分别表示材料的最低抗拉强度值（MPa）和最低伸长率（δ%）。例如，KT450-06 表示抗拉强度 σ_b 不低于 450MPa，伸长率 δ 不低于 6% 的可锻铸铁材料	制造各类机械零件。例如，曲轴、连杆、凸轮轴、摇臂活塞环等
球墨铸铁	QT400-18 QT500-07 QT600-03 QT900-02	QT 表示"球铁"汉语拼音首字母。 数字分别表示材料的最低抗拉强度值（MPa）和最低伸长率（δ%）。例如，QT400-18 表示抗拉强度 σ_b 不低于 400MPa，伸长率 δ 不低于 18% 的球墨铸铁材料	可以代替部分铸钢件或锻钢件，制造承受较大载荷、受冲击和耐磨损的零件，例如，大功率柴油机的曲轴、轧辊、中压阀门、汽车后桥等

3. 铸钢

铸钢主要用于制造形状复杂，具有一定强度、塑性和韧性的零件。与铸铁相比，铸钢具有较好的综合力学性能，使铸件在动载荷作用下安全可靠。此外，铸钢的焊接性能较铸铁优良，这对于采用铸造和焊接联合工艺制造复杂零件和重要零件十分重要。但是，铸钢的铸造工艺性能差，为保证铸钢件的质量，必须采取一些特殊的工艺措施，这就使铸钢件的生产成本高于铸铁件。

我国碳素铸钢件的牌号用铸钢汉语拼音首字母"ZG"加两组数字组成，第一组数字代表屈服强度值（MPa），第二组数字代表抗拉强度值（MPa）。铸钢的牌号有 ZG200-400、ZG230-450、ZG270-500、ZG310-570、ZG340-640 等。

4. 有色金属

工业上把钢铁以外的金属称为非铁材料（有色金属），非铁材料及其合金具有钢铁材料所没有的许多特殊的力学、物理和化学性能。非铁材料常用的有铜及其合金、铝及其合金、钛及其合金、镁及其合金、锌及其合金、轴承合金等。常用非铁材料及其合金的牌号、种类和用途如表 2-4 所示。

表 2-4　常用非铁材料及其合金的牌号、种类和用途

分类	牌号		应用举例
	牌号举例	符号说明	
纯铜	T1	纯铜分 T1—T4 四种。例如，T1（一号铜）表示铜的质量分数为 99.95%；T4 表示铜的质量分数为 99.50%	用于制造电线、导电螺钉、储藏器及各种管道等
黄铜	H62	H 表示黄铜，后面数字表示铜的质量分数。例如，H62 表示铜的质量分数为 60.5% ~ 63.5%	用于制造散热器、垫圈、弹簧、各种网、螺钉及其他零件等
铸造黄铜	ZCuZn38、ZCuZn33Pb2	Z 表示铸造，Cu、Zn、Pb 分别代表合金里面包含的化学成分	常用于铸造机械、热轧轧制零件及制造轴承、轴套等
纯铝	1070　A 1060 1050　A	铝的质量分数为 98% ~ 99.7%	用于制造电缆、电器零件、装饰件及日常生活用品等
铸铝合金	ZL102	Z 表示铸造，L 表示铝，后面数字表示顺序号。例如，ZL102 表示 Al-Si 系 02 号合金	耐磨性中上等，用于制造载荷不大的薄壁零件等

2.1.2　非金属材料

非金属材料是近年来发展非常迅速的工程材料，因其具有金属材料无法具备的某些性能（如电绝缘性、耐腐蚀性等），在工业生产中已成为不可替代的重要材料，常见的有高分子材料和陶瓷材料等。

1. 高分子材料

有机高分子材料又称聚合物或高聚物材料，是一类由一种或几种分子或分子团（结构单元或单体）以共价键结合成具有多个重复单体单元的大分子材料。它们可以是天然产物，如纤维、蛋白质和天然橡胶等；也可以是用合成方法制得的材料，如合成橡胶、合成树脂、合成纤维等非生物高聚物等。聚合物的特点是种类多、密度小，比强度大，电绝缘性、耐腐蚀性好，加工容易，可满足多种特种用途的要求。

（1）塑料

塑料是高分子化合物，其主要成分是合成树脂，在一定的温度、压力下可软化成形，是最

主要的工程结构材料之一。塑料具有良好的电绝缘性、耐腐蚀性、耐磨性,密度小等许多优良的性能,不仅在日常生活中到处可见,在工程结构中也被广泛地应用。

塑料按应用分类可分为通用塑料和工程塑料两大类。通用塑料产量大、价格低、性能一般,主要有聚乙烯(PE)、聚丙烯(PP)、聚氯乙烯(PVC)、聚苯乙烯(PS)等。工程塑料具有良好的力学性能,能替代金属制造一些机械零件和工程结构件,常见的品种有聚酰胺/尼龙(PA)、聚甲醛(POM)、聚碳酸酯(PC)和丙烯腈 – 丁二烯 – 苯乙烯共聚物(ABS)。

塑料按物理化学性能又可分为热塑性材料和热固性材料两大类。热塑性材料加热可软化,易于加工成形,并能反复使用,如 PVC、PS、ABS、PA、POM 等塑料都属于热塑性材料,熔融沉积成形(FDM)中常用 ABS、PA 等热塑性材料。热固性材料固化后重复加热不再软化和熔融,不能再成形使用,常用的有酚醛塑料、环氧树脂塑料。

(2)橡胶

橡胶一般在 –40 ~ 80 ℃范围内具有高弹性,通常还具有储能、隔音、绝缘、耐磨等特性。橡胶材料广泛用于制造密封件、减振件、传动件、轮胎和导线等。

(3)合成纤维

合成纤维是指呈黏流态的高分子材料,是经过喷丝工艺制成的。合成纤维一般都具有强度高、密度小、耐磨、耐腐蚀等特点,不仅广泛用于制作衣料等生活用品,在工业、农业、交通、国防等领域也有重要作用。常用的合成纤维有涤纶、锦纶和腈纶等。

2. 陶瓷材料

陶瓷是一种与人类生活和生产密切相关的材料,是用天然化合物或合成化合物经过成形和高温烧结制成的一类无机非金属材料。硬度是陶瓷材料重要的力学性能指标之一,陶瓷通常具有高硬度和高耐磨性,而且在高温下抗氧化、耐腐蚀、抗蠕变性能及硬度都较好,但陶瓷材料脆性比硬质合金略大。

按用途不同,陶瓷材料可以分为普通传统陶瓷与先进结构陶瓷,普通陶瓷除用作日用陶瓷、瓷器外,还常用在电器、化工、建筑等领域。工业中常用的先进结构陶瓷有氧化铝陶瓷、氧化锆陶瓷、氮化硅陶瓷、碳化硅陶瓷、氮化硼陶瓷等,它们在制作切削刀具方面具有很大的优势,特别适用于高硬度材料加工(如淬火钢等)、精加工及高速加工。

2.1.3 复合材料

复合材料是由基体材料和增强材料复合而成的多相固态材料。复合材料使用的历史可以追溯到古代,从古至今沿用的稻草或麦秸增强黏土和已使用上百年的钢筋混凝土均由两种材料复合而成。复合材料既能克服单一材料的弱点,又可有效实现不同材质的优势互补。

复合材料的分类方法颇多,通常按其基体材料不同,可分为三大类:金属基复合材料、聚

合物基复合材料（如树脂基复合材料）、无机非金属基复合材料（如陶瓷基复合材料）。按增
强材料的不同，复合材料还可分为纤维增强复合材料、晶须增强复合材料等。

2.2　金属材料的主要性能

人类文明的发展和社会的进步与金属材料的使用关系密切。继石器时代之后，铜器时
代和铁器时代都是以金属材料的应用为其时代的显著标志。在现代，机械工业中应用最广
泛的仍是金属材料，因为金属材料不仅具有良好的力学性能、物理和化学性能，而且具有良
好的工艺性能，可用各种加工方法制成适用的零件、工具。若采用不同的热处理工艺，还可
以改变金属材料表面或内部的组织结构，以满足不同的使用性能要求。

2.2.1　金属材料的力学性能

金属材料的力学性能是指金属材料在外力（拉力、压力、冲击力）的作用下所表现出来
的性能，是设计零件时选择材料的重要依据。金属材料的力学性能主要有强度、硬度、塑性、
韧性等。

1. 强度

强度是指金属材料在静载荷作用下，抵抗塑性变形和断裂的能力。强度指标一般用单
位面积所承受的载荷（应力）表示，符号为 σ，单位为 MPa。在工程上常用于表示金属材料
强度的指标有屈服强度和抗拉强度，这两项指标可以通过金属静拉伸试验来测定。

在拉伸的初始阶段，载荷的增大与金属试样的伸长量呈正比变化，卸去载荷后试样能恢
复原状，该阶段的变形称为弹性变形。当载荷增大到 F_s 后，增加很小的载荷就会使材料的
塑性变形不断增加，这种现象称为屈服现象。试样在外力作用下开始产生明显塑性变形的
最小应力称为屈服强度，用 σ_s 表示。当载荷继续增大，试样在断裂前所承受的最大应力称
为抗拉强度，用 σ_b 表示。

屈服强度和抗拉强度在进行机械设计、选择金属材料时有重要意义，因为金属材料不能
在超过屈服强度的条件下工作，否则会引起零件的塑性变形；若在超过其抗拉强度的条件下
工作，则会导致零件的破坏。

2. 硬度

硬度是指金属材料抵抗其他硬物压力的能力，它是衡量材料软硬程度的指标。硬度越
高，材料的耐磨性越好。机械加工中所用的刀具、量具、磨具以及大多数机械零件都应具备
足够的硬度，以保证使用性能和寿命，否则容易因磨损而失效。目前常用的测定硬度的方法

是静试验力压入法,即在规定的静态试验力下将压头压入材料表面,用压痕面积或压痕深度来评定硬度。常用的硬度有布氏硬度和洛氏硬度。

（1）布氏硬度

布氏硬度的测定试验原理如图 2-2 所示,将直径为 D 的球体（硬质合金球）以一定的载荷 F 压入试样表面,保持一定时间后卸除载荷,测量球体在金属表面上压出的圆形凹陷压痕的直径为 d,据此计算压痕球面积,求出单位面积所受的力作为金属的硬度值,称为布氏硬度值,以符号 HBW 来表示。

布氏硬度试验方法的优点是测量值较准确。但由于这种试验方法的测试球体本身存在变形问题,不能测量硬度大于 650HBW 的材料,且压痕较大,对成品检测不适宜。

（2）洛氏硬度

洛氏硬度的测定原理如图 2-3 所示,采用金刚石圆锥体或硬质合金球压头,以一定的载荷 F 压入金属表面,经规定保持时间后卸除载荷,以测量的压痕深度来计算材料的洛氏硬度值。与布氏硬度不同,洛氏硬度以测量的压痕凹陷深度来表示硬度值。实际测定时,试件的洛氏硬度值由洛氏硬度计的表盘直接读出,材料越硬,则表盘上的示值越大。

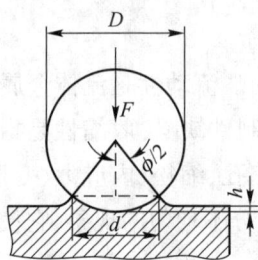

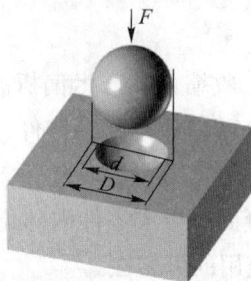

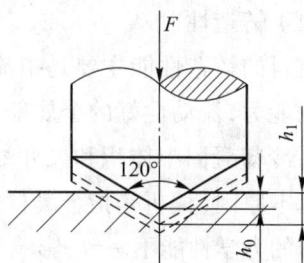

图 2-2　布氏硬度测定试验原理图　　　　图 2-3　洛氏硬度测定原理图

通常,硬质合金压头为顶角为 120° 的金刚石圆锥体,适用于淬火钢材等较硬材料的硬度测定;软质压头由直径为 1.588 mm 的淬火钢球制成。根据压头和载荷的不同,洛氏硬度有 HRA、HRB、HRC 等不同的规范。常用的是 HRC 洛氏硬度,它采用金刚石圆锥体做压头,可用来测量硬度很高的材料,例如淬火钢、调质钢等。

3. 塑性

塑性是指金属材料在断裂前产生永久变形而不被破坏的能力。通常以断后伸长率 δ 和断面收缩率 ψ 来表示。一般来说,塑性材料的 δ 或 ψ 较大,而脆性材料的 δ 或 ψ 较小。

塑性指标在工程技术中具有重要的实际意义。首先,良好的塑性可顺利完成某些成形工艺,如冷冲、冷拔等。其次,良好的塑性使零件在使用时,即使超载,也能由于塑性变形使材料强度提高而避免突然断裂,故在静载荷下使用的机械零件都需要具有一定的塑性。一般来说,δ 达 5% 或 ψ 达 10%,就能满足绝大多数零件的要求。

4. 韧性

机械零件除了受到静载荷的作用,还经常受到各种冲击动载荷作用,如活塞销、锻锤杆、冲模等。制造此类零件所用的材料,必须考虑其抗冲击载荷的能力。冲击韧度就是衡量材料抵抗冲击破坏能力的指标。

工程技术上为评定金属材料抗冲击载荷的能力,采用带缺口的冲击试样进行一次摆锤冲击弯曲试验,可测得将试样击断时所消耗的功——冲击功 A_k(J)。若将冲击功 A_k 除以试样缺口处的横截面积 A(cm^2),得到的商称为"冲击韧度",用符号 α_k(J/cm^2)表示。

2.2.2 金属材料的工艺性能

材料的工艺性能是指材料在各种加工过程中,适应加工工艺要求的能力,是材料的物理性能、化学性能和力学性能的综合表现。材料的工艺性能主要有铸造性、可锻性、焊接性、切削加工性和热处理工艺性等。在机械零件的设计和制造中,以及选择材料和工艺方法时,必须考虑材料的工艺性能。

(1)铸造性

材料的铸造性能主要是指流动性、收缩性和产生偏析的倾向。流动性是流体金属充满铸型的能力,流动性好的金属能铸出细薄精致的复杂铸件,减少制件缺陷;收缩性是指金属材料在冷却凝固中体积和尺寸缩小的性能,收缩是使铸件产生缩孔、缩松、内应力、变形、开裂的基本原因;偏析是指金属材料在凝固时造成零件内部化学成分不均匀的现象,它使零件各部分的力学性能不一致,影响零件使用的可靠性。

(2)可锻性

材料的可锻性是指材料是否易于锻压的性能。可锻性常用材料的塑性和变形抗力来综合量化。可锻性好的材料,不但塑性好,可锻温度范围宽,再结晶温度低,变形时不易产生加工硬化,而且所需的变形外力小。如中、低碳钢,低合金钢等都有良好的可锻性,高碳钢、高合金钢的可锻性较差,而铸铁则根本不能锻造。

(3)焊接性

材料的焊接性是指材料在一定条件下获得优质焊接接头的难易程度。易氧化、吸气性强、导热性过高(或过低)、膨胀系数大、塑性低的材料,一般可焊性差。可焊性好的材料在焊缝内不易产生裂纹、气孔、夹渣等缺陷,同时焊接接头强度高。如低碳钢具有良好的可焊性,而铸铁、高碳钢、高合金钢、铝合金等材料的可焊性则较差。

(4)切削加工性

材料的切削加工性是指其切削加工的难易程度。切削加工性好的材料,切削时消耗的能量少,刀具寿命长,易于保证加工表面的质量,切屑易于折断和脱落。材料的切削加工性与其强度、硬度、塑性、导热性等有关。如灰口铸铁、铜合金及铝合金等均有较好的切削加工性,而高碳钢的切削加工性则较差。

（5）热处理工艺性

热处理工艺性能是指金属经过热处理后其组织和性能改变的能力,如淬透性、淬硬性、淬火变形开裂的倾向、氧化脱碳的倾向等。含锰、铬、镍等合金元素的合金钢淬透性比较好,碳钢的淬透性较差。

2.2.3　金属材料的物理和化学性能

金属材料的物理和化学性能主要有密度、熔点、导电性、导热性、热膨胀性、耐热性、耐腐蚀性、抗氧化性等。根据机器零件的用途不同,对其物理、化学性能的要求也不同。例如飞机的零件要选用密度小的铝、镁、钛合金材料来制造;机电产品的零件要考虑金属的导电性;化工设备、医疗用具常采用不锈钢来制造。金属材料的物理性能对加工工艺也有一定的影响,例如材料的热膨胀系数大小会影响工件热加工后的变形和开裂。

2.3　钢的热处理

2.3.1　热处理的概念及用途

热处理是将金属材料在固态下进行加热、保温和冷却,通过改变材料内部或表面的组织结构,从而改变材料的性能,使其更好地满足使用要求的一种处理工艺。与其他机械加工工艺不同,热处理的目的不是使零件最终成形,而是改善和提高材料的力学和使用性能,如强度、硬度、韧性、耐磨性及可切削加工性等。

热处理工艺由加热、保温、冷却三个阶段构成,如图2-4所示。同种材料,由于采用不同的加热温度、保温时间、冷却速度,甚至不同的加热、冷却介质,工件所获得的组织和性能都有很大差别。对于不同材料、不同结构的零件,要根据具体的加工工艺性和力学性能要求,制定具体的热处理工艺。

通过适当的热处理可以显著提高钢的力学性能,延长机器零件的使用寿命。例如用T7钢制造一把钳工用的錾子,若不进行热处理,即使錾子刃

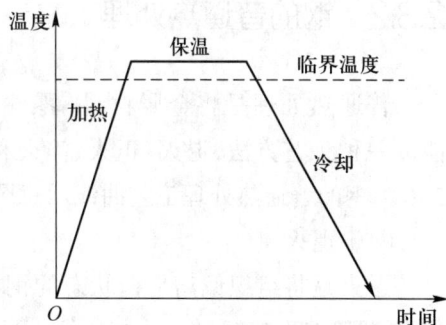

图2-4　热处理的工艺曲线

口磨得很好,在使用时刃口也会很快发生卷刃;若将已磨好錾子的刃口局部加热至一定温度以上,保温以后进行水冷及其他热处理,则錾子变得锋利而有韧性。在使用过程中,即使用榔头经常敲打,錾子也不易发生卷刃和崩裂现象。热处理不但可以强化金属材料、充分挖掘材料性能的潜力、节省材料和能源,而且能够提高机械产品的质量,大幅延长机器零件的使

用寿命。据统计,机床工业中有 60% ~ 70% 的零件需要进行热处理;汽车、拖拉机工业中有 70% ~ 80% 的零件需要进行热处理;各类工具(刀具、量具、模具等)几乎 100% 需要进行热处理。因此,热处理在机械制造中占有十分重要的地位。

1. 热处理分类

热处理的种类很多,根据加热、冷却方式及获得工件组织和性能的不同,金属的热处理工艺可分为普通热处理、表面热处理和特殊热处理三大类,见图 2-5。

2. 确定热处理工序的一般规律

热处理作为重要的工序被安排在各加工工序之间,合理选择与制定热处理工艺方案,对于改善钢的切削加工性能,保证产品质量,满足使用要求,具有重要的意义。根据热处理的目的和

热处理
- 普通热处理：退火、正火、淬火、回火
- 表面热处理：
  - 表面淬火：感应加热表面、火焰加热表面
  - 化学热处理：渗碳、渗氮、碳氮共渗
- 特殊热处理：形变热处理、磁场热处理

图 2-5　金属的热处理工艺分类

工序位置的不同,可将其分为预备热处理和最终热处理两大类,其工序安排的基本原则如下。

(1)预备热处理:包括退火、正火和调质等,一般安排在毛坯生产之后、切削加工之前,或粗加工之后、半精加工之前。当工件的性能要求不高时,经退火、正火或调质后工件不再进行其他的热处理,此时属于最终热处理。

(2)最终热处理:包括整体淬火、回火(低温、中温)、表面淬火、渗碳和渗氮等。由于经过最终热处理后工件的硬度更高,难以切削加工(磨削除外),所以最终热处理一般安排在半精加工之后,精加工(一般为磨削)之前。

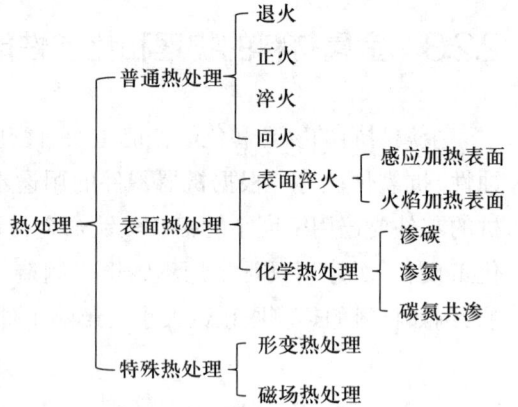

2.3.2　钢的普通热处理

普通热处理是将金属材料(零件)进行整体加热、保温和冷却,以获得均匀组织和性能的一种工艺方法,退火、正火、淬火和回火四种热处理工艺合称为热处理的"四把火",图 2-6 为钢的普通热处理工艺曲线示意图。

(1)退火

退火是将组织偏离平衡状态的钢加热到工艺预定的某一温度(碳钢为 740 ~ 880 ℃),保温一段时间,随后随炉冷却或埋入导热性较差的介质中缓慢冷却下来,以获得接近平衡状态组织的热处理工艺。根据钢的成分和退火的目的、要求的不同,退火可分为完全退火、球化退火、扩散退火、去应力退火等。

退火的主要作用是:降低钢的硬度,提高其塑性,改善其切削加工性能;细化晶粒,消除组织缺陷,改善钢的性能,并为最终热处理做好组织准备;消除钢件的内应力,稳定钢件尺寸,减小变形,防止开裂;提高钢的塑性和韧性,便于进行各种冷加工。

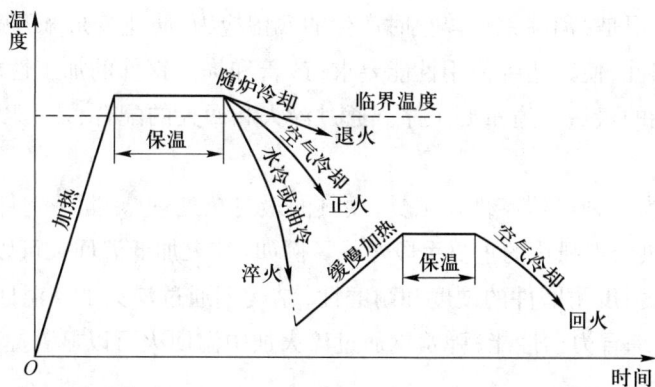

图 2-6 钢的普通热处理工艺曲线示意图

（2）正火

正火是将钢件加热到一定温度（碳钢为 760～920 ℃），保温适当时间，出炉后在空气中冷却，或喷水、吹风冷却的热处理工艺。

正火的主要作用是：对强度要求不高的零件，正火可以作为最终热处理，正火可以细化晶粒，使组织均匀化，从而提高钢的强度、硬度和韧性；作为预备热处理，截面较大的结构钢件在淬火或调质处理（淬火加高温回火）前进行正火，可获得细小而均匀的组织；正火可改善低碳钢（碳的质量分数小于 0.25%）的切削加工性能。

与退火相比，正火的冷却速度稍快一些。因此，正火后钢件的组织比退火组织要细小一些，钢件的强度、硬度比退火高一些。同时，正火炉外冷却不占用设备，生产周期短、生产效率较高，因此生产中常采用正火来代替退火。

（3）淬火

淬火是将钢件加热到某一温度（碳钢为 770～870 ℃），保温一定时间，使之全部或部分奥氏体化，然后在冷却介质中快速冷却，以获得一种高硬度组织（马氏体）的热处理工艺。淬火由于冷却速度很快，得到的晶粒很细，可以大大地提高钢件的硬度，但其组织较脆，因此淬火后钢件常需要进行回火处理以获得一定的韧性。淬火工艺中保证冷却速度是关键，过慢则淬不硬，过快又容易造成内应力过大引起开裂变形，正确选择冷却介质和操作方法很重要，一般碳钢用水、合金钢用油做冷却介质。

淬火的主要作用是：配合不同温度的回火，大幅提高钢件的刚性、硬度、耐磨性、疲劳强度及韧性等，从而满足不同使用要求；亦可通过淬火满足某些特种钢材的铁磁性、耐蚀性等特殊性能要求。

（4）回火

回火是将经过淬火的钢件加热到适当温度（150～650 ℃），保温一定时间，在空气或水、油等介质中冷却的热处理工艺。按回火温度范围，回火可分为低温回火（150～250 ℃）、中温回火（350～500 ℃）和高温回火（500～650 ℃）。回火是紧接着淬火的一道热处理工艺，大多数淬火钢都要进行回火。

回火的主要作用是：消除钢件淬火时产生的残留应力，防止变形和开裂；调整钢件的硬度、强度、塑性和韧性，使其达到使用性能要求；改善和提高钢件的加工性能。因此，回火是钢件获得所需性能的最后一道重要工序。通过淬火和回火的配合，才可以获得钢件所需的力学性能。

淬火、回火作为各种机器零件及工具、模具的最终热处理，是赋予钢件最终性能的关键性工序，也是钢件热处理强化的重要手段之一。例如：淬火加低温回火可以提高工具、轴承、渗碳零件或其他高强度耐磨件的硬度和耐磨性；结构钢通过淬火加高温回火可以得到强度和韧性结合的优良综合力学性能；弹簧钢通过淬火加中温回火可以显著提高钢的弹性极限。

2.3.3　钢的表面热处理

工程中许多重要的零件（如曲轴、齿轮、花键轴、凸轮轴等）在工作时，总要承受摩擦、扭转、弯曲、交变载荷及冲击载荷作用，因此要求心部有高的韧性，而表面有高的强度、硬度、耐磨性和疲劳强度。但整体热处理工艺很难兼顾零件表面和心部不同的性能要求，因而往往有必要对材料的表面进行特殊的热处理。所谓表面热处理就是仅改变钢件表层的组织或同时改变表层的化学成分的一种热处理方法，常用的有表面淬火和化学热处理。其目的是提高钢件的表面硬度、耐磨性、耐腐蚀性、耐热性等，防止或降低表面损伤，提高零件的可靠性和使用寿命。

1.　表面淬火

表面淬火是将零件表层以极快的速度加热到奥氏体化温度（当热量还未传到钢件心部）后急冷，使表层转变为高硬组织而心部仍保持不变的热处理工艺。表面淬火只改变表层组织性能而不改变钢的化学成分。

表面淬火用钢大多选用中碳钢或中碳低合金钢，如 40、45、40Cr、40MnB 等低淬透性钢。另外，在某些条件下，高碳工具钢、低合金工具钢、铸铁（灰铸铁、球墨铸铁等）等钢件也可通过表面淬火进一步提高表面耐磨性。

2.　化学热处理

化学热处理是将钢件置于一定温度的活性介质中加热、保温，使介质中的一种或几种元素渗入钢件表层，以改变钢件表层的化学成分和组织，进而改善表面性能，满足技术要求的热处理工艺。化学热处理的主要作用有：强化表面，提高钢件的力学性能，如表面硬度、耐磨性、疲劳强度和多次冲击抗力；保护钢件表面，提高某些钢件的物理和化学性能，如耐高温及耐腐蚀性能等。

化学热处理的优点：与钢的表面淬火相比，化学热处理不受钢件外形的限制，可以获得较均匀的淬硬层；由于表面成分和组织同时发生变化，所以钢件的耐磨性和疲劳强度更高；钢件的表面过热现象可以在随后的热处理过程中得以消除。

化学热处理基本上都是由三个过程组成：

（1）分解：由介质在一定温度和压力下分解出渗入元素的活性原子。

（2）吸收：钢件表面对活性原子进行吸收。

（3）扩散：活性原子由表面向内部扩散，形成一定的扩散层。

按渗入元素不同，化学热处理可分为渗碳、渗氮、碳氮共渗、渗硼、渗铝等，目前，生产上应用最广的仍然是渗碳、渗氮、碳氮共渗。

2.3.4　热处理新技术

传统热处理生产过程中，废水、废气、粉尘、有毒物质、电磁波、噪声等都对环境造成污染。为了减少或防止环境污染、节约能源、降低成本，以及提高零件力学性能和表面质量等，近年来发展了许多热处理的新技术、新工艺，为热处理技术提供了更加广阔的应用领域和发展前景。目前，热处理技术一方面对常规热处理方法进行工艺改进，另一方面在新能源、新工艺方面取得突破，从而使热处理生产的机械化、自动化程度提高，而且生产环境和工人劳动强度得到了极大的改善。

1.　可控气氛热处理

在炉气成分可控的热处理炉内进行的热处理称为可控气氛热处理，可控气氛热处理是先进热处理技术的主要组成部分。在小品种、大批量生产中，尤其是碳素钢和一般合金结构钢件的光亮淬火、退火、渗碳淬火、碳氮共渗淬火、气体氮碳共渗中，以可控气氛热处理为主要手段。

正确控制热处理炉内的炉气成分，可为某种热处理过程提供元素的来源，金属零件和炉气通过界面反应，其表面可以获得或失去某种元素。也可以对加热的工件提供保护，如可使工件不被氧化、脱碳或增碳等，保证工件表面的耐磨性和抗疲劳性能，从而可以减少工件热处理后的机械加工余量及表面的清理工作，缩短生产周期，节能、省时，提高经济效益。

2.　真空热处理

真空热处理是真空技术与热处理技术相结合的新型热处理技术，包括真空淬火、真空退火、真空回火和真空化学热处理等。

真空热处理所处的真空环境指的是低于一个大气压的气氛环境，包括低真空、中等真空、高真空和超高真空，真空热处理实际也属于气氛控制热处理，热处理质量大大提高。与常规热处理相比，真空热处理同时可实现无氧化、无脱碳、无渗碳，可去掉工件表面的鳞屑，并有脱脂除气等作用，从而达到使工件表面光亮净化的效果。此外，由于真空热处理在生产中无污染、工件的畸变量小，因而它还属于清洁和精密生产技术范畴。由于真空热处理本身所具备的一系列特点，这项新的工艺技术得到了突飞猛进的发展。现在几乎全部热处理工艺均可以实现真空热处理。

3. 形变热处理

形变热处理是将塑性变形同热处理有机结合在一起,获得形变强化和相变强化综合效果的工艺方法。形变热处理方法很多,有低温形变热处理、高温形变热处理、等温形变热处理、形变时效和形变化学热处理等。

形变热处理不但能够得到一般加工处理所达不到的高强度、高塑性和高韧性的良好配合,而且还能大大简化钢材或零件的生产流程,从而带来相当好的经济效益。这种工艺方法不仅可以提高钢的强韧性,还可以大大简化金属材料或工件的生产流程。

目前,形变热处理得到了冶金工业、机械制造业和其他尖端部门的普遍重视,发展极为迅速,已在钢板、钢丝、管材、板簧、连杆、叶片、工具、模具等生产中广泛应用。如板簧经感应加热后热压成形,然后进行油冷淬火,通过严格控制加热温度和成形时间,使一次中频加热同时满足了板簧的成形和热处理需要。

4. 高能束表面热处理

高能束表面热处理是指利用激光束、离子束、电子束和等离子弧等大功率高密度能量对金属材料进行加热的热处理工艺的总称,是近十几年迅速发展起来的金属表面热处理新技术。

激光束表面相变强化(表面淬火)是最成熟、应用最广泛的高能束表面热处理方法。以高能量的激光束快速扫描工件,使材料表面极薄一层的局部小区域快速吸收能量而使温度急剧上升(升温速度可达 $10^5 \sim 10^6 ℃/s$),使其迅速达到奥氏体化温度,此时工件基体仍处于冷态,激光离去后,由于热传导的作用,此表层被加热区域内的热量迅速传递到工件其他部位,使该局部区域在瞬间进行自冷淬火,得到马氏体组织,从而使材料表面发生相变硬化。处理过程中工件变形极小,适用于其他淬火技术不能完成或难以实现的某些工件或工件局部部位的表面强化。与常规淬火模式相比,这一工艺处理后的工件表面硬度更高,成为当前常见的热处理工艺之一,如图 2-7 所示。

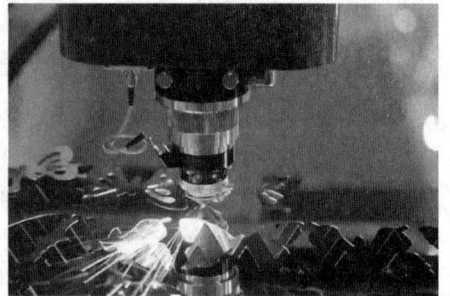

图 2-7　激光束表面相变强化

通过激光加热可获得 0.25 ~ 2 mm 的硬化层,与传统热处理工艺相比,激光束表面相变强化具有淬硬层组织细化、硬度高、变形小、淬硬层深、精确可控、无需淬火介质等优点,可对碳钢、合金钢、铸铁、铁合金、铝合金、铜合金等材料所制备的零件表面进行硬化处理。激光热处理自动化程度较高,硬化层深度和硬化面积可控性好。该技术主要用于强化汽车零部件或工模具的表面,提高其表面硬度、耐磨性、耐蚀性、强度和高温性能等,如汽车发动机缸孔、曲轴、冲压模具、铸造型板等的激光热处理。

思考和练习

1. 金属材料的力学性能主要包括哪几个方面？其主要指标有哪些？
2. 什么是金属的工艺性能？主要包括哪几个方面？
3. 常见的有色金属及其合金有哪些？
4. 热处理的"四把火"指的是什么？其目的分别是什么？
5. 45 钢、Q235、T12、HT200 各属于什么钢种？它们常用于制造什么工件？
6. 思考"趁热打铁"的含义。
7. 谈谈对热处理新工艺的认识。

第 3 章
机械制造基本知识

3.1 零件加工的技术要求

机械加工的目的在于加工出符合设计要求的机械零件。为了满足机械产品的性能要求、使用寿命以及同种零件的互换性要求等,在制造过程中对零件提出不同的技术要求。零件的技术要求通常包括表面粗糙度、尺寸公差、几何公差、热处理与表面处理等。技术要求一般通过规定的符号、代号标注在零件图上,以及用简明的文字逐项书写在图样的适当位置。

3.1.1 表面粗糙度

机械零件由封闭的表面构成,机械产品中的各种接合和接触面都是由不同零件的表面形成的,因此零件的表面质量直接影响产品的质量。由于零件各表面的使用要求和加工方法不同,因此零件表面有的部位要求粗糙一些,有的则要求光滑一些,这种加工表面上具有的较小间距和峰谷所组成的微观几何形状误差被定义为表面粗糙度。无论是机械切削加工,还是用铸造、锻造等方法获得的零件表面,总会存在微观几何形状误差。表面粗糙度是衡量零件表面质量的一项重要技术指标,它对机械零件使用性能和使用寿命影响很大,尤其对在高温、高速和高压条件下工作的机械零件影响更大。

国家标准 GB/T 1031—2009 中规定采用中线制(轮廓法)评定表面粗糙度。表面粗糙度参数主要从轮廓算术平均偏差 Ra 和轮廓最大高度 Rz 两项中选取。目前,一般工业制造中优先选用 Ra 来评定表面粗糙度。

轮廓算术平均偏差 Ra 的定义是在一个取样长度 l_r 内,轮廓的纵坐标值 $Y(x)$ 绝对值的算术平均值,如图 3-1 所示。

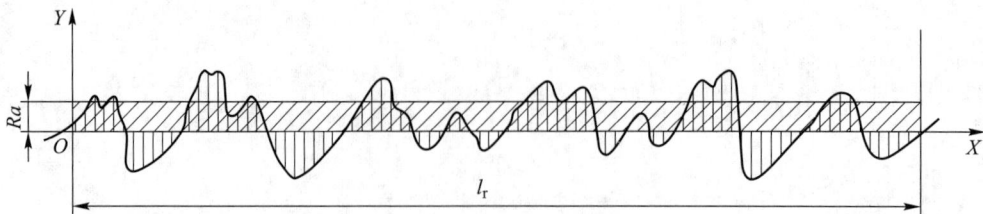

图 3-1　轮廓算术平均偏差

Ra 用公式表达为：

$$Ra = \frac{1}{l_r} \int_0^{l_r} |Y(x)|\, dx \ \text{或}\ Ra = \frac{1}{n}\sum_{i=1}^{n}|Y_i| \qquad (3.1)$$

式中，i 为轮廓上各点，$i=1$、2、$\cdots$、n；Y 为轮廓线上的点到轮廓中线的距离。

Ra 能充分反映表面微观几何形状高度方面的特性。很显然，Ra 值越大，表面越粗糙。为统一评定与测量，提高经济效益，Ra 的值已经标准化，分为 14 个等级（单位为 μm）：100，50，25，12.5，6.3，3.2，1.6，0.8，0.4，0.2，0.1，0.05，0.025，0.012。在设计选用时，应按国家标准规定的系列值选取 Ra 值。

零件表面粗糙度参数值的选择，既要满足零件的使用要求，也要考虑到零件的制造难度及经济性。在满足表面功能要求的情况下，尽量选择较大的表面粗糙度参数值，以减小加工难度，降低生产成本。常用机械加工方法可达到的表面粗糙度值如表 3-1 所示。

表 3-1　常用机械加工方法与表面粗糙度值的对应关系

Ra/μm	表面特征		加工方法举例
50	粗糙面	可见明显刀痕	粗加工：锯断、粗车、粗铣、粗刨、钻孔
25		可见刀痕	
12.5		微见刀痕	
6.3	半光面	可见加工痕迹	半精加工 / 精加工：精车、精铣、精刨、镗孔、铰孔
3.2		微见加工痕迹	
1.6		看不清加工痕迹	
0.8	光表面	可辨加工痕迹方向	粗磨、精拉、精铰
0.4		微辨加工痕迹方向	精磨、刮削
0.2		不辨加工痕迹方向	
0.1 ~ 0.008	极光面	按表面光泽判断	研磨、抛光

3.1.2　尺寸公差

在制造过程中，由于刀具、机床精度、操作者的加工水平等因素的影响，加工得到的零件实际尺寸不可能绝对准确。因此需要根据零件的使用要求，允许尺寸存在一定的变动量或变动范围（称为尺寸公差）。

尺寸精度是指零件加工后的实际尺寸相对于公称（理想）尺寸的准确程度。尺寸精度是由尺寸公差决定的，由于加工时加工误差不可避免，所以尺寸公差不会为零，它是一个没有符号的绝对值。

国家标准 GB/T 1800.1—2020、GB/T 1800.2—2020 规定了 20 个公差等级为标准公差等级。标准公差等级的代号分别为 IT01、IT0、IT1、IT2、…、IT18。其中 IT01 精度最高,其余依次降低,IT18 精度最低。标准公差的选取由两个因素确定,一是配合的公称尺寸大小,二是标准公差等级的高低。

允许尺寸变动的范围大→公差值大→加工精度低→易加工

允许尺寸变动的范围小→公差值小→加工精度高→难加工

在零件加工中,要合理地选择公差等级。精度过高,会导致零件的加工困难、提高加工成本。精度太低,产品或零件的使用性能会降低,保证不了产品的质量。选择公差等级的一般原则是在满足使用要求的前提下选择较低精度的公差等级,这样既可以降低成本又能保证产品的加工质量。目前选择公差等级常用的方法是类比法,即参考实践中总结出来的经验资料,与所设计零件的使用要求及特点等进行比较,然后确定公差等级。

3.1.3 几何公差

零件在加工过程中,不仅有尺寸误差,而且会产生几何形状和相对位置的误差。若是仅控制尺寸误差,并不能保证零件的工作精度、连接强度、密封性、耐磨性、互换性和装配性等方面的要求。例如,车床主轴上支承轴颈的形状误差影响主轴的回转精度;导轨的方向误差影响结构件的运动精度;箱盖、法兰盘等零件上各螺栓孔若出现位置误差将难以装配。因此,对零件上精度要求较高的部位,要根据性能要求对零件加工提出相应的几何误差的允许范围,并将几何公差在图样上标明。

国家标准 GB/T 1182—2018 将几何公差分为形状公差、方向公差、位置公差和跳动公差,如表 3-2 所示。其中,形状公差是对单一要素提出的要求,因此形状公差是没有基准要求的;而方向和位置公差是对关联要素提出的要求,因此方向和位置公差均有基准要求。对于线轮廓度和面轮廓度,若无基准要求则为形状公差,若有基准要求则为方向或位置公差。

表 3-2 几何公差项目及符号

公差类型	几何特征	符号	有或无基准	公差类型	几何特征	符号	有或无基准
形状公差	直线度	—	无	形状公差或方向公差或位置公差	线轮廓度	⌒	有或无
	平面度	▱	无		面轮廓度	⌓	有或无
	圆度	○	无	方向公差	平行度	//	有
	圆柱度	⌭	无		垂直度	⊥	有
					倾斜度	∠	有

续表

公差类型	几何特征	符号	有或无基准	公差类型	几何特征	符号	有或无基准
位置公差	位置度	⊕	有或无	跳动公差	圆跳动	↗	有
	同心度（用于中心点）	◎	有		全跳动	⍈	有
	同轴度（用于轴线）	◎	有				
	对称度	⩵	有				

3.2 切削加工的基本概念

切削加工是利用工具将工件上多余的材料切除，以获得所要求的几何形状、尺寸精度和表面质量的机械加工方法。在现代机械制造中，绝大多数的机械零件是靠切削加工获得的。

切削加工可采用手动工具加工，称为钳工。使用更为广泛的切削加工是利用机床进行机械加工，主要方式包括车削、铣削、刨削、拉削、磨削、钻削和齿轮加工等。金属切削过程是工件和刀具相互作用的过程，不管是何种切削加工方式，其切削工具、切削运动等方面都有共同的现象和规律，这些现象和规律是认识各种切削加工方法的基础。

3.2.1 切削运动

机器零件大部分由一些简单几何表面组成，如各种平面、回转面、沟槽等。对这些表面进行切削加工时，刀具与工件之间须有特定的相对运动，这种相对运动称为切削运动。根据在切削过程中所起的作用不同，切削运动可分为主运动和进给运动两种。

1. 主运动

主运动是使工件与刀具进行切削的最主要运动。在切削过程中主运动速度最高，消耗的功率最多。如图 3-2 所示，车削时工件的旋转运动、钻削时钻头的旋转运动、铣削时铣刀的旋转运动、磨削时砂轮的高速旋转、刨削时牛头刨床上刨刀的往复直线运动，都是主运动。

主运动可以是旋转运动，也可以是直线运动。它可以由工件完成（例如车削），也可以由刀具完成（例如铣削、钻削）。

2. 进给运动

进给运动是使新的加工材料层不断进入切削,配合主运动加工出完整表面所需的运动。它保证切削工作连续或反复进行。一般情况下,进给运动的速度相对低,消耗的功率相对少。如图 3-2 所示,车削时车刀的轴向和径向移动、钻削时钻头的轴向移动,刨削和铣削中工件的横向或纵向移动等都是进给运动。切削运动中主运动一般只有一个,而进给运动可能有一个或几个。如外圆磨削中工件的旋转运动和轴向移动都是进给运动。

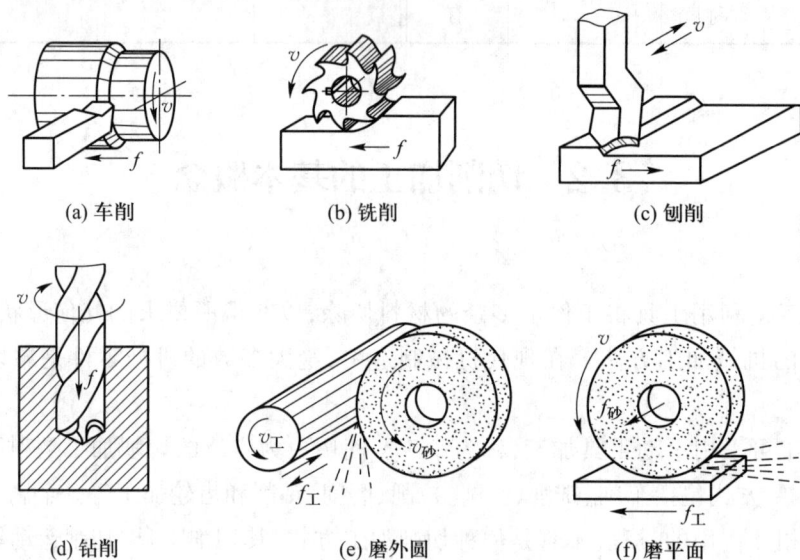

(a) 车削   (b) 铣削   (c) 刨削

(d) 钻削   (e) 磨外圆   (f) 磨平面

图 3-2   机械加工切削运动

3.2.2   切削刀具

在切削过程中,刀具的切削部分与工件相互接触表面上承受着很大的压力和摩擦,刀具在高温、高压和冲击振动下工作,刀具性能和质量的优劣直接影响加工的效率和精度。性能优良的刀具材料是保证刀具高效工作的基本条件。

1. 刀具材料应具备的性能

（1）高的硬度和耐磨性

刀具切削部分要从工件上切下材料,其硬度必须高于工件材料的硬度。切削金属所用刀具的切削刃的常温硬度一般要求在 60HRC 以上。

耐磨性代表材料抵抗磨损的能力,为保持刀刃的锋利,刀具材料应具有较高的耐磨性。一般材料的硬度越高,耐磨性越好。

（2）足够的强度和韧性

刀具在切削时会承受较大的切削力、冲击和振动，因此必须有足够的强度和韧性，避免刀具产生脆性断裂或崩刃。

（3）高的热硬性

热硬性是指刀具材料在高温下仍能保持高硬度的性能，它是衡量刀具材料切削性能的主要标志。刀具材料的高温硬度越高，则刀具的切削性能越好，允许的切削速度也越高。

（4）良好的工艺性

为便于刀具的制造和刃磨，刀具材料还应具备良好的工艺性能，包括铸造、锻造、轧制、焊接、切削加工和热处理等方面的工艺性能。

（5）良好的化学稳定性

在切削过程中，尤其是在高温环境下，刀具材料应具备抗氧化、抗黏结和抗扩散的能力，且不易与被加工材料产生化学反应。

2. 常用的刀具材料

常用的刀具材料有碳素工具钢、合金工具钢、高速钢和硬质合金，此外还有新型刀具材料，如陶瓷、人造金刚石等。目前，生产中所用的刀具材料以高速钢和硬质合金居多。

（1）碳素工具钢与合金工具钢

碳素工具钢的硬度、强度高，价格低廉，但耐热性差，适合制造消耗量大的手工工具，如锉刀、錾子、手锯条等。

在碳素工具钢材料成分中加入适量的合金元素便形成合金工具钢，其耐热性能比碳素工具钢高，用于制造铰刀、丝锥、板牙等低速切削刀具。

（2）高速钢

高速钢是含有较多的钨、钼、铬、钒等合金元素的高合金工具钢，其具有一定的硬度（热处理后硬度可达 63~69HRC），较高的热硬性（切削温度达 500~650 ℃时仍可进行切削），强度和韧性较好，而且具有热处理变形小、工艺性能好的特点，易刃磨出较锋利的切削刃。因此，高速钢适用于制造形状复杂的刀具，如铰刀、钻头、拉刀、齿轮刀具等。

高速钢按用途分为通用型高速钢和高性能高速钢；按制造工艺不同分为熔炼高速钢和粉末冶金高速钢。

（3）硬质合金

硬质合金是高温下烧结而成的粉末冶金制品，具有很高的硬度（达 74~82HRC）和良好的耐磨性，而且能耐高温，能在 800~1 000 ℃的温度下进行切削，其切削速度可比高速钢高 4~10 倍。但它的抗弯强度低、冲击韧度低，因此不能承受大的冲击载荷。硬质合金以其优良的切削性能被广泛用作刀具材料，如大多数的车刀、端铣刀、铰刀、深孔钻、齿轮刀具等，通常用机械夹紧或用钎焊方式固定在刀具的切削部位上。

（4）其他刀具材料

切削加工中应用最广的刀具材料主要是高速钢和硬质合金。陶瓷、立方碳化硼和人造金刚石等新型刀具的硬度和耐磨性都很好，但成本较高，属于脆性材料，抗弯强度低，目前主要用于难加工材料的精加工。

3.2.3 切削加工步骤安排

切削加工步骤安排得是否合理，对工件的加工质量、生产率及加工成本影响很大。由于工件的材料、批量、形状、尺寸大小、加工精度及表面质量等要求不同，切削加工步骤的安排也不尽相同。单件小批生产小型零件的切削加工通常按以下步骤进行。

1. 阅读零件图

零件图是制造和检查零件的依据，是设计和生产过程中重要的技术文件。加工者只有在完全读懂图样要求的情况下，才可能加工出合格的零件。通过阅读零件图，了解被加工零件用的材料，需要进行切削加工表面的尺寸、形状、位置精度及表面粗糙度要求。据此进行工艺分析，确定加工方案，为加工出合格零件做好技术准备。

2. 零件的预加工

加工前，要对毛坯进行检查，有些零件还需要进行预加工，常见的预加工有毛坯划线和钻中心孔。

（1）毛坯划线

零件的毛坯很多是由铸造、锻压和焊接方法制成的。由于毛坯有制造误差，且制造过程中加热和冷却不均匀，会产生很大的内应力，进而产生变形。为便于切削加工，加工前要对这些毛坯划线。通过划线合理分配各加工面的加工余量。而在大批生产中，由于零件毛坯使用专用夹具装夹，则不用划线。

（2）钻中心孔

在加工长轴类零件时，多采用锻压棒料做毛坯，并在车床上加工。由于轴类零件的加工过程中需多次调头装夹，为保证各外圆面的同轴度要求，必须建立同一定位基准，即在棒料两端钻出中心孔，零件通过双顶尖装夹进行加工。

3. 选择加工方法和设备

根据零件被加工部位的尺寸公差、几何公差和表面粗糙度要求，选择合理的加工方法、适合的机床和刀具，才能保证加工精度，且提高生产率。

4. 安装零件

零件在切削加工之前必须牢固地安装在机床上，并使其相对于机床和刀具有一个正确位置。零件的装夹对保证零件加工质量有很大影响。零件安装方法主要有以下两种：

（1）直接安装

零件直接安装在机床工作台或通用夹具（如三爪自定心卡盘、四爪单动卡盘等）上。这种安装方法简单、方便，通常用于单件小批生产。

（2）专用夹具安装

零件安装在为其定制的能迅速安装的装置中。用这种方法安装零件时，无需找正，而且定位精度高，夹紧迅速可靠，通常用于大批生产。

5. 零件的切削加工

一个零件往往有多个表面需要加工，而各表面的质量要求又不相同。为了高效率、高质量、低成本地完成各零件表面的切削加工，要视零件的具体情况，合理划分加工阶段和安排工艺顺序。

（1）加工阶段的划分

① 粗加工阶段。即用较大的背吃刀量和进给量、较小的切削速度进行切削。这样既可以用较少的时间切除零件上大部分加工余量，提高生产效率，为精加工打下良好的基础，同时还能及时发现毛坯缺陷，及时报废或予以修补。

② 精加工阶段。因该阶段零件加工余量较小，可用较小的背吃刀量和进给量、较大的切削速度进行切削，容易达到零件的使用技术要求。

划分加工阶段除有利于保证加工质量外，还能合理地使用设备，即粗加工可在功率大、精度低的机床上进行，以充分发挥设备的潜力，精加工则在高精度机床上进行，以利于长期保持设备的精度。但是，当毛坯质量高、加工余量小、刚性好或者加工精度要求不是很高时，可不用划分加工阶段，而在一道工序中完成加工。

（2）工艺顺序的安排

影响工艺顺序安排的因素很多，通常考虑以下原则：

① 基准先行原则。应在加工一开始就确定好加工精基准面，然后再以精基准面为基准加工其他表面。一般零件上较大的平面多作为精基准面。

② 先粗后精原则。先进行粗加工，后进行精加工，有利于保证加工精度和提高生产率。

③ 先主后次原则。主要表面是指零件上的工作表面、装配基准面等，它们的技术要求较高，加工工作量较大，故应先安排加工。次要表面（如非工作面、键槽、螺栓孔等）因加工工作量较小，对零件变形影响小，而又多与主要表面有相互位置要求，所以应在主要表面加工之后加工或穿插其间安排加工。

④ 先面后孔原则。有利于保证孔和平面间的位置精度。

6. 零件检测

经过切削加工后的零件是否符合零件图的要求，要通过测量工具测量的结果来判断。

3.3 常用量具和测量技术

在机械制造过程中,为确保加工和装配质量,需要对毛坯及其半成品、零部件进行尺寸和形状等项目的测量和检验。用来测量和检验的工具称为量具。对测量技术的基本要求是:合理地选用测量器具与测量方法,保证一定的测量精度,具有高的测量效率、低的测量成本。

1. 计量单位

机械制造中常用的长度计量单位为毫米(mm),1 mm=10^{-3} m。在精密测量中,长度计量单位采用微米(μm),1 μm=10^{-6} m。在超精密测量中,长度计量单位采用纳米(nm),1 nm=10^{-9} m。

机械制造中常用的角度计量单位有弧度(rad)、度(°)、分(′)、秒(″)。1rad=(180/π)° ≈ 57.3°。度与分、分与秒之间一律采用六十进制,即 1°=60′,1′=60″。

2. 测量误差

任何测量方法都存在一定的误差,测量的误差来源主要有以下四个方面:

(1)测量装置误差,如测量仪器与标准值之间的差异;

(2)环境误差,如温度、湿度等引起的零件或测量仪器的误差;

(3)人员误差,因测量人员的视差、估读造成的误差;

(4)方法误差,主要由于测量方法或计算方法不当引起的误差。

量具种类多样,测量方法以及相应的测量精度也不同。常用的量具有钢直尺、直角尺、游标卡尺、千分尺、百分表等。

3.3.1 钢直尺

1. 规格

钢直尺是具有一组或多组有序的标尺标记和数码的测量器具,其规格按长度确定,常用的测量范围有:0 ~ 150 mm、0 ~ 300 mm、0 ~ 500 mm、0 ~ 1 000 mm。钢直尺的刻线间距为 1 mm,如图 3-3 所示,也有的在起始 0 mm 内加刻了间距为 0.5 mm 的刻度线。

图 3-3 钢直尺

2. 用途

由于钢直尺的允许误差为（±0.15～±0.3）mm，因此只用于测量毛坯尺寸或者精度要求低的工件以及用于划线，其使用方向如图 3-4 所示。

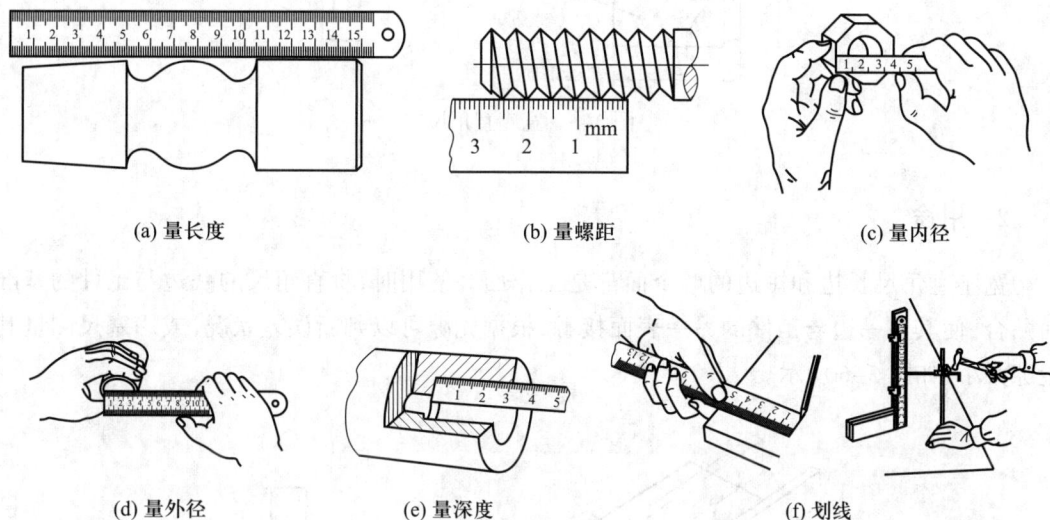

(a) 量长度　　　　　　　(b) 量螺距　　　　　　　(c) 量内径

(d) 量外径　　　　(e) 量深度　　　　(f) 划线

图 3-4　钢直尺的使用方法

3. 使用注意事项

（1）钢直尺不得有毛刺、锋口和锉痕等，尺的工作端边应光滑平直，尺的工作面不得有碰伤和影响使用的明显斑点、划痕，尺的线纹必须均匀明晰。

（2）钢直尺的测量位置应根据工件形状确定。

3.3.2　直角尺

直角尺是机械制造业中常用的角度量具，其测量面与基面相互垂直，又称 90° 角尺。常用的直角尺有圆柱直角尺、三角形直角尺、矩形直角尺、宽座直角尺等。圆柱直角尺作为计量标准器具主要用于校准或检定等级比其低的直角尺；其他直角尺主要用于检验工件及机床、仪器导轨的相互垂直度。下面介绍较常用的宽座直角尺。

1. 规格

宽座直角尺的结构如图 3-5 所示，它的规格用长边（L）× 短边（B）表示。不同精度等级的宽座直角尺可用于检验精密工件和一般工件。

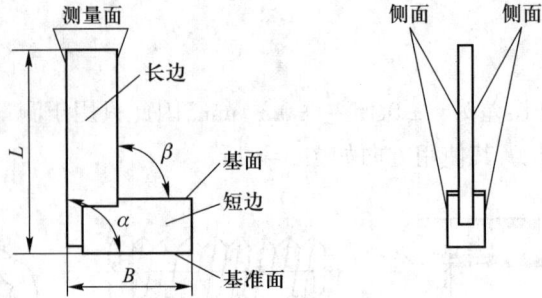

图 3-5　宽座直角尺

2. 用途

宽座直角尺长边和短边的两个面都是工作面。使用时,将直角尺的一边与工件的基准面贴合,使其另一边与工件的另一表面接触,根据光隙可以判断误差状况,或用塞尺测量其缝隙大小,如图 3-6 所示。

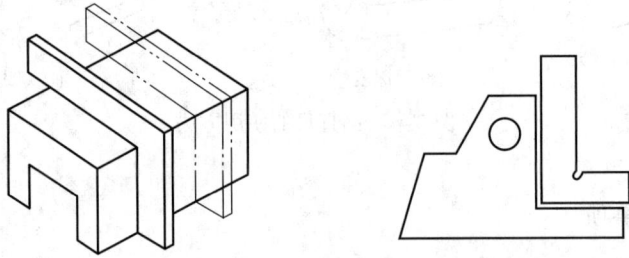

图 3-6　用宽座直角尺检查内、外角

3. 使用注意事项

（1）使用前应先检查各测量面和边缘是否有锈蚀、碰伤、毛刺等缺陷,然后将宽座直角尺的测量面与工件的被测量面擦拭干净。

（2）测量时应注意宽座直角尺的测量位置,不得倾斜。

3.3.3　游标卡尺

1. 游标卡尺的规格和结构

游标卡尺是一种中等精度的量具,可测量工件的外径、内径、长度、宽度和深度等尺寸。按用途不同,游标卡尺可分为普通游标卡尺、深度游标卡尺、高度游标卡尺等。游标卡尺的测量精度有 0.1 mm（1/10）、0.05 mm（1/20）、0.02 mm（1/50）三种,测量范围有 0～125 mm、0～150 mm、0～200 mm、0～300 mm 等。

图 3-7 所示为普通三用游标卡尺,它主要由主尺(尺身)和副尺(游标)组成,它的下量爪用于测量工件的外径或长度(b),上量爪用于测量孔内径或槽宽(a),深度尺用于测量工件的深度或台阶的长度(c)。使用时,旋松固定游标用的紧定螺钉即可测量尺寸。主尺上刻有以 1 mm 为一格间距的刻度,并刻有尺寸数字,其刻度全长即为游标卡尺的规格。游标上的刻度间距随测量精度而定。

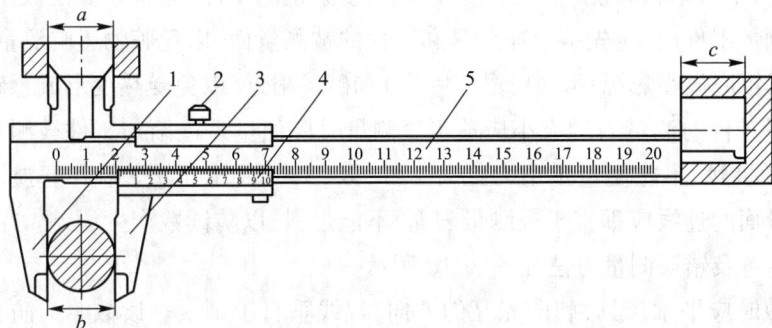

图 3-7 普通三用游标卡尺

a—测量内表面尺寸;b—测量外表面尺寸;c—测量深度尺寸

1—固定卡爪;2—紧定螺钉;3—活动卡爪;4—游标;5—尺身

2. 刻线原理和读数方法

现以精度为 0.02 mm 的游标卡尺为例介绍其刻线原理和读数方法。主尺每一小格为 1 mm,当两卡爪合并时,主尺上 49 mm 刚好等于副尺上的 50 格,因此副尺每小格为 $49 \div 50 = 0.98$ mm,主尺和副尺每小格之差为（1-0.98）mm= 0.02 mm,即此游标卡尺的读数值(精度值),如图 3-8 所示。

读数方法以图 3-9 为例,具体如下:

（1）读整数 读副尺零线左侧的主尺整数值,为 23 mm。

（2）读小数 用与主尺某刻线对齐的副尺的刻线格数乘以游标卡尺的读数值,得到毫米小数值,即读出小数部分为 12×0.02 mm=0.24 mm。

（3）整数和小数相加 将两项读数相加,即为被测表面的尺寸（23+0.24）mm=23.24 mm。

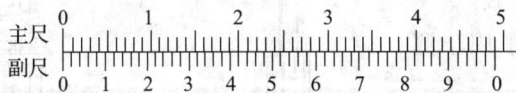

图 3-8 0.02 mm 游标卡尺的刻线原理   图 3-9 0.02 mm 游标卡尺的读数方法

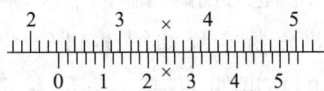

3. 使用注意事项

（1）应按被测工件的尺寸精度要求选用量具,游标卡尺适用于测量中等精度的尺寸（IT10 ~ IT16）。游标卡尺仅用于测量已加工的表面,不得用游标卡尺测量铸件、锻件等表面粗糙的毛坯尺寸,这样容易使量具快速磨损而失去精度。由于游标卡尺存在的示值误差相对较大,也不能用游标卡尺测量精度要求高的工件。

（2）应按工件被测部位的尺寸大小选择游标卡尺的量程。量具的量程应保证量具能测出被测表面的尺寸,而尺寸小的工件应选择量程小的量具,以减少测量的相对误差。

（3）使用前应检查量具是否在检定周期内,是否存在异样、松动、量爪贴合不严等现象。若因条件限制,不得不临时使用存在零位误差的量具检测工件,应根据零位误差对测量结果进行修正。测量工件前,应先擦干净量具和工件的被测量面,以免脏物影响测量精度以及磨损量具。量具不应放在热源（电炉、暖气片等）和磁场附近,以免受热变形或感磁。

（4）测量工件时测量力的大小应适当。测量时应使量爪逐渐与工件被测量表面靠近,最后达到轻微接触,不能使量爪用力抵紧工件,以免量爪（卡爪）变形和磨损,影响测量精度。量爪测量面的连线应垂直于被测量表面,不能歪斜,以防读数产生误差。用游标卡尺测量时的正确示范及错误测量方法如图 3-10 所示。

（5）读数时应平拿量具,朝向光亮的方向,视线垂直于刻线。读数时为防止游标移动,可锁紧游标后再读数。应选择被测表面的不同部位多次测量,取其读数的平均值作为测量结果。

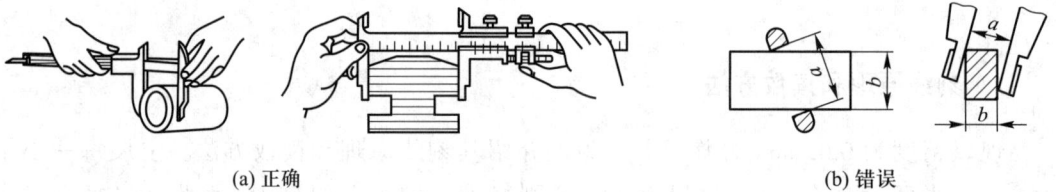

(a) 正确   (b) 错误

图 3-10   游标卡尺的使用方法

4. 深度游标卡尺和高度游标卡尺

图 3-11 所示为深度游标卡尺和高度游标卡尺,它们的读数原理、使用方法和注意事项与游标卡尺相同。深度游标卡尺如图 3-11（a）所示,用于测量孔或槽的深度、台阶的高度。使用时应将尺架贴紧工件平面,再把主尺插到孔或槽的底部,即可读出测量尺寸。也可用螺钉紧固卡尺,取出后再读数。

高度游标卡尺如图 3-11（b）所示,除了用于测量工件的高度外,安装上划线量爪还可以用于精密划线。

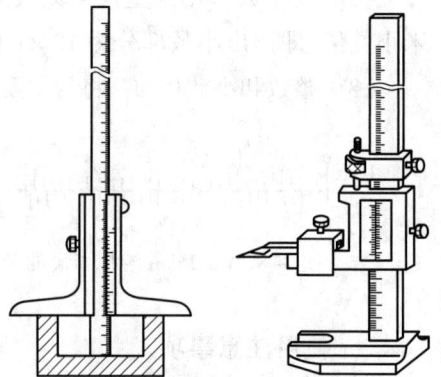

(a) 深度游标卡尺   (b) 高度游标卡尺

图 3-11   深度游标卡尺和高度游标卡尺

3.3.4   千分尺

千分尺（又称分厘卡）是利用螺杆旋转变为直线

移动的原理进行测量的一种量具,它比游标卡尺测量精度更高,可达 0.01 mm。常用的千分尺有外径千分尺、内径千分尺。

1. 外径千分尺的规格和结构

测量上限小于 500 mm 的外径千分尺按 25 mm 分段;测量上限为 500 ~ 1 000 mm 的千分尺按 100 mm 分段。外径千分尺可测量精度为 IT12 ~ IT8 级工件的各种外形尺寸,如长度、外径、厚度等。

外径千分尺的构造如图 3-12 所示。尺架为弓形支架,它是千分尺的本体,其他部件都安装在尺架上。尺架的一端带有固定测砧,另一端装上测微头。测微头主要由两部分组成:一是由测微螺杆与螺纹轴套这对精密的耦合件组成的传动装置;二是由固定套管与微分筒及刻线组成的读数装置。

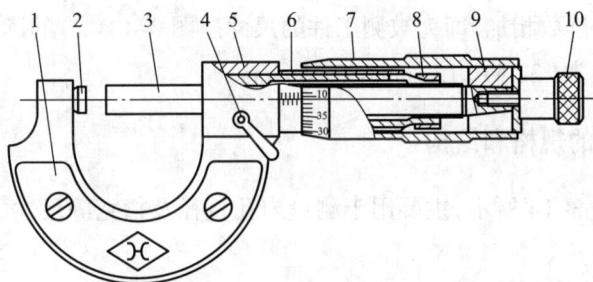

图 3-12 外径千分尺
1—尺架;2—固定测砧;3—测微螺杆;4—锁紧装置;5—螺纹轴套;
6—固定套管;7—微分筒;8—调节螺母;9—接头;10—测力装置

当转动微分筒时,测微螺杆和微分筒一起沿轴向移动。内部的测力装置使测微螺杆与被测工件接触时保持一定的测量力,当转动测力装置时,千分尺两测量面接触工件。超过一定的压力时,棘轮沿着内部棘爪的斜面滑动,发出"嗒嗒"的响声,这时可读出工件尺寸。测量时为防止尺寸变动,可转动锁紧装置,通过偏心锁锁紧测微螺杆。

2. 刻线原理和读数方法

外径千分尺的刻线原理和读数方法如图 3-13 所示,固定套管在轴线方向上有一条中线,中线上、下方都有刻线,刻线每小格为 1 mm,相互错开 0.5 mm;在微分筒左侧锥形圆周上有 50 等分的刻度线。因测微螺杆的螺距为 0.5 mm,即螺杆每转一周,同时轴向移动 0.5 mm,故微分筒上每一小格的读数为 0.5 mm/50=0.01 mm,即外径千分尺的测量精度为 0.01 mm。

测量时,读数方法可分为以下 3 步。

(1) 先读出固定套管上露出刻线的整毫米数和半毫米数(0.5 mm),注意看清露出的是上方刻线还是下方刻线。

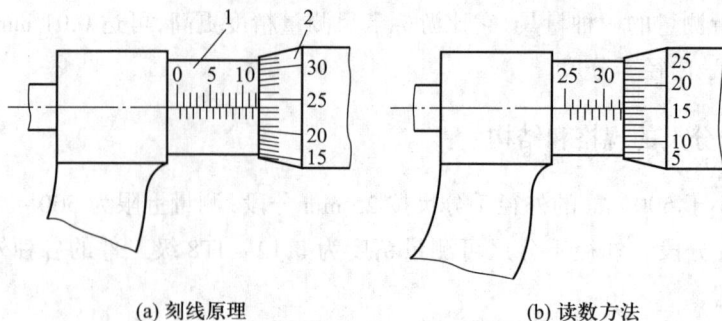

(a) 刻线原理   (b) 读数方法

图 3-13   外径千分尺的刻线原理与读数方法

1—固定套管；2—微分筒

（2）看准微分筒哪一格刻线与固定套管基准线对准，将刻线的序号乘以 0.01 mm，即为小数部分的数值。

（3）上述两部分读数相加，即为被测工件的尺寸。图 3-13（a）的读数为（12+0.24）mm=12.24 mm，（b）的读数为（32.5+0.15）mm=32.65 mm。

3. 内径千分尺的规格和结构

内径千分尺如图 3-14 所示，主要用于测量内孔直径及槽宽等尺寸，其内部结构、读数方法与外径千分尺相同。

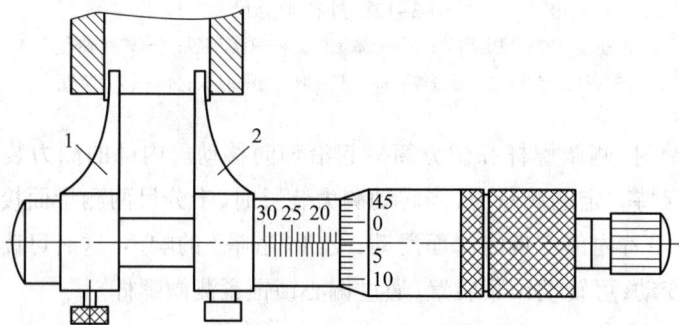

图 3-14   内径千分尺

1—尺架；2—内外卡量爪

4. 使用注意事项

（1）校对零点。将固定测砧与测微螺杆接触，看圆周刻度零线是否与纵向中线对齐，微分筒左侧棱边是否与尺身的零线重合，如有误差，修正读数。

（2）擦净工件测量面。测量前应将工件测量表面擦净，以免影响测量精度。

（3）合理操作。手握尺架，先转动微分筒，当测微螺杆快要接触工件时，必须使用端部棘轮，严禁再拧微分筒。当棘轮发出"嗒嗒"声时应停止转动。

（4）不偏不斜。测量时应使千分尺的固定测砧与测微螺杆两侧面准确放在被测工件的直径处,不能偏斜。

3.3.5　百分表

百分表借助齿轮、齿条的传动,将测量杆的微小直线位移转变为指针的角位移,从而使指针在表盘上指示出相应的示值。百分表是一种精度较高的比较量具,主要用于直接测量或比较测量工件的长度尺寸、几何形状偏差,也可用于检验机床几何精度或调整加工工件装夹位置偏差。分度值为 0.01 mm 的称为百分表,分度值为 0.001 mm 的叫千分表。

1. 钟式百分表的规格和结构

钟式百分表的外形和传动系统如图 3-15 所示。当测量杆向上或向下移动 1 mm 时,通过齿轮传动系统带动长指针转一圈,毫米指针转一格为 1 mm。刻度盘在圆周上有 100 个等分格,每格的读数值为 0.01 mm,即分度值。测量时指针读数的变动量即为尺寸变化量。

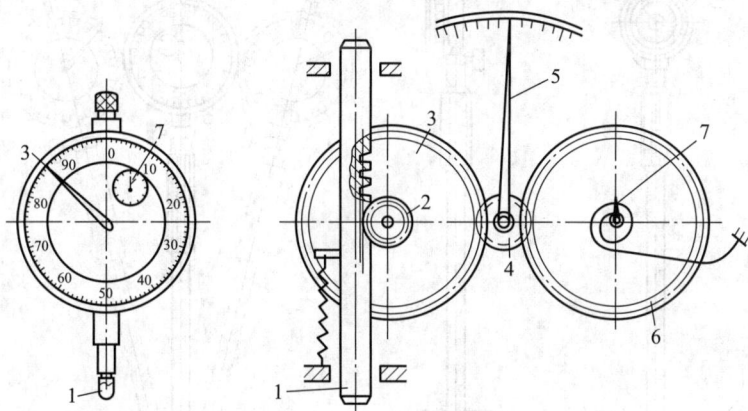

图 3-15　钟式百分表
1—测量杆；2、4—小齿轮；3、6—大齿轮；5—长指针；7—毫米指针

2. 杠杆式百分表和内径百分表

图 3-16 所示为杠杆式百分表及测量径向和端面圆跳动的方法。图 3-17 所示为内径百分表,它是用于比较测量的量具,测量时的基本尺寸是由其他量具提供的。内径百分表可测量孔的直径、槽宽等内尺寸,以及孔或槽的几何形状误差。

3. 使用和注意事项

（1）使用前,应对百分表的外观、指示稳定性进行检查,不应有影响使用准确度的缺陷,各活动部分应灵活可靠,指针不得松动。当测头与工件接触时,要多次提起测量杆,观察示值是否稳定。

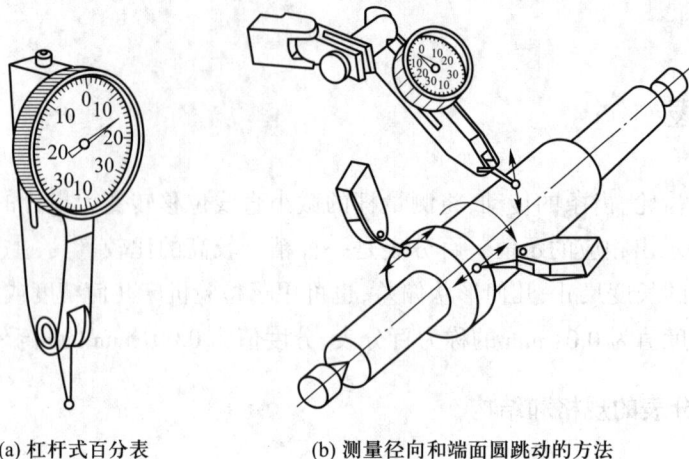

(a) 杠杆式百分表　　　(b) 测量径向和端面圆跳动的方法

图 3-16　杠杆式百分表

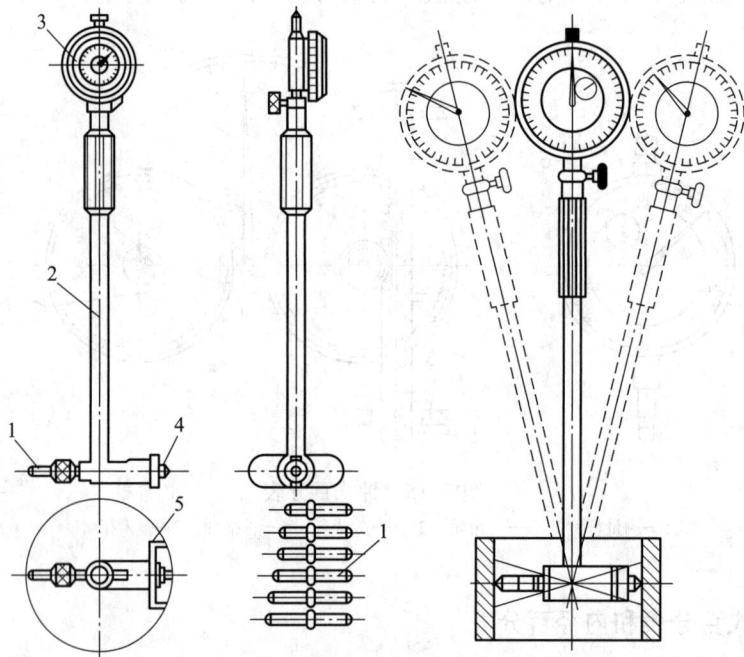

图 3-17　内径百分表

1—测头；2—接管；3—百分表；4—活动测头；5—定心桥

（2）百分表应牢固地装夹在表架上，夹紧力不宜过大，以免使装夹套筒变形。夹紧后再转动百分表。

（3）在测量时，应轻轻提起测量杆，把工件移至测头下面，缓慢下降测头，使之与工件接触。不可把工件强行推至测头下，也不能急速下降测头。测头与工件接触时，测量杆应有 0.3 ~ 1 mm 的压缩量，以保持一定起始测量力。

（4）测量时，测量杆与被测工件表面必须垂直，否则将产生较大的测量误差。测量工件外圆表面时,测量杆轴线应与圆柱形工件直径方向一致。

在工业生产过程和出厂环节,对产品尺寸精度和几何精度的测量和检验都非常重要。正所谓"差之毫厘,谬以千里",如果不能保证测量结果的精确度,轻则造成企业的经济损失,重则将会发生工业事故。为了保持测量的精确度和可靠性,不仅要正确地使用精密量具,还要做好保护、保养工作。发现精密量出现不正常现象时,如量具表面不平、有毛刺、有锈斑以及刻度不准、尺身弯曲变形、活动不灵活等,使用者不应当自行拆修,更不允许自行用榔头敲、锉刀锉、砂布打光等粗糙办法修理,以免反而增大量具误差。精密量具应实行定期检定和保养,长期使用的精密量具,要定期送计量站进行保养和检定精度,以免因量具的示值误差超差而造成产品质量问题。量具使用后,应及时擦干净,除不锈钢量具或有保护镀层量具外,金属表面应涂上一层防锈油,放在专用的盒子里,保存在干燥的地方,以免生锈。

纵观历史,中华民族历来重视制造业技术的革新和发展。《考工记》是最早关于手工业技术的文献,记述了木工、金工、皮革、染色、刮磨、陶瓷等六大类 30 个工种的内容,反映出当时我国所达到的科技及工艺水平。《考工记》保留了先秦时期手工业生产技术相关资料,涉及统一产品部件名称用语,具有制度性的生产操作规程和技术规范,确立用料标准及选材方法,规定产品检验制度和标准等。唐宋时期,我国的制造业是周边国家学习的榜样;北宋主管皇家工匠的将作监李诫编纂的《营造法式》对材料和零部件尺寸进行了分类与标准化;还有《齐民要术》和《天工开物》等著作都详细记载了机械制造工艺。我国古代在纺织制造方面更是远远领先于世界其他国家,丝绸之路的开辟足以见证了我国的辉煌。身为新时代的大学生,我们要热爱祖国,学好知识和技能,为我国社会主义现代化建设出力,在我国由"制造大国"向"制造强国"的历史性跨越中贡献自己的一份力量。

思考和练习

1. 你能熟练地使用工程实训中所接触到的哪些量具?
2. 量具在机械制造过程中有什么重要作用?
3. 游标卡尺的刻线原理是什么?
4. 表面粗糙度对零件的使用性能有何影响?
5. 刀具材料应具备哪些性能?
6. 常见的刀具材料有哪些?
7. 粗、精加工时切削用量的选择原则是什么?

第二篇
机械制造工程实训

第4章

铸　造

4.1　概　述

铸造是将熔融金属液体浇入具有与零件形状相适应的铸型空腔中,待其冷却凝固后获得一定形状和性能的毛坯或零件的成形方法。铸造得到的零件称为铸件。大多数铸件作为毛坯,需要经过机械加工后才能成为各种机器零件。

铸造加工具有以下优点:

(1)适用范围广。铸造加工几乎不受零件的形状复杂程度、尺寸大小、生产批量的限制,可以铸造壁厚0.3～1 m、质量从几克到三百多吨的各种金属铸件。

(2)可制造各种合金铸件。很多能熔化成液态的金属材料可以用于铸造生产,如铸钢、铸铁、各种铝合金、铜合金、镁合金、钛合金及锌合金等。生产中铸铁应用最广,占铸件总产量的70%以上。

(3)铸件精度相对较高。铸件的形状和尺寸与图样设计零件非常接近,加工余量小;铸件的尺寸精度一般比锻件、焊接件高。

(4)成本低廉。由于铸造容易实现机械化生产,铸造原料又可以大量利用废、旧金属材料,加之铸造动能消耗比锻造动能消耗小,因而铸造的综合经济性能好。

但铸造加工存在生产周期长、工人劳动强度大、劳动条件差,铸件精度不高、力学性能较差、质量不稳定等缺点。随着近年来铸造合金材料和铸造工艺技术的发展,特别是精密铸造的发展和新型铸造合金材料的成功应用,使铸件的表面质量、尺寸精度及力学性能等都有了显著提高,铸造的应用范围也日益扩大。

按照铸造方法铸造可分为砂型铸造和特种铸造两大类。其中,特种铸造包括金属型铸造、压力铸造、消失模铸造、熔模铸造、离心铸造等。砂型铸造是用型砂紧实成形的铸造方法,因型砂来源广泛,价格低廉,且砂型铸造方法适应性强,因而其仍是铸造生产中应用最广泛、最基本的一种铸造方法。

4.2　砂型铸造工艺

4.2.1　砂型铸造工艺过程

砂型铸造生产过程复杂、工序繁多,主要生产工序有制模、配砂、造型、制芯、合箱、熔炼、浇注、落砂、清理和检验。砂型铸造的生产过程如图 4-1 所示,铸件生产过程流程示意图如图 4-2 所示。根据零件形状和尺寸,设计并制造模样和芯盒;配制型砂和芯砂;利用模样和芯盒等工艺装备分别制作砂型和型芯;将砂型和型芯合为一个整体铸型;将熔融的金属浇注入铸型,完成充型过程;冷却凝固后落砂取出铸件;最后清理铸件并检验铸件。

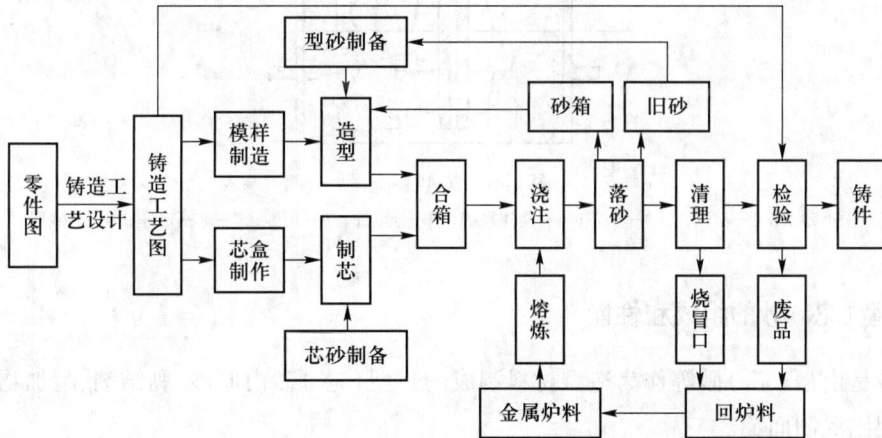

图 4-1　砂型铸造生产过程

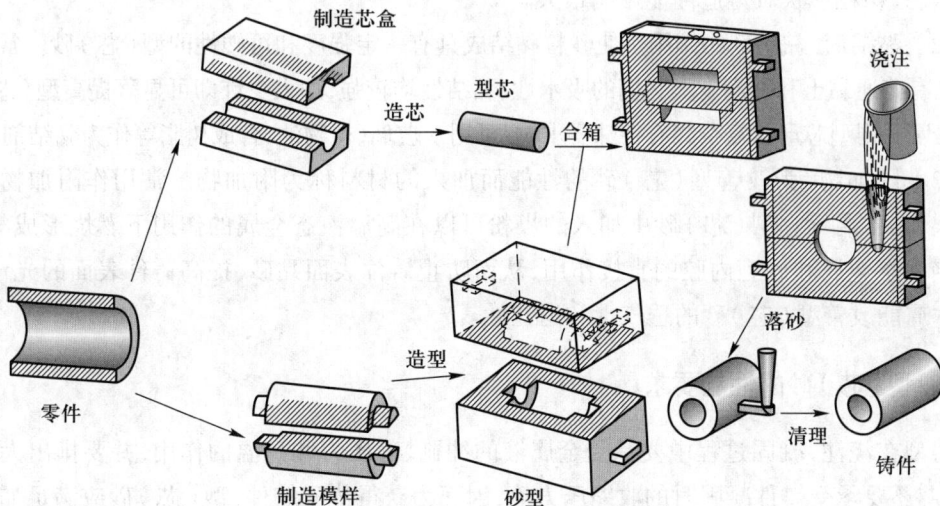

图 4-2　铸件生产过程流程示意图

4.2.2   铸型与造型材料

1. 铸型的组成

铸型是根据零件形状用造型材料制成的,铸型可以是砂型,也可以是金属型。

砂型一般由上砂型、下砂型、型腔、型芯、浇注系统、芯头芯座等部分组成,如图 4-3 所示。铸型之间的接合面称为分型面。型腔就是造型材料包围形成的空腔部分,与浇注后得到的铸件形状一致。浇注系统是砂型中引导液态金属进入型腔的通道。出气孔用于排出浇注产生的气体。

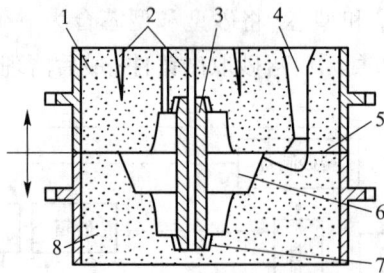

图 4-3   铸型装配图

1—上砂型；2—出气孔；3—型芯；4—浇注系统；5—分型面；6—型腔；7—芯头芯座；8—下砂型

2. 型(芯)砂的组成和性能

砂型是由型(芯)砂等作为造型材料制成的。型(芯)砂由原砂、黏结剂、附加物及水等按一定配比混制而成。

(1)原砂:原砂是型(芯)砂的主体,其主要成分是 SiO_2。原砂颗粒度的大小及均匀性、表面状态、颗粒形状对铸造性能影响很大。

(2)黏结剂:黏结剂的作用是使砂粒黏结成具有一定强度和可塑性的型(芯)砂。常用的黏结剂有普通黏土和膨润土。它们的吸水性、黏结性均较强,加入少许即可显著提高型(芯)砂的湿强度。当型芯形状复杂或有特殊要求时,可用水玻璃、植物油、合成树脂等作为黏结剂。

(3)附加物:为改善型(芯)砂的性能而加入的材料称为附加物。常用作附加物的材料有煤粉、木屑等。型(芯)砂中加入的煤粉可以在高温液态金属的作用下燃烧形成气膜,以隔绝液态金属和砂型内腔的直接作用,从而防止铸件表面黏砂,提高铸件表面的光洁度;加入木屑能改善型(芯)砂的透气性和退让性。

3. 型(芯)砂的性能要求

铸型在浇注、凝固过程中要承受金属液的冲刷、静压力和高温的作用,并要排出大量气体,型芯还要承受铸件凝固时的收缩压力等,因而为获得优质铸件,型(芯)砂应满足如下性能要求：

（1）强度：型（芯）砂抵抗外力破坏的能力称为强度。强度太低，在造型、搬运、合箱过程中易引起塌箱，或在液态金属的冲刷下使铸型表面破坏或变形，造成铸件砂眼、冲砂、夹砂等缺陷；强度过高，不仅会使铸型太硬，妨碍铸件冷却时的收缩，导致铸件产生内应力甚至开裂，而且还会使型（芯）砂的透气性变差，形成气孔等缺陷。

（2）透气性：型（芯）砂具备的让气体通过和使气体顺利逸出的能力称为透气性。浇注过程中，型腔中的气体和砂型在高温金属液作用下产生的气体都必须透过型（芯）砂排出型外，否则易在铸件内形成气孔，甚至引起浇不到现象。型（芯）砂的透气性与砂子的颗粒度、黏土及水分的含量有关。砂粒越细，黏土及水分含量越高，砂型紧实度越高，透气性则越差。

（3）耐火性：型（芯）砂在高温液态金属作用下不熔化、不烧结、不软化、保持原性能的能力称为耐火性。耐火性低的型（芯）砂易被高温熔化而破坏，产生黏砂等缺陷。型（芯）砂的耐火性主要取决于砂中 SiO_2 的含量。

（4）可塑性：造型时，型（芯）砂在外力作用下能塑制成形，而当外力去除并取出模样后，仍能保持清晰轮廓形状的能力称为可塑性。可塑性好，便于造型，易于起模。可塑性与型（芯）砂中的黏土和水分的含量以及砂子的粒度有关。

（5）退让性：铸件冷却收缩时，型（芯）砂能相应地压缩变形，而不阻碍铸件收缩的性能称为退让性。退让性差，铸件在凝固收缩时会受阻而产生内应力、变形和裂纹等缺陷。型（芯）砂中的原砂颗粒越细小均匀，黏结剂含量越高，砂型越紧实，退让性就越差。

此外，因型芯在铸件浇注时，它的大部分或部分被金属液包围，经受的热作用、机械作用都较强烈，排气条件也差，出砂和清理困难。因此对芯砂的要求一般比型砂高，一般可用黏土砂做芯砂，使黏土含量比型砂高，并提高砂使用比例。对形状复杂和性能要求较高的型芯来说，生产时可用树脂、水玻璃作为芯砂的黏结剂。

4.2.3 模样、芯盒与砂箱

模样、芯盒与砂箱是砂型铸造造型时使用的主要工艺装备。

1. 模样

模样是根据零件形状设计制作，用以在造型中形成铸型型腔的工艺装备。设计模样要考虑到铸造工艺参数，如铸件最小壁厚、加工余量、铸造收缩率和起模斜度、铸造圆角等。

（1）铸件最小壁厚：铸件最小壁厚是指在一定的铸造条件下，铸造合金能充满铸型的最小厚度。铸件设计壁厚若小于铸件工艺允许最小壁厚，则易产生浇不到和冷隔等缺陷。

（2）加工余量：为保证铸件加工面尺寸和零件精度，在铸件设计时预先增加的金属层厚度称为加工余量，该厚度在将铸件机械加工成零件的过程中去除。

（3）铸造收缩率：铸件浇注后在冷却凝固过程中，会产生体积和尺寸的收缩，其中以固态收缩阶段产生的尺寸缩小对铸件的形状和尺寸精度影响最大，此时的收缩率又称线收缩率。

（4）起模斜度：为了易于从砂型中取出模样，凡垂直于分型面的表面,应在铸件设计时给出铸件的起模斜度。

（5）铸造圆角：铸件上各表面的转折处,都要做成过渡性的圆角,以利于造型及保证铸件质量。

图 4-4 所示为零件与模样关系示意图。

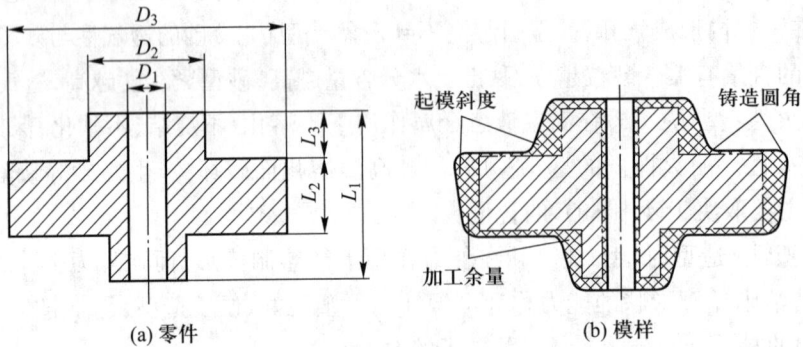

(a) 零件　　　　　　　　　　(b) 模样

图 4-4　零件与模样的关系示意图

根据制造模样材料的不同,常用的模样有木模和金属模。木模是铸造生产中用得最广泛的一种,它具有价廉、质轻和易于加工成形等优点,其缺点是强度和硬度较低、容易变形和损坏,因此使用寿命短,一般适用于单件小批生产;金属模具有强度高、刚性大、表面光洁、尺寸精确、使用寿命长等特点,适用于大批生产,但它的制造难度较大、周期长、成本高。

2. 芯盒

芯盒是制造型芯的工艺装备,可由木材、塑料、金属或其他材料制成。设计芯盒时,根据型芯的特点、生产批量和生产条件等因素来确定芯盒材料及其结构形式。在大批生产中,为了提高砂芯精度和芯盒耐用性,多采用金属芯盒。

3. 砂箱

砂箱是铸件生产中必备的工艺装备之一,用于铸造生产中容纳和紧固砂型。一般根据铸件的尺寸、造型方法及设计选择合适的砂箱。按砂箱制造方法可把砂箱分为整铸式、焊接式和装配式砂箱。

4.2.4　浇冒口系统

1. 浇注系统

浇注系统是为金属液流入型腔而开设于铸型中的一系列通道。其作用是平稳、迅速地注入金属液,并阻止熔渣、砂粒等进入型腔;同时起到调节铸件各部分温度,补充金属液在冷却和凝固时体积收缩的作用。

正确地设置浇注系统,对保证铸件质量、降低金属的消耗具有重要的意义。若浇注系统开设不合理,铸件易产生冲砂、砂眼、渣孔、浇不到、气孔和缩孔等缺陷。典型的浇注系统由外浇口、直浇道、横浇道和内浇道四部分组成,如图4-5所示。对形状简单的小铸件可以省略横浇道。

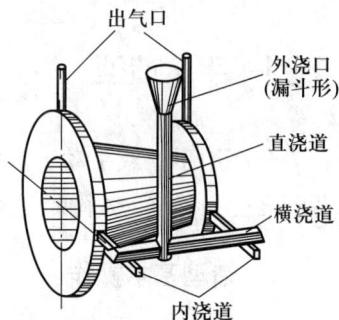

图4-5 典型浇注系统

（1）外浇口:其作用是容纳注入的金属液并缓解液态金属对砂型的冲击。小型铸件的外浇口通常为漏斗形(称浇口杯),大型铸件的外浇口为盆形(称浇口盆)。

（2）直浇道:连接外浇口与横浇道的竖直通道。改变直浇道的高度可以改变金属液的静压力大小和金属液的流动速度,从而改变液态金属的充型能力。如果直浇道的高度或直径太小,会使铸件产生浇不到的现象。为便于取出直浇道棒,直浇道一般做成上大下小的圆锥形。

（3）横浇道:将直浇道的金属液引入内浇道的水平通道。横浇道一般开设在砂型的分型面上,其截面形状一般是高梯形,并位于内浇道的上面。横浇道的主要作用是分配金属液进入内浇道以及挡渣。

（4）内浇道:直接与型腔相连,并能调节金属液流入型腔的方向和速度,调节铸件各部分的冷却速度。内浇道的截面形状一般是扁梯形和月牙形,也可为三角形。

2. 冒口

常见的缩孔、缩松等缺陷是由于铸件冷却凝固时体积收缩而产生的。为防止缩孔和缩松,往往在铸件的顶部或厚大部位以及最后凝固的部位设置冒口。冒口中的金属液可不断地补充铸件的收缩(补缩),从而使铸件避免出现缩孔、缩松。冒口除了补缩作用外,还有排气和集渣的作用。冒口是多余部分,清理时要切除掉。

常用的冒口分为明冒口和暗冒口。上口露在铸型外的冒口称为明冒口,明冒口的优点是有利于型腔内气体排出,便于从冒口中补充加热金属液,缺点是消耗金属液多。位于铸型内的冒口称为暗冒口,浇注时看不到金属液冒出,其优点是散热面积小,补缩效率高,利于减小金属液消耗。

4.3 造型与制芯

用型砂及模样等工艺装备制造铸型的过程称为造型。造型是铸造生产中的重要工序,根据铸件的尺寸大小、形状、生产批量及条件,一般分为手工造型和机器造型两类。

4.3.1　手工造型

全部用手工或手动工具完成的造型工序称为手工造型,其造型工艺简单、操作方便,但劳动强度大、生产效率低,适合单件小批生产。

1. 造型基本操作

手工造型方法很多,但每种造型方法大都包括春砂、撒分型砂、扎通气孔、开外浇口、做合型线、起模、修型、合箱(合型)等工序,具体步骤及操作要点如下。

(1)造型前的准备工作

① 准备造型工具。应选择平整的底板和大小合适的砂箱,确定模样在砂箱中的位置。通常模样与砂箱内壁及顶部之间需留有 30 ~ 100 mm 的距离,此距离称为吃砂量。吃砂量不宜太大,否则需填入更多的型砂,并且耗费时间,加大砂型的质量;若吃砂量过小,则砂型强度不够,在浇注时金属液容易流出。

② 擦净模样,以免造型时型砂黏在木模上,起模时易损坏型腔。

③ 安放模样时应注意模样上的斜度方向,不要放错。

(2)春砂

模样、底板、砂箱按一定空间位置放置好后,填入型砂并春紧。填砂和春砂时应注意以下几点:

① 春砂时必须分次加入型砂。对小砂箱每次加砂厚 50 ~ 70 mm。加砂过多春不紧,而加砂过少又费工时。第一次加砂时须用手将木模周围的型砂按紧,以免木模在砂箱内的位置变动,然后用春砂锤的尖头分次春紧,最后改用春砂锤的平头春紧型砂的最上层。

② 每加入一次砂,这层砂都应春紧,然后才能再次加砂,以此类推,直至把砂箱填满紧实。

③ 春砂用力大小应该适当,不宜过大或过小。用力过大,砂型太紧,浇注时型腔内的气体跑不出去;用力过小,砂型太松,易塌箱。此外,应注意同一砂型各部分的松紧是不同的,靠近砂箱内壁的应春紧,以免塌箱;靠近型腔部分的砂层应稍紧些,使其具有一定强度,以承受液体金属的压力;远离型腔的砂层应适当松些,以利于透气。

(3)撒分型砂

下砂型造好后,应在分型面上撒一层细粒、无黏土的干砂(即分型砂),然后再造另一个砂型,以便于两个砂型在分型面处分开。应该注意的是模样的分模面上不应有分型砂,如果有,应吹掉,以免在造上砂型时分型砂黏到上砂型表面,从而导致浇注时被液态金属冲下来落入铸件中,使铸件产生缺陷。撒分型砂时,应均匀撒落,在分型面上有一均匀薄层即可。

(4)扎通气孔

上砂型制成后,应在模样的上方用直径为 2 ~ 3 mm 的通气针扎通气孔。通气孔分布应竖直均匀,深度不能穿透整个砂型,以便浇注时气体易于逸出。

（5）开外浇口

用浇口棒做出直浇道,开浇口杯(外浇口)。外浇口应挖成60°的锥形,浇口面应修光,与直浇道连接处应修成圆弧过渡,以引导液态金属平稳流入砂型。若外浇口挖得太浅而成碟形,浇注时金属液体会四处飞溅伤人。

（6）做合型线

合型线是上、下砂箱合型的基准。做合型线最简单的方法是在箱壁上涂上粉笔灰,然后用划针画出细线。需进炉烘烤的砂箱,则用砂泥黏敷在砂箱壁上,用镘刀抹平后,再刻出线条,称为打泥号。两处合型线的线数应不相等,以免合箱时弄错。

（7）起模

起模前,可在模样周围的型砂上用毛笔刷些水,以增加该处型砂的强度,防止起模时损坏砂型。起模时,应先轻轻敲击模样,使其与周围的型砂分开。然后慢慢将模样垂直提起,待模样即将全部起出时再快速取出。起模时注意不要偏斜和摆动,起模方向应尽量垂直于分型面。

（8）修型

起模后,型腔如有损坏,可用工具修复。如果型腔损坏太大,可将模样重新放入型腔进行修补,然后再起出。

（9）合箱（合型）

合箱是造型的最后一道工序,合型时,应注意使上砂箱保持水平下降,并找正定位销或对准两砂箱的合型线,防止错箱。合箱后最好用纸或木片盖住浇口,以免砂子或杂物落入浇口中。浇注时如果金属液浮力将上型箱顶起会造成跑火,因此要进行上、下型箱紧固,可以用压箱铁、卡子或螺栓紧固。

2. 造型方法

手工造型的方法很多,按砂箱特征分为两箱造型、三箱造型、脱箱造型和地坑造型等。按模样特征分为整模造型、分模造型、挖砂造型、活块模造型、假箱造型和刮板造型等。可根据铸件的形状、大小和生产批量选择造型方法。常用的手工造型方法如下。

（1）两箱整模造型

用整体模样进行造型的方法称为整模造型,图4-6所示为两箱整模造型的基本过程。整模造型是最简单的造型方法,其造型操作简便,所得型腔的形状和尺寸精度较好,适用于外形轮廓的最大截面在一端而且平直、形状简单的铸件,如齿轮坯、带轮、轴承座等。

（2）两箱分模造型

当铸件外形有台阶、环状凸缘等,或铸件没有平整表面且最大截面在模样中部(如套筒、管子、阀体类以及形状较复杂的铸件),用整模造型方法就很难从砂型中取出模样,或根本无法取出。这时,可采用将模样沿最大截面处分为两半的方法。型腔位于上、下砂型内的造型方法,称为分模造型。图4-7所示为两箱分模造型的基本过程。

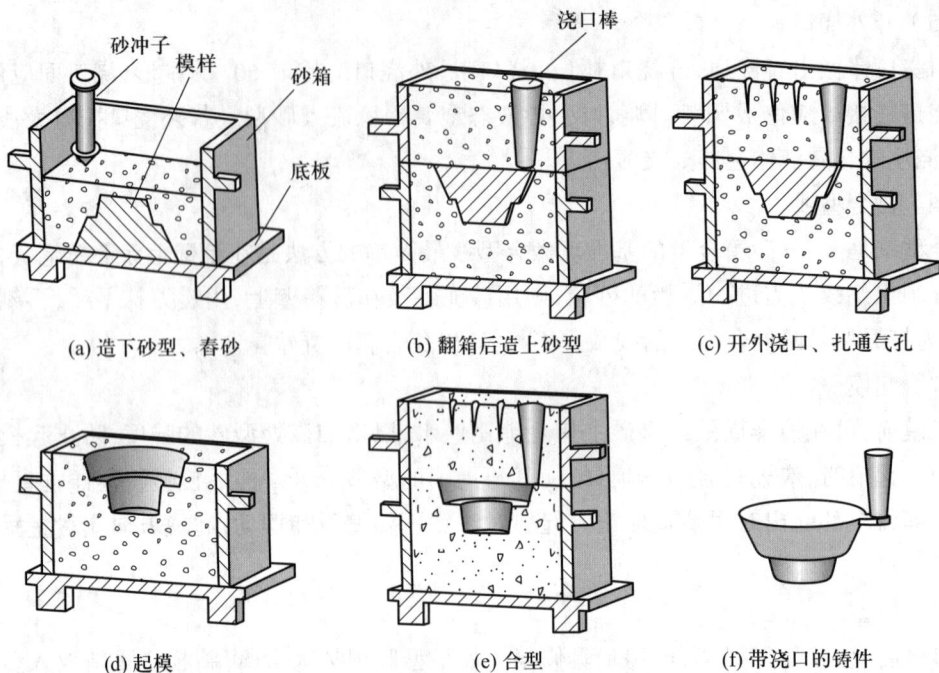

(a) 造下砂型、春砂

(b) 翻箱后造上砂型

(c) 开外浇口、扎通气孔

(d) 起模

(e) 合型

(f) 带浇口的铸件

图 4-6 两箱整模造型的基本过程

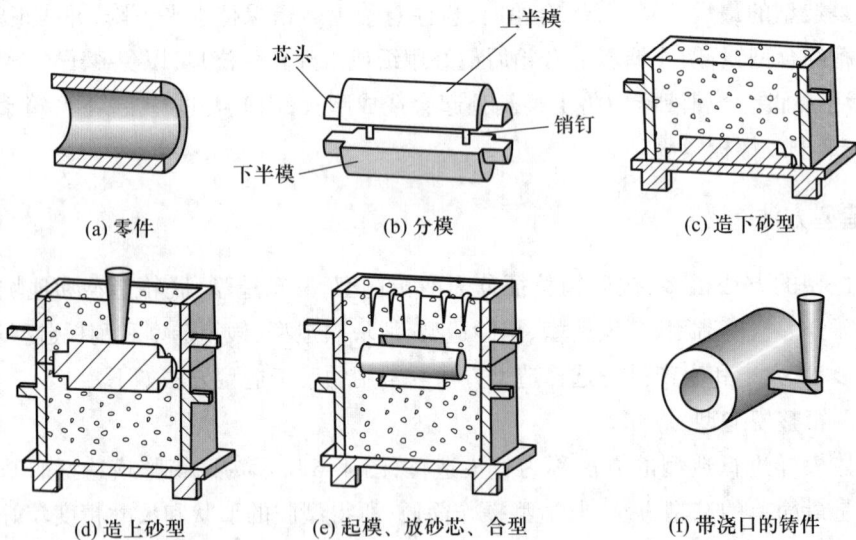

(a) 零件

(b) 分模

(c) 造下砂型

(d) 造上砂型

(e) 起模、放砂芯、合型

(f) 带浇口的铸件

图 4-7 两箱分模造型的基本过程

（3）挖砂造型和假箱造型

须对分型面进行挖修才能取出模样的造型方法称为挖砂造型。图 4-8 所示为手轮挖砂造型的基本过程。挖砂造型的特点是模样多为整体；铸型的分型面是不平分型面。挖砂造型需每造一砂型挖一次砂，操作复杂，生产效率较低，只适用单件小批生产。

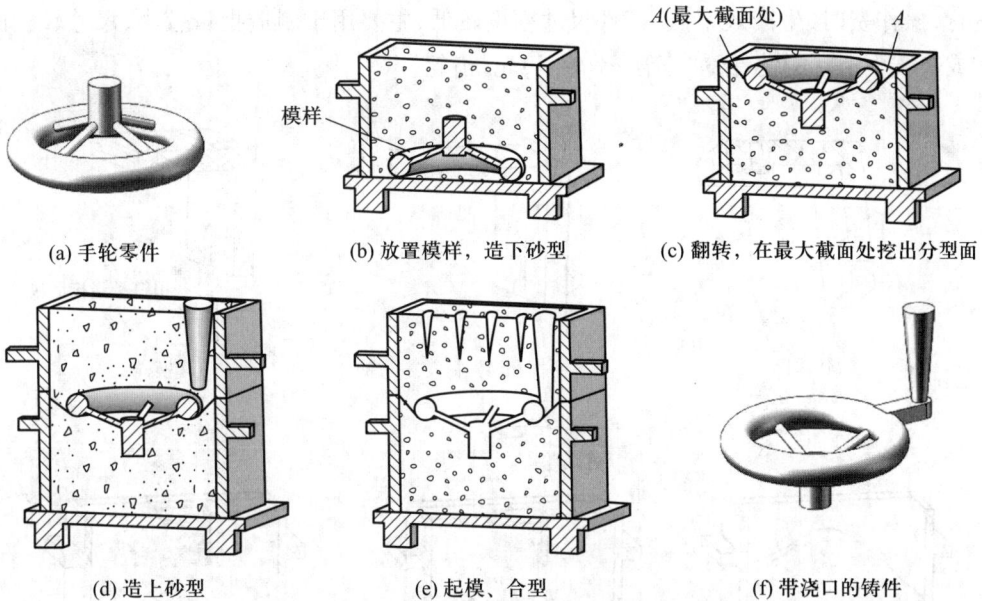

(a) 手轮零件   (b) 放置模样，造下砂型   (c) 翻转，在最大截面处挖出分型面

(d) 造上砂型   (e) 起模、合型   (f) 带浇口的铸件

图 4-8　手轮挖砂造型的基本过程

如果生产量大，可用假箱造型代替挖砂造型。假箱造型是利用预先制好的半个铸型（即假箱）代替底板，省去挖砂的造型方法。假箱只参与造型，不用来组成铸型。假箱分为曲面分型面假箱和平面分型面假箱两种。曲面分型面假箱造型如图 4-9 所示。

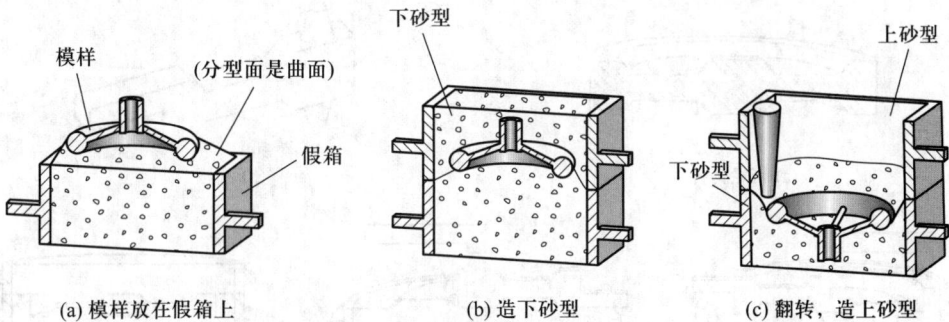

(a) 模样放在假箱上   (b) 造下砂型   (c) 翻转，造上砂型

图 4-9　曲面分型面假箱造型的基本过程

（4）活块造型

将模样的外表面上局部有妨碍起模的凸起部分做成活块，活块用钉子或销与模样主体定位连接，起模时先取出模样主体，然后从型腔侧壁取出活块，这种造型方法称为活块造型，如图 4-10 所示。活块造型的操作难度较大，对工人操作技术要求较高，生产率较低，只适于单件小批生产，产量较大时，可用外型芯取代活块，以便于造型。

（5）刮板造型

用与零件截面形状相适应的特制刮板代替模样进行造型的方法称为刮板造型。图 4-11 所示为刮板造型的基本过程。刮板造型成本低，节约木料和工时，但刮板造型只能手工进行,操作费时,生产效率低,铸件尺寸精度较低,主要用于制造批量较小、尺寸较大的回转体或等截面形状的铸件,如弯管、带轮、飞轮、齿轮。

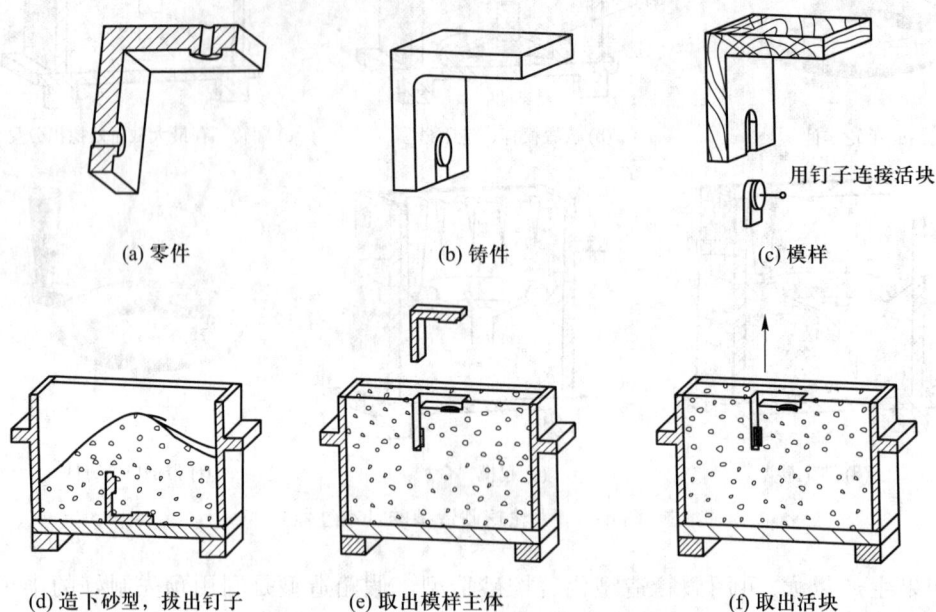

(a) 零件　　　　　　　(b) 铸件　　　　　　(c) 模样

用钉子连接活块

(d) 造下砂型,拔出钉子　　(e) 取出模样主体　　　(f) 取出活块

图 4-10　活块造型的基本过程

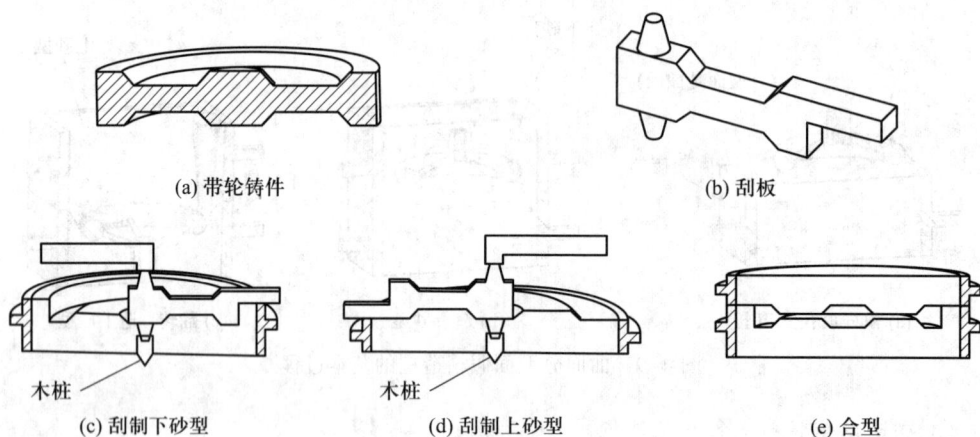

(a) 带轮铸件　　　　　　　　　　　　　(b) 刮板

木桩　　　　　　　　　木桩

(c) 刮制下砂型　　　　(d) 刮制上砂型　　　　(e) 合型

图 4-11　刮板造型的基本过程

（6）三箱造型

有些形状较复杂的铸件往往具有两头截面大而中间截面小的特点,用一个分型面取不出模样,需要从小截面处分开模样。采用两个分型面和三个砂箱的造型方法称为三箱造型。图 4-12 所示为三箱造型的基本过程。三箱造型的特点是中箱的上下两面都是分型面,都要求光滑平整;中箱的高度应与中箱中模样的高度相近,必须采用分模。三箱造型方法较繁杂,生产效率较低,易产生错箱,只适于单件或小批生产,大批生产或用机器造型时,可用带

外型芯的两箱造型代替三箱造型。

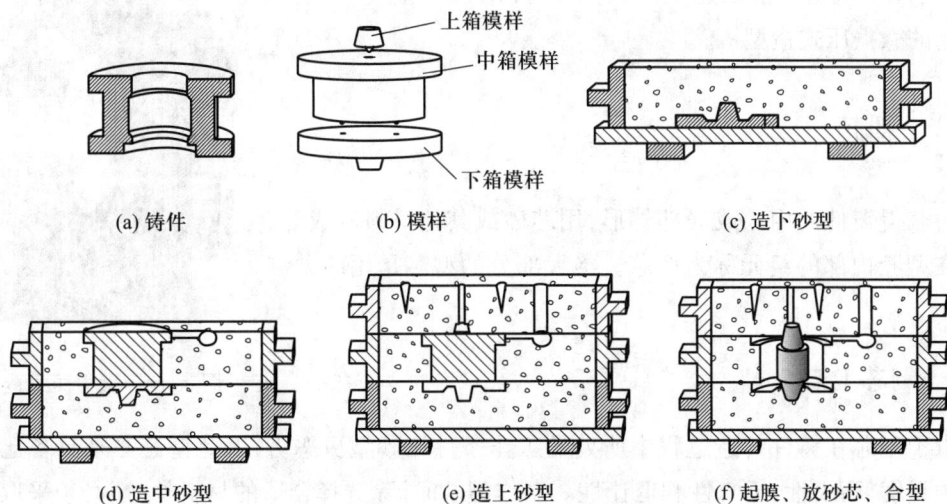

(a) 铸件　　　　　　　(b) 模样　　　　　　　(c) 造下砂型

上箱模样
中箱模样
下箱模样

(d) 造中砂型　　　　　(e) 造上砂型　　　　　(f) 起膜、放砂芯、合型

图 4-12　三箱造型的基本过程

（7）地坑造型

大型铸件进行单件生产时，为节省砂箱，降低铸型高度，便于浇注操作，多采用地坑造型。直接在铸造车间的地面上挖一砂坑代替砂箱进行造型的方法称为地坑造型。地坑造型时常用坑底焦炭垫底，再插入通气管，以便将气体排出，然后填入型砂并放模样进行造型，如图 4-13 所示。

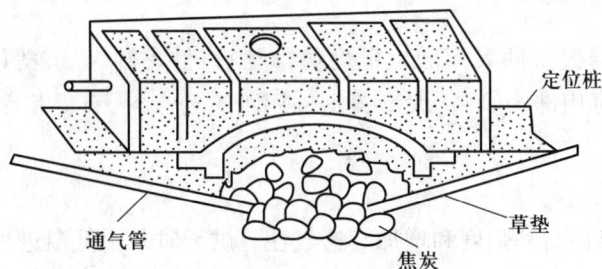

定位桩
通气管
草垫
焦炭

图 4-13　地坑造型

4.3.2　机器造型

手工造型使用的工具和工艺装备简单，操作灵活，可生产各种形状和尺寸的铸件，但劳动强度大、生产效率低、铸件质量也不稳定，主要适用于生产批量小、造型工艺复杂的铸件。对于大批铸件生产，应采用机器造型。

机器造型一般是两箱造型，采用模板和砂箱在专门的造型机上进行。模板是将铸件及浇注系统的模样与底板装配成一体，并附设有砂箱定位装置的造型工装。机器造型的种类很多,按砂型的紧实方式,一般有振压式造型、高压造型、射压造型、空气冲击造型和静压造型等。图 4-14 所示为我国中、小工厂常用的微振压式造型机。

4.3.3　制芯

为获得铸件的内腔或局部外形,用芯砂或其他材料制成的、安放在型腔内部的组元称为型芯。绝大部分的型芯是用芯砂制成的。

图 4-14　微振压式造型机

1. 制芯工艺

由于型芯在铸件铸造过程中所处的工作条件比砂型更恶劣,因此型芯必须具备比砂型更高的强度、耐火性、透气性和退让性。制作型芯时,除选择合适的材料外,还必须采取以下工艺措施:

（1）放龙骨

为了保证型芯在生产过程中不变形、不开裂、不折断,通常在型芯中埋置龙骨,以提高其强度和刚度。

（2）开通气道

在型芯出气位置的铸型中开排气通道,以便将型芯中产生的气体引出型芯外。型芯中开排气道的方法有用通气针扎出气孔和用蜡线或尼龙管做出气孔。

（3）刷涂料

型芯刷涂料可降低铸件表面的粗糙度值,减少铸件黏砂、夹砂等缺陷。一般中、小铸钢件和部分铸铁件可用硅粉涂料,大型铸钢件用刚玉粉涂料,石墨粉涂料常用于铸铁件的生产。

（4）烘干

型芯烘干后可以提高其强度和增加其透气性。烘干时采用低温进炉、合理控温、缓慢冷却的烘干工艺。

2. 制芯方法

制芯方法同样可分为手工制芯和机器制芯两大类。机器制芯与机器造型原理相同,也有振压式、微振压式和射压式等多种方法。机器制芯生产率高、型芯紧实度均匀、质量好,但安放龙骨、取出活块或开通气道等工序有时仍需手工完成。

芯盒制芯是应用较广的一种手工制芯方法。按芯盒结构的不同,可分为整体式芯盒制芯、对开式芯盒制芯及脱落式芯盒制芯。

（1）整体式芯盒制芯

对于形状简单且有一个较大平面的型芯,可采用这种方法制作。图 4-15 所示为整体翻

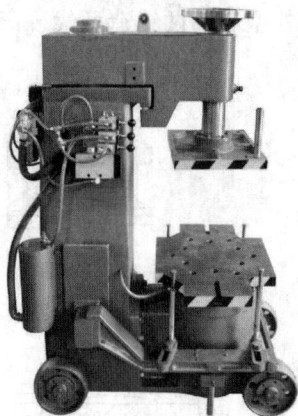

转式芯盒制芯示意图。

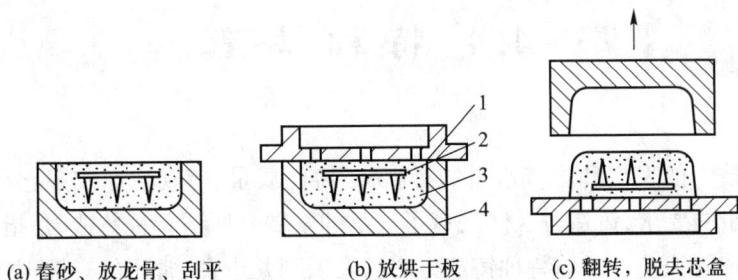

(a) 舂砂、放龙骨、刮平   (b) 放烘干板   (c) 翻转，脱去芯盒

图 4-15　整体翻转式芯盒制芯

1—烘干板；2—龙骨；3—型芯；4—芯盒

（2）对开式芯盒制芯

其工艺过程如图 4-16 所示。也可以采用两半芯盒分别填砂制芯，然后组合，使两半砂芯黏合后取出型芯的方法。

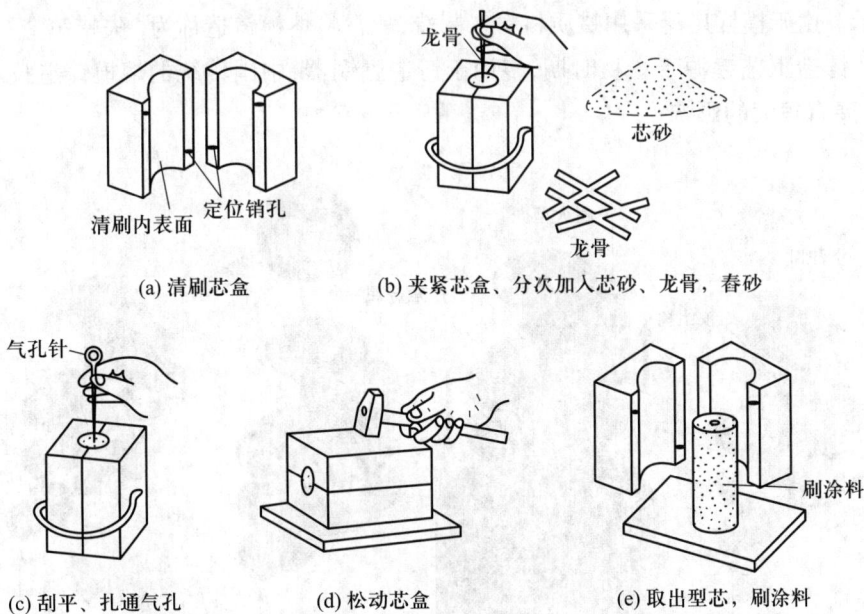

清刷内表面　定位销孔

龙骨

芯砂

龙骨

(a) 清刷芯盒   (b) 夹紧芯盒、分次加入芯砂、龙骨，舂砂

气孔针

刷涂料

(c) 刮平、扎通气孔   (d) 松动芯盒   (e) 取出型芯，刷涂料

图 4-16　对开式芯盒制芯

（3）脱落式芯盒制芯

其操作方式和对开式芯盒制芯类似，不同的是把妨碍型芯取出的芯盒部分做成活块。取型芯时，从不同方向分别取下各个活块。

4.4 特种铸造

随着科学技术的发展和生产水平的提高,对铸件质量、劳动生产效率、劳动条件和生产成本有了进一步的要求,铸造方法随之有了长足的发展。所谓特种铸造,是指有别于砂型铸造方法的其他铸造工艺。目前特种铸造方法已发展到几十种,常用的有熔模铸造、金属型铸造、离心铸造、压力铸造、低压铸造、陶瓷型铸造。现简要介绍几种常用的特种铸造方法。

4.4.1 熔模铸造

熔模铸造通常用易熔材料制成模样,在模样表面包覆若干层耐火材料制成型壳,加热型壳熔失模样,经高温焙烧后而成耐火型壳,在型壳中浇注铸件。熔模铸造工艺过程如图4-17 所示。由于模样广泛采用蜡质材料来制造,故常将熔模铸造称为"失蜡铸造"。我国的"失蜡法"铸造工艺起源于春秋时期,多用于铸造青铜器,中国传统的熔模铸造技术对世界的冶金发展有很大的影响。

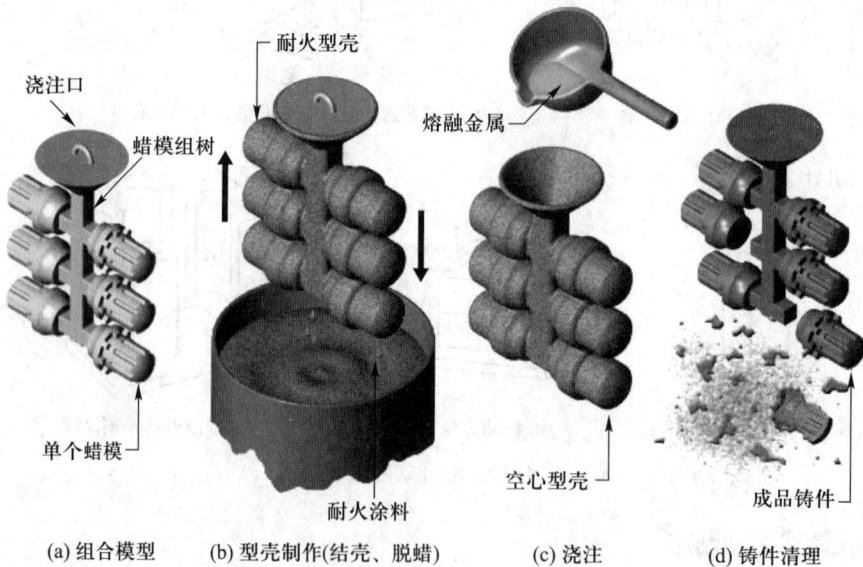

图 4-17 熔模铸造工艺过程

(a) 组合模型   (b) 型壳制作(结壳、脱蜡)   (c) 浇注   (d) 铸件清理

由于熔模铸件有着很高的尺寸精度,所以可减少后续的机械加工,只需在零件粗糙度要求较高的部位留少许加工余量即可,甚至某些铸件只留打磨、抛光余量。由此可见,采用熔模铸造方法可大量节省机床设备和加工工时,大幅度节约金属原材料。

熔模铸造方法的另一优点是,它可以铸造各种合金的复杂铸件,特别可以铸造高温合金铸件。如喷气式发动机的叶片,其流线型外廓与冷却用内腔用机械加工工艺几乎无法形成,用熔模铸造工艺生产不仅可以做到批量生产,保证了铸件的一致性,而且避免了机械加工后残留刀纹的应力集中。

但熔模铸造工艺过程较复杂,且不易控制,使用和消耗的材料较贵,故其适用于生产形状复杂、精度要求高,或很难进行其他加工的小型零件。

4.4.2 金属型铸造

金属型铸造又称硬模铸造,是将液体金属浇入金属铸型,以获得铸件的一种铸造方法。由于铸型用金属制成,可以反复使用多次(几百次到几千次)。金属型铸造目前所能生产的铸件在质量和形状方面还有一定的限制,如对黑色金属只能是形状简单的铸件,铸件的质量不可太大,壁厚也有限制,较小的铸件壁厚无法铸出。

金属型铸造与砂型铸造比较,在技术上与经济上有许多优点:金属型散热快、铸件力学性能好;精度和表面质量比砂型铸造高;生产效率高、劳动条件好,适用于大批生产有色合金铸件。

但其也存在以下不足之处:制造成本高、周期长;金属型不透气,而且无退让性,冷却收缩时产生内应力将会造成铸件的开裂;金属液体流动性不足,因而不宜浇注过薄、过于复杂的铸件。

4.4.3 离心铸造

离心铸造是指将液态金属浇入高速旋转(250 ~ 1 500 r/min)的铸型里,在离心力作用下使液态金属充型并凝固成铸件的铸造方法。铸型的转速是离心铸造的重要参数,既要有足够的离心力以增加铸件金属的致密性,离心力又不能太大,以免阻碍金属的收缩。

离心铸造用的机器称为离心铸造机。按照铸型的旋转轴方向不同,离心铸造机有卧式和立式之分,离心铸造示意图如图 4-18 所示。

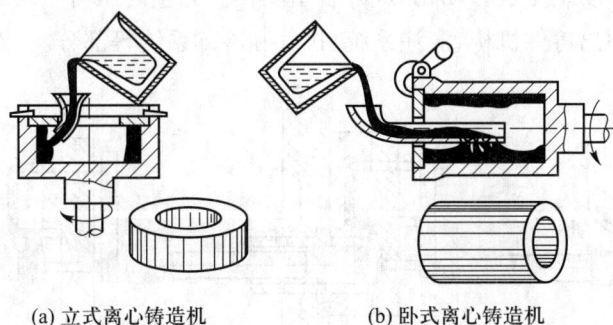

(a) 立式离心铸造机   (b) 卧式离心铸造机

图 4-18　离心铸造示意图

立式离心铸造机的铸型是绕竖直轴旋转的。由于离心力和液态金属自身重力的作用,使铸件的内表面呈抛物面形状,造成铸件上薄下厚,在其他条件不变的情况下,铸件的高度越高,壁厚差越大。因此立式离心铸造主要用于小直径盘环类铸件生产。

卧式离心铸造机的铸型是绕水平轴旋转的。铸件各部分冷却条件大体相同,所以主要用于浇注各种管状铸件,如灰铸铁、球墨铸铁的水管和煤气管,还可浇注造纸机用大口径铜辊筒,各种碳钢、合金钢管以及要求内外层有不同成分的双层材质钢轧辊。

离心铸造时液体金属是在旋转的情况下填充铸型并进行凝固的,因而离心铸造具有以下优点:

(1)在离心力的驱动下,金属结晶从铸型壁逐步向铸件内表面顺序进行,冷却结晶具有一定的方向性,从而改善了补缩环境,得到组织致密的铸件,有助于其力学性能的提高。

(2)离心铸造不需要浇道口,也并不需要铸造冒口,铸造空心铸件时还可省去型芯,金属利用率可达80%~90%,降低生产成本,提高生产效率。

(3)对于中空铸件的生产最为适合,与传统的砂型铸造相比可以省去活动型芯的拆装,节省原材料的消耗,降低劳动强度。

(4)在离心铸造中,铸造合金的类型几乎不受限制。

4.4.4 压力铸造

压力铸造是指将熔融或半熔融的金属以高速压射入金属铸型内,并使其在压力下结晶的铸造方法,简称压铸。高压、高速是压力铸造与其他铸造方法的根本区别,也是其重要特点。

压力铸造的基本设备是压铸机,如图4-19所示。压铸工艺过程见图4-20。压铸型是压力铸造生产铸件的模具,主要由动型和定型两大部分组成。定型固定在压铸机的定型座板上,由浇道将压铸机压室与型腔连

图4-19 压铸机

通。动型随压铸机的动型座板移动,完成开合型动作。完整的压铸型组成包括型体部分、导向装置、抽芯机构、顶出铸件机构、浇注系统、排气和冷却系统等部分。

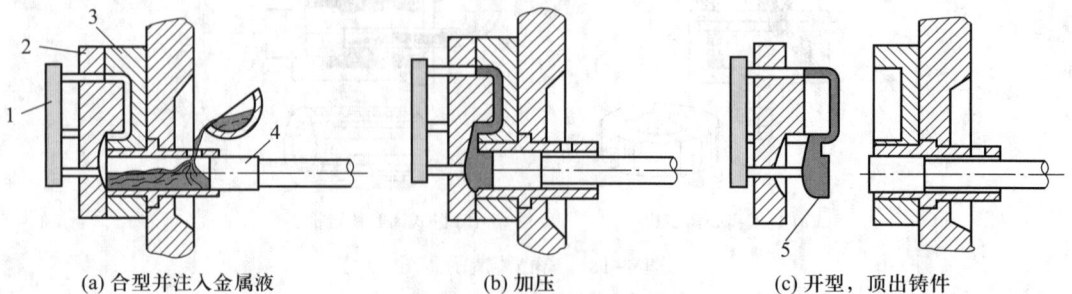

(a) 合型并注入金属液　　　(b) 加压　　　(c) 开型,顶出铸件

图4-20 压铸工艺过程示意图

1—顶杆机构;2—动型;3—定型;4—压射冲头;5—铸件

压力铸造工艺的优点是压铸件具有"三高"：铸件精度高、强度与硬度高、生产率高。缺点是铸件存在无法克服的皮下气孔,且塑性差;设备投资大,应用范围较窄,适于低熔点的合金和较小的、壁薄且均匀铸件的生产。

特种铸造能获得如此迅速的发展,主要是由于这些方法一般能提高铸件的尺寸精度和表面质量,或提高铸件的物理及力学性能;此外,大多数特种铸造方法能提高金属的利用率,减少金属的消耗量;有些特种铸造方法更适宜于高熔点、低流动性、易氧化合金铸件的铸造;有的特种铸造能明显改善劳动条件,并便于实现机械化和自动化生产,从而提高生产率。

思考和练习

1. 浅谈铸造生产的优缺点、地位和作用。
2. 对型砂的性能有哪些要求?
3. 砂型中各处的松紧程度是否应该均匀一致? 为什么?
4. 常用的手工造型有哪几种方法? 各适用于哪种铸件?
5. 什么叫分型面? 分型面的选择有哪些原则?
6. 浇注系统由哪几部分组成? 各部分的作用是什么?
7. 什么情况下需用三箱造型? 为什么机器造型不能用三箱造型?
8. 常用的机器造型方法有哪些?
9. 金属型铸造有何优越性? 为什么金属型铸造未能广泛取代砂型铸造?
10. 压力铸造有何优缺点? 它与熔模铸造的适用范围有何不同?

第5章

焊　接

5.1　焊接基础知识

焊接是指通过加热、加压(或两者并用),使用(或不使用)填充材料使分离的工件产生金属原子间结合的一种连接方法。焊接应用广泛,既可以用于金属工件,也可以用于非金属工件。

焊接方法可分为熔焊、压焊和钎焊。

(1)熔焊:熔焊是利用局部加热的方法将工件连接处的金属加热至熔化状态,然后冷却结晶形成焊接接头的焊接方法。

熔焊常见的焊接方法有气焊、电弧焊、电渣焊、激光焊、电子束焊等。其中焊条电弧焊是目前应用比较广泛的一种焊接方法,其操作方便、设备简单,结构和环境适用性强,是工程实训过程中较为常见的焊接方法。

(2)压焊:压焊是指对工件施加一定压力而完成焊接的方法。压焊有两种形式。一种压焊需要加热,将被焊金属接触部分加热至塑性状态或局部熔化状态,然后施加一定压力,使金属原子间相互结合形成牢固的焊接接头,如电阻焊、摩擦焊等就是这种类型的压焊方法。第二种压焊不进行加热,仅在被焊金属接触面上施加足够大的压力,借助于压力所引起的塑性变形,使金属原子相互接近而获得牢固的压焊接头,这种压焊的方法有超声波焊、爆炸焊等。

(3)钎焊:钎焊是把比被焊金属熔点低的钎料金属加热熔化至液态,然后使其填充到被焊金属接缝的间隙中而使被焊金属结合的方法。焊接时加热温度低于母材熔点温度,因此母材处于固体状态,仅依靠液态金属与固态金属之间的原子扩散而形成牢固的焊接接头。钎焊可分为软钎焊和硬钎焊,常见的钎焊方法有火焰钎焊、感应钎焊和烙铁钎焊等。

焊接方法的分类如5-1图所示。

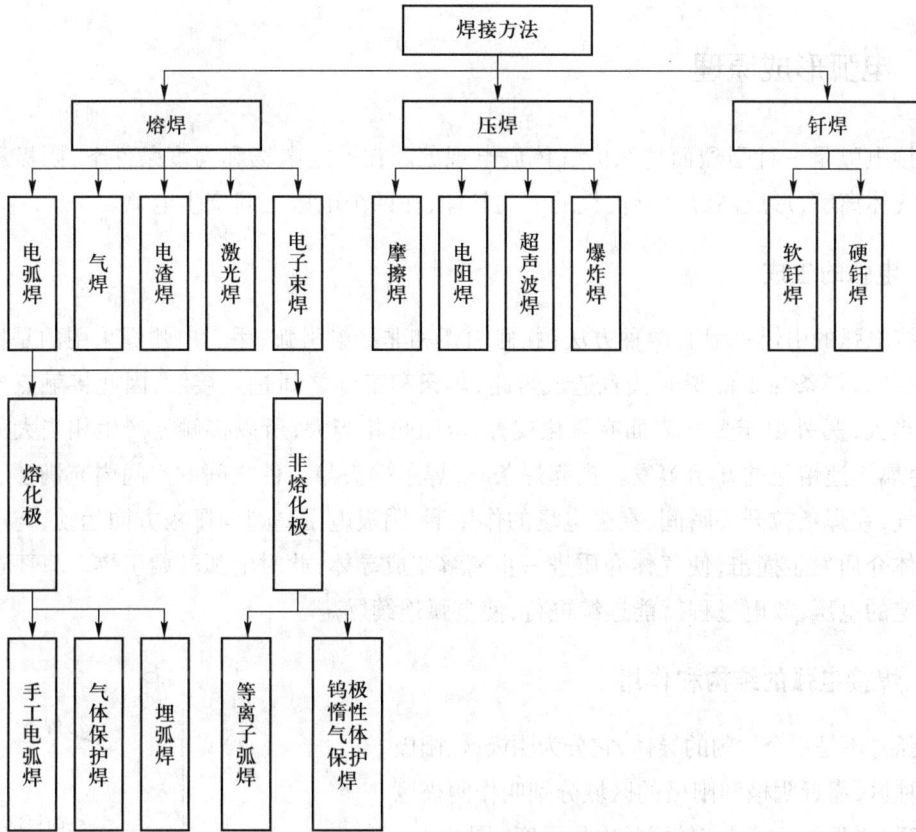

图 5-1 焊接方法的分类

5.2 手工电弧焊

　　手工电弧焊又叫作焊条电弧焊,是用手工操纵焊条作为电极,与工件接触引燃电弧,利用电弧热熔化焊剂和被焊金属形成熔池,随后冷却凝固形成焊缝的一种电弧焊方法。手工电弧焊中电弧的引燃和移动靠手工操纵。焊条涂料可产生保护气体保护电弧,也可以产生熔渣覆盖在焊缝表面,起到保护焊缝的作用。手工电弧焊具有设备简单、工艺灵活、适用性强等特点,可以用于不同结构、形状和位置的焊接,但是该焊接方法劳动强度大,生产效率较低,对操作者的操作技术水平要求较高。目前大学生工程实训中一般都是用手工电弧焊进行操作(图 5-2)。

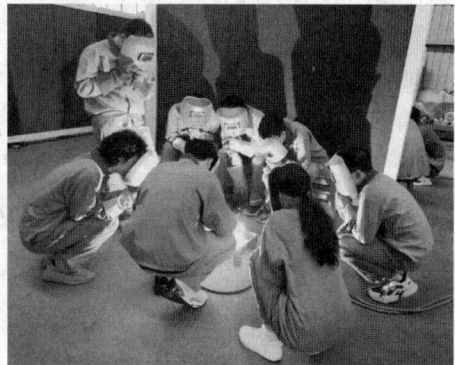

图 5-2 焊接现场

5.2.1　电弧形成原理

焊接电弧是一种强烈而持久的气体放电现象。在一定电场和温度条件下,阴极和阳极之间的气体离解,形成高温高导电性的游离气体,在两个电极之间产生电弧。

1. 电弧的生成

焊接电弧的引燃一般有两种方法:接触引弧和非接触引弧,手工电弧焊采用的是接触引弧。引弧时,焊条与工件瞬时接触造成短路,焊条和工件之间是点接触,因此接触点上电流密度相当大;另外由于金属表面有氧化皮等,电阻也相当大,所以接触处产生相当大的电阻热,使金属迅速熔化并开始蒸发。提起焊条时,焊条端头与工件之间的空间内充满了金属蒸气和空气,在焊条拉开一瞬间,在强电场的作用下,阴极电子高速向阳极方向运动,与电弧空间的气体介质发生撞击,使气体介质进一步离解变成导体,此时电弧开始引燃。只要这时能维持一定的电压,放电过程就能连续进行,使电弧连续燃烧。

2. 焊接电弧的结构和作用

电弧并不是一个均匀的导体,它分为阴极区、阳极区和弧柱区,靠近阴极和阳极的区域分别叫作阴极区和阳极区,这两个区域具有较强的电场强度(图 5-3)。

电弧的能量大部分转变成热能,焊接过程中会利用这些热能加热熔化焊条和母材。

3. 焊接电弧的特点

为了保证焊接时引弧顺利,并且电弧能够持续稳定燃烧,焊接时必须满足维持焊接电弧的基本要求。

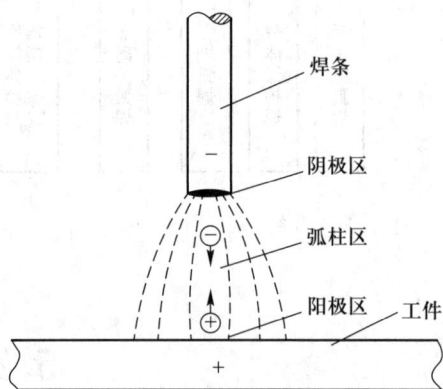

图 5-3　电弧形成原理

(1)引弧电压较高,一般大于 60 V,引弧电压越高越有利于引弧,但是安全性会降低;维持电弧的电压较低,一般为 10 ~ 30 V,因此要求焊接电源具有陡降外特性,具有该特性的电源空载电压能够满足引弧要求,也可以提供电弧稳定燃烧的电压,而且陡降外特性电源所引起的电流变化比较小,能够保证焊接电流稳定。

(2)焊接电弧温度很高,弧柱区的温度可达到 $5 \times 10^3 \sim 3 \times 10^4$ ℃。

5.2.2　手工电弧焊焊机及其他辅件

1. 手工电弧焊焊机

弧焊电源可分为四大类:交流弧焊机、直流弧焊机、逆变弧焊机和脉冲弧焊机。

（1）交流弧焊机（弧焊变压器）

其结构简单、成本低、维修方便,在手工电弧焊中使用比较普遍,具有噪声小、空载损耗少、效率高等优点,但电弧稳定性较差,功率因数较低。

（2）直流弧焊机

直流弧焊机有弧焊发电机和弧焊整流器两种。其中弧焊发电机虽然坚固耐用,电弧燃烧稳定,但是成本高、维修难、损耗大、效率低,目前属于淘汰产品。弧焊整流器是一种将交流电变成直流电的弧焊电源,其制造简单,维修方便,材料消耗少,同时具有空载损耗少和噪声小等优点,是目前应用较多的弧焊电源。

（3）逆变弧焊机

逆变弧焊机将电网低频交流电整流成直流电,再通过逆变器将直流电变成中频或高频交流电,之后再通过降压、整流、滤波,从而得到稳定的直流电。其体积小,操作简单,维修方便,焊接质量好,适用于需要频繁移动焊机的场所;它还具有功率因数高、比较节能、调节精度高等优点。

（4）脉冲弧焊机

脉冲弧焊机输出的是按一定规律变化的焊接电流,利用基值电流保证两次脉冲焊接电流之间电弧不熄灭,同时给母材和焊丝预热,再利用峰值电流的作用熔化母材和焊丝形成熔池,在下一个基值电流作用时熔池凝固形成一个焊点,周而复始不断叠加焊点,从而形成焊缝。它具有热输入较少、效率高、有良好的引弧性能、可在较大范围内调节热输入等优点,但是它价格昂贵,使用较为复杂,在手工电弧焊中应用较少。

2. 焊条

焊条由焊芯和涂料药皮两部分组成。

焊芯是指焊条用的金属芯,焊芯的作用一是作为电极传导电流,产生电弧,二是熔化后作为焊缝的填充金属。

焊条涂料药皮由具有不同物理和化学性质的粉状物质组成,以一定的厚度均匀涂抹在焊芯周围。焊条涂料药皮由氧化物、碳酸盐、硅酸盐、有机物、氟化物、钛合金等数十种原材料粉末按照一定的比例混合而成。焊条里面的稳弧剂可以保证电弧容易引燃和稳定燃烧,改善焊接工艺,造气剂可以在高温作用下分解出气体,保护电弧和熔池,造渣剂在焊接时能够形成焊渣保护焊缝,焊条涂料药皮里面添加有益合金元素,可以改善焊缝的力学性能。

根据熔渣中的酸性氧化物和碱性氧化物的比例,焊条可以分为酸性焊条和碱性焊条。酸性焊条涂料药皮中含有大量的二氧化硅、二氧化钛等酸性造渣物,因此酸性焊条焊接工艺性好,飞溅小,脱渣性好,可交流直流两用;碱性焊条涂料药皮中含有大量的大理石和萤石,并且还有较多的钛合金作为脱氧剂和渗合金剂,因此,碱性焊条涂料药皮的脱氧能力较好,焊缝有较高的塑性以及冲击韧性。

按照焊条的用途以及化学成分,焊条可以分为八种型号:碳钢焊条、低合金钢焊条、不锈钢焊条、堆焊焊条、铸铁焊条、镍及镍合金焊条、铜及铜合金焊条、铝及铝合金焊条（表5-1）。焊条的选用应根据钢材的类型、力学性能、结构的工作状况综合考虑。

表5-1   焊条型号和牌号的划分

序号	焊条牌号		焊条型号	
	焊条分类（按用途）	代号	焊条分类（按化学成分）	代号
1	结构钢焊条	结（J）	碳钢焊条	E
2	钼及铬钼耐热钢焊条	热（R）	低合金钢焊条	E
3	低温钢焊条	温（W）		
4	铬不锈钢焊条	铬（G）	不锈钢焊条	E
5	铬镍不锈钢焊条	奥（A）		
6	堆焊焊条	堆（D）	堆焊焊条	ED
7	铸铁焊条	铸（Z）	铸铁焊条	EC
8	镍及镍合金焊条	镍（Ni）	镍及镍合金焊条	ENi
9	铜及铜合金焊条	铜（T）	铜及铜合金焊条	ECu
10	铝及铝合金焊条	铝（L）	铝及铝合金焊条	TAl
11	特殊用途焊条	特（TS）		

3. 手工电弧焊辅助设备

手工电弧焊的辅助设备主要有电焊钳，电焊面罩，焊接电缆、快速接头和地线夹（图5-4），焊条烘干和保温设备等。

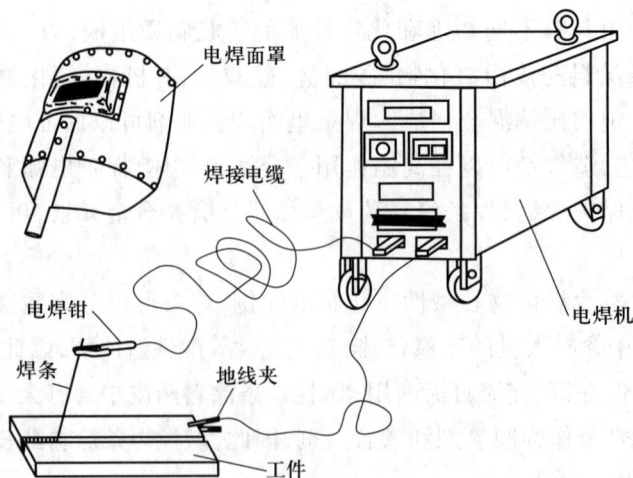

图5-4 手工电弧焊电源及辅助设备

（1）电焊钳

电焊钳（图5-5）的作用是夹持焊条进行焊接以及传导电流，因此电焊钳应具有导电良好、不易发热、重量轻、装换焊条方便和夹持焊条牢固等特点。电焊钳主要有300 A和500 A两种规格。

（2）电焊面罩

电焊面罩（图5-6）的作用是保护焊工的面部和颈部免受强烈弧光和金属飞溅物的灼伤。面罩上装有滤光玻璃来减弱弧光强度，避免眼睛被弧光灼伤，焊接时，焊工通过滤光玻璃观察熔池的情况，正确掌握和控制焊接过程。

（3）焊接电缆、快速接头和地线夹

快速接头用于焊接电缆与电焊机电缆之间的相互连接，地线夹用来连接电缆导线和工件。

（4）焊条烘干和保温设备

在焊接过程中，如果焊条湿度过大，会造成焊缝中出现气孔、裂纹等缺陷，焊条烘干和保温设备（图5-7）主要用于焊条在焊前的烘干和保温。

图5-5 电焊钳　　　　图5-6 电焊面罩　　　　图5-7 焊条烘干箱

5.2.3 手工电弧焊工艺

为了保证焊缝质量能达到设计技术要求，必须根据设计技术要求制定合适的焊接工艺。焊接工艺是指根据设计技术要求选择合适的焊接设备、焊接参数、焊条型号规格、工装配件等。

焊接生产中应当根据母材的力学性能以及焊缝的质量要求，并依据国家标准选择焊条的型号和牌号。普通低碳钢和低合金钢按照等强度匹配原则选取焊条，重要的焊接结构可以选用碱性焊条，一般焊接结构选用酸性焊条。焊条直径应根据焊件厚度、接头形式、焊接速度、焊接层数与焊道数目，电源种类和极性等因素来选取。在平焊时，焊条直径的选择见表5-2。

表5-2 焊条直径的选择

板厚/mm	1~2	2~2.5	2.5~4	4~6	6~10	>10
焊条直径/mm	1.6；2.0	2.0；2.5	2.5；3.2	3.2；4.0	4.0；5.0	5.0；5.8

焊接参数的选择如下。

1. 焊接电流

直流弧焊电源可以正接或反接,由于正极部分释放的热量较高,如果焊件需要的热量高(例如厚板焊接),则适合用正接法,反之,薄板焊接适合用反接法。交流弧焊电源则没有正接反接的问题。

焊接电流大小的选择要依据母材材质和厚度,焊条型号、直径,接头形式,焊接位置等因素综合判断。焊接电流越大,焊接效率越高,因此,在允许的条件下尽量选用大电流,但是电流过大又容易造成工件被烧穿,降低焊缝质量。在使用一般的碳钢焊条平焊时,电流可使用以下公式选用:

$$I = (33 \sim 35)d \qquad\qquad (5.1)$$

式中,I 是焊接电流,d 是焊条直径。

2. 焊接速度

焊接速度是指焊接过程中焊条移动的速度,焊接速度越快,生产效率越高,但是过快或者过慢的焊接速度都会导致焊缝缺陷,降低焊缝质量。焊接速度和焊接线能量成反比:

$$E=IU/v \qquad\qquad (5.2)$$

式中,E 是焊接线能量;I 是焊接电流;U 是焊接电压;v 是焊接速度。

3. 焊接层数与焊道数目

对于焊脚尺寸小于 8 mm 的焊缝,通常采用单层焊。对于焊脚尺寸大于 10 mm 的厚板焊接,通常需要采用多层多道焊(图 5-8)。多层多道焊有利于提高焊接接头的塑性和韧性。

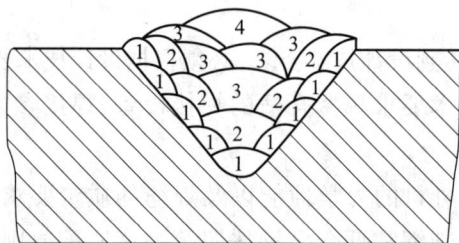

图 5-8　多层多道焊

4. 坡口形式和焊接位置

坡口是根据设计或工艺的需求,将焊件上待焊部位加工成一定几何形状的沟槽。根据焊接材料的厚度和焊接质量要求,可以选择不同的焊接接头形式和坡口形状。焊接接头形式常见的有对接、角接、T 形接头和搭接接头。对于对接接头,坡口主要有 I 形、V 形、U 形、X 形等(图 5-9)。对于 6 mm 以下的薄板焊接,可以不开坡口,或者用 I 形坡口;但是对于中厚板焊接,必须要开坡口才能保证焊缝质量。V形坡口加工比较容易,在生产中应用较多,但是焊缝较宽,焊件容易产生变形;U形坡口需要的焊缝填充金属较少,因此焊后变形较小,但是U形坡口加工比较困难,因此应用得较少,一般用于一些重要焊缝的焊接。

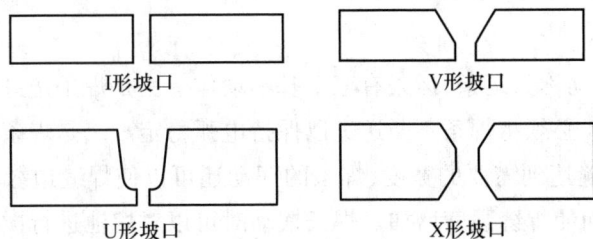

I形坡口　　V形坡口

U形坡口　　X形坡口

图5-9　坡口示意图

　　在实际生产中,焊接结构往往都比较复杂,而且难以移动,因此焊缝在空间的位置多种多样,有平焊、立焊、横焊、仰焊、船形焊等(图5-10)。平焊时熔滴更容易落入熔池,熔池中的气体和杂质也容易浮出,还可以使用较大的焊接电流,平焊时的焊接效率较高,焊缝质量比较好,焊接条件也是最好的,对操作者技术水平没有很高的要求,因此一般尽量采用平焊。其他焊接位置焊接条件较差,焊缝质量不易保证,对操作者的技术水平要求较高(尤其是仰焊操作难度最大)。

　　手工电弧焊适用于所有焊接位置、所有焊接接头的焊接。

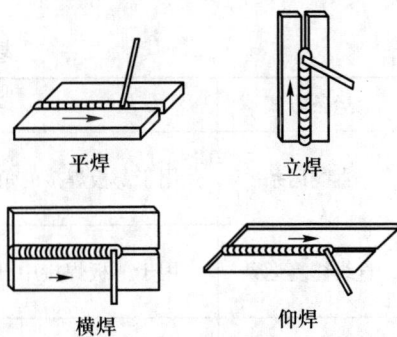

平焊　　立焊

横焊　　仰焊

图5-10　焊接位置示意图

5.2.4　手工电弧焊操作指导

　　手工电弧焊的引弧、运条、焊接接头和收弧等都是靠操作者手工操作的,因此,操作者的操作技术对焊缝质量影响很大。

1. 引弧方式

　　引弧过程即产生电弧的过程。引弧是靠焊条和焊件瞬时接触,使焊条端部和焊件表面形成短路实现的。引弧方式主要有敲击法和划擦法两种。

　　(1)敲击法

　　将焊条和工件保持一定距离,然后竖直慢慢落下焊条,轻轻敲击工件,使焊条和工件发生短路,然后迅速提起焊条,就可以产生电弧。敲击法对于初学者有一定的难度,如果焊条提起过快过高,电弧容易熄灭,动作太慢,焊条容易粘在工件上。

　　(2)划擦法

　　划擦法也称为摩擦法或线接触法。用划擦法引弧时,将焊条末端对准待焊处,然后转动手腕使焊条在焊件上成线状轻轻滑动,当焊条端部接触焊件时发生短路,然后将焊条提起,从而产生电弧。划擦法引弧容易操作,但是如果控制不当可能会使焊件表面被电弧划伤。

2. 运条方式

焊接时焊条的运动称为运条,运条有三个基本动作。一是焊条送进动作,这是因为焊接过程中焊条不断熔化,必须将焊条不断送进以保持电弧稳定。二是焊条横向摆动动作,通过摆动焊条,可以使焊缝达到需要的宽度,焊条的摆动还可以使焊缝边缘获得足够的热量,确保熔深达到要求,从而使焊缝强度增加。焊条摆动时可以对熔池进行搅拌,有利于杂质排出熔池。在横焊、立焊和仰焊时,摆动焊条可以使熔池的液态金属不容易淌下形成焊瘤。三是焊条沿焊缝方向的前移动作,焊条的移动速度越快,焊接线能量越小,熔深越浅,熔宽越窄。

常见的手工电弧焊运条方式有六种(表 5-3)。

表 5-3　手工电弧焊运条方式

运条方式	适合场合	示意图
直线运条	用于薄板焊接的角焊缝和开坡口焊缝的打底层	
直线往复运条	用于薄板焊接中开坡口焊缝的打底层	
锯齿运条	用于厚板焊接,平焊、立焊、仰焊的填充层	
三角形运条	用于厚板焊接,平焊、立焊、横焊的角焊缝	
圆圈形运条	用于厚板焊接的平焊和仰焊	
8 字形运条	用于厚板或不等厚焊件的焊接	

3. 焊接接头

由于焊条长度的限制,焊接过程中需要换焊条,或由于焊接位置的限制,需要熄弧然后重新引弧,这两种情况下焊缝就会形成一个接头。接头位置如果处理不当,容易造成焊缝中产生气孔、夹渣等缺陷。焊接接头有四种形式,即首尾接头、尾尾接头、首首接头和尾首接头。最常见的是首尾接头,这种接头是后段焊缝从前段焊缝收尾处开始焊接,一般在前段焊缝弧坑前 10 mm 左右引燃电弧,略微拉长电弧预热连接处,并把弧坑里的焊渣赶走,然后回到弧坑处,压低电弧填满弧坑后再正常焊接。

4. 收弧

当一条焊缝焊接结束时,如果直接熄灭电弧,收弧处将会产生弧坑,凹陷的弧坑不仅会影响焊接接头的强度,而且容易产生气孔、裂纹等缺陷,因此必须采用合理的收弧方法填满弧坑。常用的收弧方法有回焊收弧法、画圈收弧法、转移收弧法和断续收弧法。对于重要结构的焊接,可以采用收弧板将弧坑引出焊缝之外,然后再切除。

5.3 气焊与气割

在以电为能源的焊接工艺出现之前,焊接基本上以火焰为热源。气焊和气割是指利用气体燃烧产生的火焰为热源进行金属材料的焊接与切割,是金属材料热加工的常用方法之一。

5.3.1 气焊的原理

气焊是指利用可燃气体和助燃气体混合燃烧产生的火焰为热源,熔化焊件和焊材使其达到原子间结合的一种焊接方法(图 5-11)。

与电弧焊相比,气焊有以下特点:

(1)气焊使用气体作为热源,不需要电源,因此其设备简单,环境适应性强,适合野外焊接。

(2)火焰温度低,控制容易,适应全位置焊接,适合低碳钢、低合金钢和不锈钢的薄板和薄壁件的焊接。

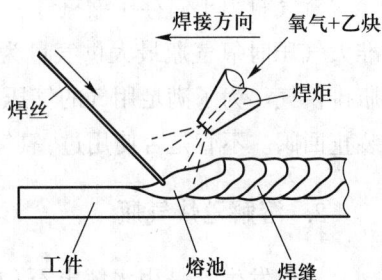

图 5-11 气焊工作示意图

(3)火焰加热范围大,热量分散,热影响区较宽,焊件变形较大。

(4)生产效率较低。

因为乙炔与氧气混合,燃烧产生的温度最高可达到 3 000 ℃,所以乙炔是气焊气割生产中可燃气体的首选(其次是液化石油气),助燃气体一般是氧气。乙炔和氧气混合燃烧的火焰称为氧乙炔焰,根据两者不同的混合比例,氧乙炔焰可分为中性焰、碳化焰和氧化焰。

中性焰为氧气和乙炔的混合比为 1 ~ 1.2 时燃烧的火焰,其燃烧充分,燃烧后的气体基本没有过剩的乙炔或氧气。中性焰温度最高,在气焊中应用最多。碳化焰是氧气和乙炔混合比小于 1 时燃烧得到的火焰,其燃烧不充分,高温下过剩的乙炔会使火焰中有游离碳,有较强的还原作用,也有一定的渗碳作用,可以提高焊缝金属的碳含量,提高焊缝强度,但是会降低焊缝的韧性和塑性,适合于碳钢、铸铁和硬质合金等材料的焊接。氧化焰是氧气和乙炔混合比大于 1.2 时燃烧得到的火焰,具有较强的氧化作用,会降低焊缝的强度、塑性和韧性,因此一般不用于焊接。

5.3.2　气焊设备

气焊设备主要有氧气瓶、溶解乙炔气瓶、减压器、焊炬、回火防止器以及其他附件(图 5-12)。

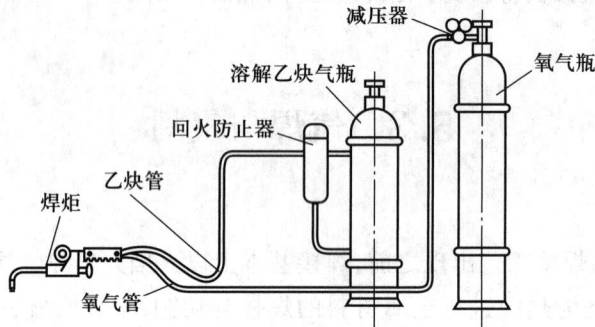

图 5-12　气焊装置

1. 氧气瓶

氧气瓶用于储存压缩氧气,一般容积为 40 L,氧气瓶压力不应超过为 15 MPa,因此在标准大气压时氧气瓶最大供气量为 6 000 L,当使用一个氧气瓶无法完成焊接时,可以用氧气瓶排供气。为了满足用气的气压并保证气压稳定,氧气瓶需安装减压器,并在减压器出口安装止回阀。不管是否使用过,氧气瓶都应定期进行检验,一般是三年检验一次。

2. 溶解乙炔气瓶

乙炔发生器是用水解电石(CaC_2)制取乙炔的,但由于电石不易保存,乙炔发生器使用安全性较差,近年来更多使用的是溶解乙炔气瓶。

乙炔在超过 0.15 MPa 的压力下会发生聚合反应,使气体温度升高、压力升高,容易导致爆炸。为了提高气瓶的储存能力,使乙炔能在较高压力下保存而不发生爆炸,在瓶内填充了活性炭、硅藻土、木屑和浮石等多孔物质,并加入足够的能溶解乙炔的丙酮。

3. 减压器

气焊用的气瓶瓶内的压力都比较高,必须使用减压器降压才能正常使用,减压器可以将气瓶的高压转换成工作压力。氧气减压器和乙炔减压器结构大致相同,由于乙炔气体具有一定的危险性,乙炔气瓶瓶阀出口没有螺纹,因此乙炔减压器需要用夹环安装。

4. 焊炬

焊炬(图 5-13)是完成气焊的工具,气焊时,除了要形成火焰之外,焊炬还必须形成一束方向性强、吹力大并且不易受干扰的切割氧气流。按照气体的混合方式,焊炬可分为射吸式和等压式。射吸式焊炬应用最广泛,工作时,先开启乙炔阀,低压燃气先经喷嘴喷出,再打开氧气阀,高压氧气从喷嘴快速射出,将低压燃气析出,在混合管内按比例混合,再经喷嘴喷出。乙炔是靠氧气的射吸作用进入焊炬的,因此乙炔在低压或中压下都不会影响气焊工作。

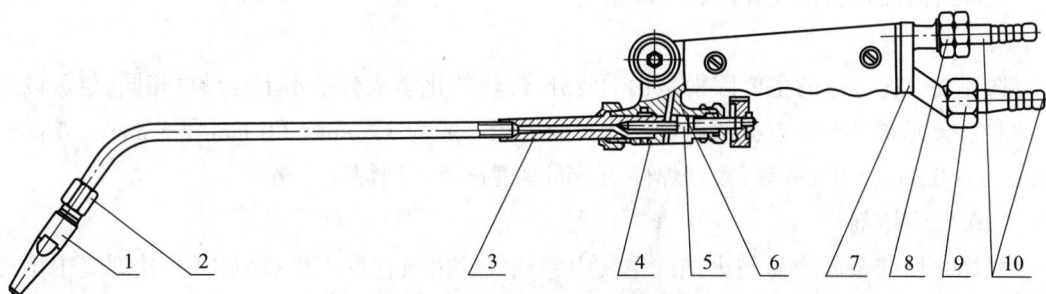

图 5-13 气焊焊炬结构图

1—焊嘴;2—焊嘴接头;3—射吸管;4—喷嘴;5—氧气阀针;6—中部主体;

7—后部主体;8—乙炔阀;9—氧气阀;10—软管接头

焊炬是产生高温火焰的工具,它的使用应注意以下事项:

(1)射吸式焊炬使用前应检查其射吸功能,检查时,先接上氧气胶管,但不接乙炔胶管,打开氧气阀和乙炔阀,手指按在乙炔进气管接头上,如果感觉有吸力,则射吸功能正常。之后应把乙炔进气管接头和乙炔胶管接好,再检查焊炬气路和焊嘴有无漏气现象。

(2)检查合格后才能点火,点火后立即调整火焰的大小和形状,之后再进行焊接。

(3)熄火时应先关乙炔阀后关氧气阀,防止发生回火。

(4)发生回火时,应快速关闭乙炔阀,随即关闭氧气阀,火焰熄灭后稍等片刻再打开氧气阀,吹出烟灰。

(5)严禁使焊炬接触油脂。

(6)焊炬不能受压或随意摆放,使用完毕后应放到合适的地方或悬挂起来。

5. 回火防止器

乙炔瓶和乙炔发生器必须安装回火防止器,它的作用是当焊炬或割炬发生回火时,防止火焰倒流进入乙炔瓶或者乙炔发生器内,或阻止火焰在乙炔管道内燃烧,从而保证乙炔瓶或乙炔发生器的安全。

回火防止器按工作原理可分为水封式和干式(图5-14)回火防止器;按通过乙炔压力可分为低压式和中压式回火防止器。

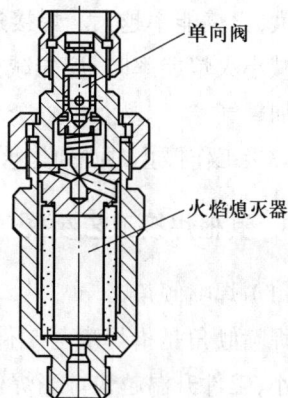

单向阀

火焰熄灭器

图 5-14 干式回火防止器结构图

5.3.3　气焊工艺及气焊基本操作

1.　气焊材料的选择

气焊所需的材料是气焊丝和气焊熔剂。

（1）气焊丝

选择气焊丝考虑的主要因素是化学成分,焊丝的化学成分基本上与母材相同,也可以加入一些合金元素以提高焊缝的质量。焊丝的直径一般为 1.6 mm、2.0 mm、2.5 mm、3.0 mm、3.2 mm、4.0 mm、5.0 mm 等,根据焊件的不同厚度选择不同焊丝规格。

（2）气焊熔剂

气焊时焊缝金属容易与火焰或空气中的氧气发生氧化反应生成氧化物,使焊缝中出现气孔、夹渣等缺陷。气焊熔剂的作用是在焊接中与熔池中的氧化物反应生成熔渣,覆盖在熔池表面,同时使填充金属和焊件更好地熔合。气焊时根据母材种类和熔剂作用来选择所需的气焊熔剂。

2.　气焊火焰及操作方法

从前文可知,气焊火焰可分为中性焰、氧化焰和碳化焰。大多数情况下气焊都采用中性焰;焊接硬材料时采用碳化焰;焊接含锌和含锰材料时使用氧化焰。

气焊火焰点燃前,应右手持焊炬,拇指和食指分别放在乙炔开关和氧气开关处,以便随时调节气流量。然后先打开乙炔开关放出乙炔,等待 7~8 s 后将氧气开关打开,之后再左手持点火枪,将焊炬靠近距离火源 40~80 mm 的位置点火。

刚开始点燃火焰时火焰多为碳化焰,此时逐渐增加氧气的供给量,看到火焰的焰心、内焰和外焰界限明显时,即为中性焰,如果此时再继续增加氧气的供给量,就会得到氧化焰。

气焊火焰能率与焊炬型号和焊嘴型号相关,焊炬型号和焊嘴型号越大,混合气体的消耗量越大,火焰能率越大。焊接过程中可以通过同时调节氧气和乙炔的流量来调节火焰能率。需要减小火焰能率时,应先减少氧气,后减少乙炔;需要增大火焰能率时,则应先增加乙炔,后增加氧气。

焊接工作停止时必须熄灭火焰,熄灭火焰时应先关闭乙炔阀,再关闭氧气阀。

3.　其他焊接工艺参数

（1）焊嘴倾角

焊嘴倾角是指焊嘴与工件在焊接方向上的夹角,焊嘴倾角越大,则火焰越集中,热量损失越小,工件升温越快。当焊件厚度大、熔点高、导热性好时应选择较大焊嘴倾角,反之则应选择较小焊嘴倾角。在焊接不同阶段,焊嘴倾角也应有所变化,焊接刚开始时,为了迅速加热焊件,焊嘴倾角应大些,焊缝中段应选择正常焊嘴倾角,焊接结束时,为了能填满弧坑又不至于烧穿焊件,焊嘴倾角应小些。

（2）焊接速度

焊接速度过快会导致熔合不良,焊接速度过慢会使焊接热影响区过大,容易产生变形,影响焊接质量。

（3）接头形式

气焊的接头有对接接头、搭接接头、角接接头、端接接头、T形接头等形式,如图 5-15 所示。

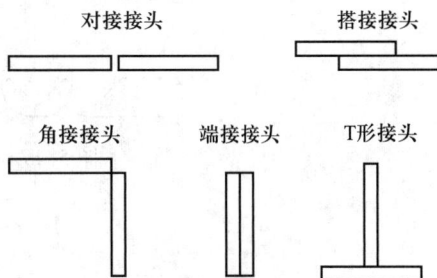

图 5-15 气焊接头

（4）左向焊法和右向焊法

气焊时从右往左焊叫作左向焊法,从左往右焊叫作右向焊法（图 5-16）。左向焊法火焰背着焊缝指向未焊部分,因此对金属有预热作用,焊接薄板时焊接效率高,但是焊缝易氧化,热利用率低,适用于焊接 5 mm 以下薄板和低熔点金属。右向焊法火焰指向焊缝,使熔池与空气隔绝,可以防止焊缝金属氧化,同时使熔池金属冷却速度变慢,改善焊接接头的性能,还能增加熔深,提高生产效率。

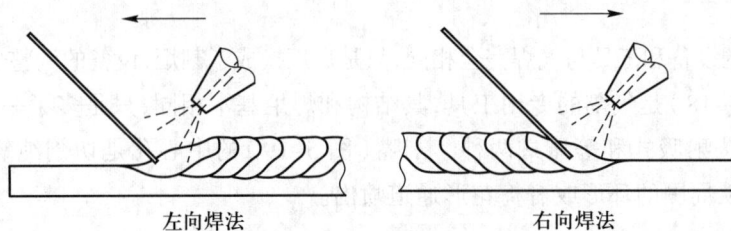

图 5-16 左向焊法和右向焊法

4. 气焊操作

焊接前将焊件表面的氧化皮、铁锈、油污等清理掉。

焊接开始时在起焊处将火焰往复移动进行预热,之后将焊丝端部置于火焰中进行预热,等焊件局部熔化形成熔池后便可熔化焊丝。

焊炬和焊丝的运动有三个动作:沿焊缝方向的移动、焊炬沿焊缝进行横向摆动、焊丝在垂直于焊缝方向送进并且上下移动。为了获得优质且美观的焊缝,焊接过程中焊炬和焊丝应进行均匀的摆动。

图 5-17 所示为焊炬和焊丝的摆动方式。

（1）焊接时中途停焊之后再继续施焊时,应用火焰把原熔池重新加热,形成新的熔池后再加焊丝重新开始焊接,续焊焊道应与前焊道重叠 5 ~ 10 mm,重叠焊道应少加或不加焊丝。

（2）焊接结束时,应减小焊嘴倾角,同时应提高焊接速度并多加焊丝,防止焊件被烧穿。

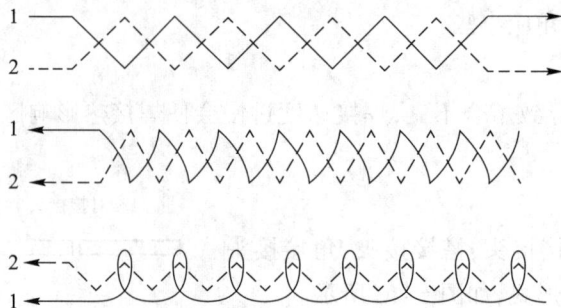

图 5-17　焊炬和焊丝的几种摆动方式

1—焊炬；2—焊丝

5.3.4　气割原理与工艺

气割是指利用气体火焰将被切割的金属加热到燃点后,使其在纯氧气流中剧烈燃烧,生成液态 Fe_3O_4,同时高速氧气流迅速吹走这些液态 Fe_3O_4,形成割口的金属切割方法。

1.　气割设备

气割所用的设备和工具与气焊完全相同,只是焊炬换成了割炬,设备的调整也与气焊相同。

割炬(图 5-18)是气割的专用工具,其结构和焊炬基本相同,只是多了一个切割氧气通道。割炬也分为射吸式和等压式两种。割嘴(图 5-19)的中心孔是切割纯氧的喷孔,预热用的混合气体从周围的环形或者梅花形通道喷出。

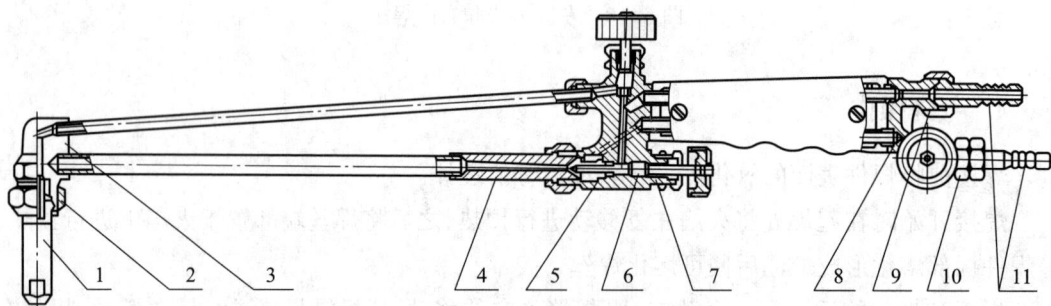

图 5-18　割炬结构图

1—割嘴；2—割嘴螺母；3—割嘴接头；4—射吸管；5—喷嘴；6—氧气阀针；
7—中部主体；8—后部主体；9—氧气阀；10—乙炔阀；11—软管接头

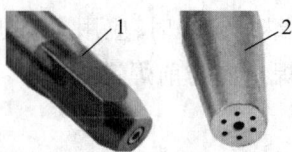

图 5-19　割嘴

1—环形割嘴；2—梅花形割嘴

2. 气割工艺与操作

（1）气割工艺参数

气割工艺参数主要包括切割纯氧压力、气割速度、预热火焰能率、割嘴倾角等。气割切割纯氧压力可参照相关标准选择；气割速度与割件厚度和割嘴形状有关，割件越厚，气割速度越慢，割件越薄，则气割速度越快；预热火焰需提供足够的热量保证气割顺利完成，割件厚度越大，预热火焰的能率越大，气割时需根据所需预热火焰能率大小选择割炬型号和割嘴大小；割嘴倾角应根据割件厚度决定，厚度越大的割件割嘴倾角越大，对于厚度为 6～30 mm 的钢板，割嘴应垂直于割件。

（2）手工气割操作

气割前应检查设备的工作状况是否正常，是否有漏气现象，将割口附近 30～50 mm 内的铁锈、油漆、油污尘垢清理干净，将割件垫平，割件下面留空隙排渣。气割操作时应右手持割炬，右手拇指和食指控制预热氧气阀和乙炔阀，左手控制切割氧气阀，气割开始时先开启预热氧气和乙炔阀，点燃火焰并调节为中性火焰，预热割件到熔点时立即打开切割氧气阀。气割时从右往左进行切割。气割结束时，应先关闭切割氧气阀，再关闭预热氧气阀和乙炔阀。

5.4 先进焊接方法

焊接方法多种多样，一些先进焊接方法在自动化和过程控制方面有其独特的优势和先进性，未来可能会得到广泛的应用。

5.4.1 熔化极气体保护焊

熔化极气体保护焊是以焊件和焊丝为电极，用外加的气体作为电弧的介质并保护电弧的一种焊接方法。

熔化极气体保护焊有以下优点：（1）可以在小电流条件下焊接薄壁件，焊接热输入较小；（2）电弧热量集中，熔池和热影响区小，焊接速度高；（3）不用焊剂，熔渣少或者没有熔渣，适合全位置焊接；（4）采用惰性气体保护时焊接质量好。

熔化极气体保护焊根据保护气体种类可分为：惰性气体保护焊、活性气体保护焊和 CO_2 气体保护焊。惰性气体保护焊中采用 Ar 和 He，它们不易与金属发生反应，适合于有色金属焊接；活性气体保护焊采用氧气混合气体焊接；CO_2 气体保护焊采用 CO_2 气体或者 O_2+CO_2 气体焊接，适合于焊接碳钢和低合金钢。下面重点介绍 CO_2 气体保护焊。

CO_2 气体保护焊所用保护气体价格低廉，采用短路熔滴过渡时焊缝成形良好，焊缝质量好，目前已经是黑色金属最重要的焊接方法之一。

1. CO_2 气体保护焊的分类

CO_2 气体保护焊按照操作方式的机械化程度可分为半自动 CO_2 气体保护焊和自动 CO_2 气体保护焊；按焊丝粗细可分为细丝、中丝和粗丝 CO_2 气体保护焊；按安装焊丝种类可以分为药芯焊丝和实心焊丝 CO_2 气体保护焊。

2. CO_2 气体保护焊的冶金特性

（1）合金元素的氧化和脱氧

CO_2 气体在高温下分解为 CO 和 O_2，容易将金属氧化，解决办法是在焊丝中加入脱氧剂（如 Mn、Si）。

（2）CO_2 气体保护焊的熔滴过渡

材料从熔化的电极尖端过渡到熔池的方式叫作熔滴过渡。熔滴过渡影响焊接过程的稳定性、飞溅的产生、焊缝的质量和全位置焊接的能力。

熔滴过渡主要分为自由过渡和短路过渡两大类，自由过渡又分为滴状过渡和喷射过渡。

CO_2 气体保护焊在采用较粗焊丝（>1.6 mm）、较大的焊接电流和较高电压时，会出现滴状过渡。当电流较小时，电弧不稳定，飞溅较大，焊缝成形质量也不好；当电流大于 400 A 时，电弧较稳定，飞溅减小，焊缝成形质量较好。

CO_2 气体保护焊在采用较细焊丝、较小电流和较低电压时，会出现短路过渡。在焊接过程中焊丝以恒定速度送进，但是焊丝的熔化速度比送丝速度稍慢，电弧间隙逐渐闭合，焊丝与熔池接触造成短路。短路时电流迅速增大，在焊丝短路部分释放出大量的电阻热，这时焊丝熔化加快，短路部分断开，电弧重新燃起。短路过渡 CO_2 气体保护焊焊接过程不稳定，飞溅较大，但是这些问题可以通过选择合适的保护气体和精确控制电流电压来解决。

3. CO_2 气体保护焊设备

（1）焊接电源。CO_2 气体保护焊一般采用直流电源，以保证电弧的稳定燃烧，目前采用较多的是硅整流电源、晶闸管电源和逆变电源。

（2）送丝机构。一般由送丝电机、减速装置、送丝滚轮、送丝软管和焊丝盘组成，焊丝经焊丝盘后矫直，并经过减速装置上的送丝滚轮，再经送丝软管到达焊枪。

（3）供气系统。供气系统的作用是将 CO_2 送到焊枪，它由气瓶、预热器、高压干燥器、减压流量计、低压干燥器、电磁气阀及导管组成。

（4）焊枪。焊枪主要用于传导焊接电流、送丝和 CO_2，可以分为半自动焊枪和自动焊枪，根据送丝的不同，可以分为推丝式和拉丝式焊枪。为了保证电弧燃烧的稳定性，CO_2 气体保护焊焊枪一般采用直流反接，焊枪上的导电嘴由铜或其合金制备。

（5）水冷系统。水冷系统是冷却焊枪和电缆的系统，由水箱、水泵、水压开关和冷却水管组成。

（6）控制箱。由直流交流接触器、电磁气阀、水流开关中间继电器、时间继电器等控制元件组成,控制箱内的电气线路和电气元件的动作,使其按照 CO_2 气体保护焊的工艺要求编写的程序执行动作。

5.4.2 等离子弧焊

1. 工作原理

等离子弧焊(图 5-20)属于钨极气体保护焊,通过水冷铜喷嘴对钨极气体保护焊的电弧施加物理约束,产生较高的电流密度和电弧温度,弧柱中的气体电离很充分。等离子弧焊接过程中,电弧一端形成于钨极,另一端形成于焊件或拘束喷嘴。通常选用氩气作为中心部位形成等离子弧的气体,选择氩气或者氩气和氢气的混合气体作为外层保护气体。

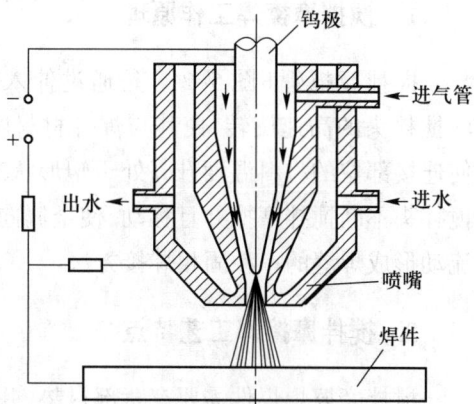

图 5-20 等离子弧焊原理

2. 操作模式

等离子弧焊有两种操作模式:转移弧模式和非转移弧模式。

(1)转移弧模式

转移弧模式的电弧在钨极和焊件之间产生,钨极通常作为阴极,焊件作为阳极,这种模式下可以达到很高的能量密度,并且能量的传递非常高效。

(2)非转移弧模式

非转移弧模式下电源施加在钨极和拘束喷嘴上,钨极接电源负极,拘束喷嘴接电源正极。先导电弧可以通过高频交流引弧或焊枪内的接触引弧快速产生,之后在离子气流压送下形成等离子焰。

3. 等离子弧焊的应用

(1)小电流或微束等离子弧焊。当电流很小(1 ~ 2 A)时等离子弧焊的电弧也非常稳定,因此小电流等离子弧焊适合于焊接非常薄的材料,例如电子部件及产品的组装,或小孔径过滤部件的焊接等。

(2)中等电流等离子弧焊。当电流在 50 ~ 200 A 时,在相同的电流条件下等离子弧可以有更高的焊接速度和更大的熔深。

(3)大电流等离子弧焊。大电流(大于 200 A)条件下,采用小孔模式的等离子弧焊可以焊透板厚小于 9 mm 的板材的 I 形焊缝,因此,小孔模式等离子弧焊可以用于板带或者管件的长直焊缝的高速焊接。

5.4.3　搅拌摩擦焊

搅拌摩擦焊是英国焊接研究所发明的,它利用摩擦热和搅拌头对金属的挤压来实现材料的连接,目前主要用在熔点比较低的金属,属于压焊。

1. 搅拌摩擦焊工作原理

搅拌摩擦焊(图 5-21)是通过伸入焊件接缝处的搅拌头的高速旋转,使其与焊件材料摩擦,摩擦热使连接部位的材料温度升高处于塑形状态,同时随着搅拌头不断搅拌摩擦并且移动,使金属向搅拌头后方流动形成焊缝的一种固相焊接方法。

图 5-21　搅拌摩擦焊

2. 搅拌摩擦焊工艺特点

搅拌摩擦焊焊件需要有背部衬垫,并且需要被牢固固定,以防焊接过程中因为搅拌头的作用力使焊件分开。搅拌摩擦焊的优点有以下几点:

(1)固相连接工艺。由于金属没有熔化,因此一般不会有凝固裂纹出现,焊接过程中也不会出现烟尘和飞溅,可实现全位置焊接。

(2)单道焊接。很多材料的薄板都可实现单道焊接,50 mm 厚的铜和铝也可实现单道焊接。

(3)机械化的工艺。焊接过程都是机械化操作,焊接质量能够得到保证,焊接效率也比较高。

(4)低变形、高质量。对于铝合金来说,搅拌摩擦焊焊后几乎没有变形;焊缝的力学性能大都超过了熔焊焊缝的力学性能。

5.5　焊接缺陷与改善方法

随着焊接技术在生产中的应用越来越广泛,对焊接质量的控制要求也越来越高。虽然现在对各种焊接工艺和过程控制都十分规范,但是在焊接过程中,由于一些原因,焊接接头产生各种缺陷是不可避免的,要尽可能将焊接缺陷控制在最低限度。

5.5.1　焊接缺陷分类及成因

1. 裂纹

裂纹是指材料局部断裂而形成的缺陷,裂纹具有扩展性,是焊接缺陷中危害最大的一种,在压力锅炉容器焊接接头中一般不允许焊接裂纹的存在。按照形态,裂纹可以分为纵向裂纹、横向裂纹、弧坑裂纹、焊根裂纹等。根据焊接裂纹形成时的温度,裂纹可以分为热裂纹和冷裂纹。冷裂纹比较常见,是焊接接头冷却到较低温度下产生的焊接裂纹,也称为延迟裂纹。采用一定的措施是可以避免焊接裂纹的,比如选择优质的低氢焊接材料;焊前清理坡口周围以及焊丝上的水、油、锈等脏污;对于有淬硬倾向的钢材,可以焊前进行预热或者焊后缓慢冷却;选择合适的焊接规范也可以避免裂纹的产生。

2. 气孔

焊接时,如果熔池中的气泡在凝固时未能逸出,会在焊缝金属内部形成气孔,气孔破坏了焊缝的致密性,特别是针孔危害特别大。气孔形成的原因一般是焊条或焊剂受潮,焊缝表面有水、油、锈等污物存在,或者是焊接电流偏低、焊接速度过快造成熔池凝固过快,气孔的防止也主要从以上这些方面考虑。

3. 夹渣

夹渣是指焊后残留在焊缝内部的非金属夹杂物。其产生的主要原因是:焊件、焊层、焊道之间的熔渣未清理干净就继续施焊;焊条涂料药皮开裂脱落,进入熔池;或者是焊接电流小或焊接速度过快,熔渣来不及浮出表面。

4. 未焊透

焊接接头根部未完全熔透的现象称为未焊透,产生的主要原因是坡口角度小或钝边过大,或者焊接电流过小,焊接速度过快等。

5. 未熔合

是指焊缝和母材之间,或者焊道与焊道之间没有完全熔化结合在一起。未熔合产生的原因有:坡口或上一层焊缝有油或锈等污物;焊接电流过大,焊条熔化过快,熔化的焊条迅速覆盖焊道造成假焊等。

图 5-22 所示为焊接缺陷示例图。

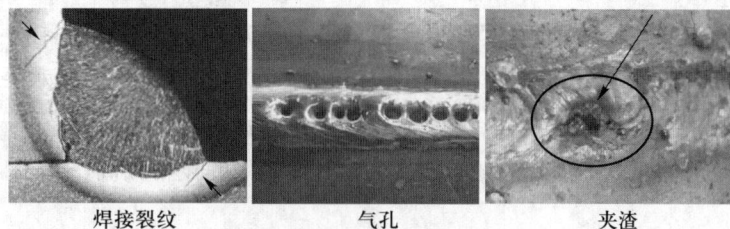

焊接裂纹　　　　　气孔　　　　　夹渣

图 5-22　焊接缺陷示例图

5.5.2   焊缝检测

焊缝检测的主要内容有：焊缝尺寸检测、焊缝力学性能检测、焊缝外观检查、焊缝内部缺陷探伤。

焊缝质量的检验方法分为破坏性和非破坏性实验两类。破坏性实验主要包括力学性能测试、化学分析、金相实验等。非破坏性实验包括外观检验、致密性检验、无损探伤等。

无损探伤方法有：渗透探伤、磁粉探伤、超声波探伤和射线探伤。其中渗透探伤和磁粉探伤是对材料的近表面进行缺陷检测的方法，而焊缝内部的裂纹、气孔、夹渣等缺陷都可以通过超声波探伤和射线探伤检测。

5.5.3   改善焊缝质量的方法

在焊接过程中，可以采用以下措施提高焊缝质量：

（1）焊前清理坡口的油污、锈迹以及其他杂物，将焊条或焊剂烘干。

（2）为了提高焊缝的力学性能，可以在焊条涂料药皮中加入脱氧剂和合金元素。

（3）控制电弧长度，并使用保护气体保护电弧。

（4）合理的焊接顺序也可以提高焊缝质量，在焊接结构中可以先焊收缩量大的焊缝。焊前预热也可以改善焊缝质量。

（5）对于一些重要的焊接结构可采取焊后热处理的方法改善焊接接头的性能。

5.6   焊接技术发展

焊接技术能实现材料的永久连接，小到芯片制造，大到载重轮船、核潜艇，都要用到焊接技术进行加工，焊接技术水平的高低甚至能直接反映一个国家的工业发展水平。在我国，焊接技术主要应用在钢结构的加工制造中。近年来，随着焊接自动化技术的发展，焊接过程可以用计算机控制，使得焊接的准确度和精度都得到了提升。但是，我国焊接生产水平仍然相对落后，主要体现在以下方面：（1）与发达国家相比，我国的焊接自动化水平有较大的提升空间。（2）较长焊缝以及厚板的焊接技术相对比较落后。（3）焊接技术人员的专业技术水平有待进一步提高。（4）与发达国家相比，焊缝出现缺陷的概率较高。

5.6.1   人工焊接

焊接工作劳动条件差、烟尘大、热辐射大，并且具有一定的危险性，手工焊接的焊缝质量受焊工的技术水平影响非常大,焊接效率较低,这些都是制约手工焊接发展的重要因素。但是,手工焊接在一些场合仍然不可替代。

国家体育场("鸟巢",图5-23)是人工焊接的典型工程。它的顶面双曲面马鞍形结构十分复杂,空间跨度大,而且是100%全焊接结构,焊接过程中不仅需要控制应力应变,同时需要面对大面积仰焊、焊接环境差等诸多问题,焊接施工难度非常大。人工焊接适应性强,"鸟巢"焊接全部由人工完成。"鸟巢"使用的钢材全部是国产钢材,现场全熔透一级焊缝达到6 100 m,工程中攻克了人工焊接的七大焊接技术难关,申报了14项关于焊接的发明专利。

图5-23　国家体育场"鸟巢"施工现场

5.6.2　焊接机器人

随着计算机技术和制造技术的发展,焊接机器人(图5-24)的功能越来越完善。国外焊接机器人发展的速度很快,焊接机器人工作的精准度、稳定性和可靠性都在提高。我国从20世纪70年代末开始研究焊接机器人,虽然起步较晚,但是经过几十年的发展,也取得很大的进步,已经基本掌握焊接机器人的核心技术,而且焊接机器人专业技术人才也越来越多,焊接机器人的应用也越来越广。

焊接机器人最开始以示教再现方式运行,后来发展成可以通过传感器接收信息的编程机器人,到现在已经出现具有传感器系统、能够自行编程、具有自适应性的智能焊接机器人。根据用途分类,焊接机器人中应用比较普遍的主要有三种:电焊机器人、弧焊机器人和激光焊接机器人。

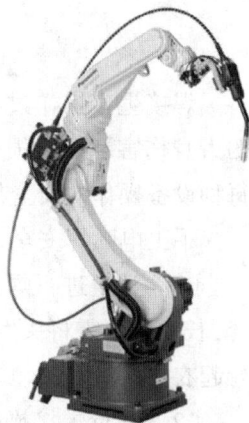

图5-24　焊接机器人

目前我国焊接生产中应用较多的是示教再现机器人,先用示教盒或操作杆将机器人人工操作一遍,之后机器人再重复操作,这种示教方法可以比较方便地取得准确的数据。示教再现焊接机器人大部分应用在工厂生产流水线的固定工位上。焊接机器人可以连续工作,生产效率较高;而且操作工人在工作站外就可以完成焊接工作,可以很好地保护操作工人的健康,而且相比人工焊接,它的焊接过程稳定性高,焊缝质量可以得到保证。但是焊接机器人在实际应用中仍然存在一些问题,需要进一步研究和改善,比如焊接机器人位置偏移之后的重新示教,这个工作需要占用大量时间,严重降低了生产效率。

5.6.3 智能焊接机器人

为了进一步提高焊接质量和生产效率,需要通过信息反馈识别和智能化控制等技术来提高焊接机器人的自适应和智能化水平,焊接机器人的自动化、智能化已经成为焊接技术发展的必然趋势。智能焊接机器人的技术优势主要体现在以下方面:

（1）焊接机器人传感技术。智能焊接机器人除了有传统的位置、速度、力等传感器外,还有视觉、电弧、激光传感器,传感技术能获取图像、声音、速度、温度等数据,反馈给机器人,这是焊接机器人智能化的基础。

（2）焊接路径规划技术。该技术主要基于视觉传感技术对焊缝进行识别和导引。

（3）焊缝智能跟踪技术。通过摄像头获取图像,利用图像处理技术识别焊缝边缘,来纠正焊接机器人的行走轨迹。

（4）焊缝质量控制。焊缝质量控制是通过对熔池的动态过程进行实时在线监测,根据检测结果调整焊接参数实现的。焊缝质量控制主要涉及熔池动态过程的视觉传感技术、建模和智能控制。

5.7 焊接实训安全规程

焊接生产操作过程中需要用到焊机等大功率的电气设备,如果使用不当可能造成严重的人身伤害和财产损失。对于第一次接触到焊接生产的学生,更需要深入学习并严格遵守每种设备操作的安全规程,才能保障自身安全。

手工电弧焊安全操作要点如下:

（1）学生进行焊接操作时必须穿好学校规定的劳保服装、工作帽、绝缘鞋,戴好电焊手套;长发女生需将头发扎好纳入工作帽中,不允许穿短裤、裙子或拖鞋进入实训区域,不允许卷起衣袖或敞开衣领。

（2）进行焊接操作时必须戴好面罩,透过面罩滤光玻璃观察弧光移动,不得直视焊接弧光。

（3）实训区域内不得追逐打闹。

（4）学生除在指定设备上操作外,其他一切设备工具未经允许不得擅自动用。

（5）禁止将焊钳放到工作台上,以免短路,烧坏焊机。

（6）先打开总电源开关,再打开通风除尘机开关,调整好电流后再打开焊机电源。

（7）焊缝敲渣时需用板子遮挡,防止焊渣飞入眼睛。

（8）刚焊过的焊件不得用手触摸,以防烫伤。

（9）焊接过程中,如发现异常或有人触电,应立即切断电源。

（10）操作完成后，按指导教师的要求关闭设备，清理工具，撤离现场。

思考和练习

1. 熔焊、压焊和钎焊的本质有何不同？
2. 焊条涂料药皮由什么组成？各有什么作用？
3. 手工电弧焊引弧方式有哪些？
4. 焊接电弧由哪几部分组成？各部分产生的热量大约是多少？
5. 气焊火焰有哪几种？分别应用在什么场合？
6. CO_2 气体保护焊有什么特点？
7. 焊接接头包括哪几部分？什么叫焊接热影响区？
8. 焊缝缺陷有哪些？如何改善焊缝质量？

第6章

钳 工

6.1 钳工概述

钳工是机械制造中最古老的金属加工技术。钳工是以手工操作为主,利用各种手动工具(有时也借助钻床等设备),在金属材料处于冷态时,按技术要求对金属材料及其工件进行切削加工,或对机械设备零部件进行拆卸、装配、维修等操作的机械类工种。钳工因常在钳工工作台上用台虎钳夹持工件而得名。

钳工是机械制造中的重要工种之一。钳工分工较细,一般分为普通钳工、装配钳工、修理钳工、模具钳工、划线钳工和钣金钳工等。

钳工的特点如下:

(1)加工灵活,在不适于机械加工的场合,尤其是在机械设备的维修工作中,钳工加工可获得满意的效果。

(2)可加工形状复杂和高精度的零件,技术熟练的钳工可加工出比现代化机床加工的零件还要精密和光洁的零件,还可以加工出现代化机床也无法加工的形状非常复杂的零件,如高精度量具、样板、复杂的模具等。

(3)投资小,成本低。钳工加工所用工具和设备价格低廉,携带方便。

(4)生产效率低,劳动强度大。

(5)加工质量不稳定,加工质量的高低受工人技术熟练程度的影响。

6.2 钳工常用设备

1. 钳工工作台

钳工工作台简称钳台,钳台是钳工操作的主要场所。钳台常用硬质木板或钢材制成,要求坚实、平稳,台面高度为 800~900 mm,为使工件装上台虎钳后能得到合适的钳口高度,一般钳口高度以齐人手肘为宜。钳台长度和宽度可随工作场地和工作需要而定。台面上除收藏和放置钳工常备的各种工具、量具和加工工件外，还必须安装台虎钳和防护网，要求台虎钳固定于钳台边缘，便于工件顺利夹紧和操作，如图6-1所示。

钳台在使用中应注意以下事项：

（1）钳台上不宜堆放重物或毛坯工件，应整齐地摆放精密零件和量具。为防止碰伤零件，桌面与零件之间应放置橡胶板。

（2）应注意桌面上所放置的工件和工具，不要使其伸到钳台边缘外。

图6-1　钳工工作台

（3）暂时不用的工具和量具应整齐地放在钳台的工具箱内。

（4）加工完毕后，应清除钳台上的切屑等杂物，并放置好工具、量具和加工工件，保证台面的整洁。

2. 台虎钳

台虎钳是用来夹持工件进行手工操作的通用夹具，安装在钳台上，作为钳工夹紧工件的主要设备。台虎钳有固定式和回转式两种，如图6-2所示。

(a) 固定式　　　　　　　(b) 回转式

图6-2　台虎钳

两种台虎钳的主要结构和功能基本相同，区别在于回转式台虎钳的钳体可以回转，能够满足不同方位的加工需求，使用更加方便。

台虎钳规格以钳口的宽度来表示，常用的有100 mm、125 mm、150 mm三种。使用台虎钳时应注意：

（1）必须把台虎钳牢固地固定在钳台台面上。工作时左右两个转座手柄必须扳紧，保证钳身没有松动现象，以免损坏钳台、台虎钳和影响工件的加工质量。

（2）工件尽量夹在钳口中部，以使钳口受力均匀。

（3）夹紧后的工件应稳定可靠，便于加工，并不产生变形。

（4）夹紧工件时，夹紧力的大小应视工件的精度、表面粗糙度、刚度以及操作等要求来决定。

（5）夹紧工件时，一般只允许用手的力量来扳动手柄，不能用手锤敲击手柄或随意套上长管子扳手柄，以免损坏丝杠、螺母或钳身。

（6）不要在活动钳身的光滑表面进行敲击作业，以免降低配合性能。

（7）加工时用力方向最好是朝向固定钳身。

（8）台虎钳用毕后，应清除钳台上的切屑，特别是丝杠、导向面应保持干净，并加注少量机油，以利润滑和防止生锈。

3. 砂轮机

砂轮机用来刃磨錾子、钻头和刮刀等刀具或其他工具，也可用来磨去工件或材料的毛刺和锐边等。砂轮机分台式和立式两种形式，如图 6-3 所示。

砂轮机操作安全规则：

（1）砂轮机启动前，检查安全托板装置是否完好，是否固定可靠，并检查砂轮表面有无裂缝。

（2）砂轮机启动后，观察砂轮旋转是否平稳，旋转方向与指示牌是否相符，或有无其他故障存在。

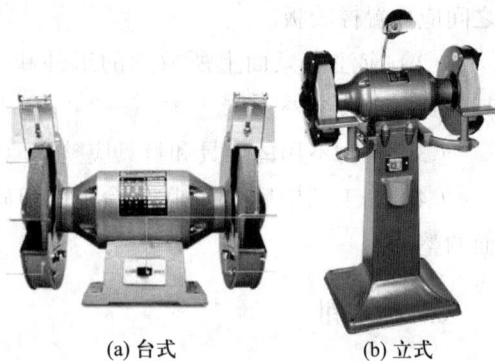

(a) 台式   (b) 立式

图 6-3 砂轮机

（3）如砂轮外圆表面不平整，应用砂轮修正器进行修正。

（4）磨削必须在砂轮转速正常后进行。

（5）操作中人不要正对砂轮站立，而应站在砂轮的侧面或斜侧面位置；磨削时，用力不得太猛，以免砂轮碎裂。不准两人同时在一块砂轮上磨削。

（6）磨削长度小于 50 mm 的小件时，可用钳子或其他工具钳住，不要用手握。

（7）砂轮应有安全罩。

（8）使用完毕后应随即切断电源。

（9）磨各种工具钢刀具和清理工件毛刺时，应使用氧化铝砂轮；而磨硬质合金刀具时应使用碳化硅砂轮。

6.3 划　　线

划线是根据图样的尺寸和技术要求，用划线工具在毛坯或半成品上划出待加工部位的轮廓线（或称加工界限）或作为基准的点、线的一种操作方法。划线的精度一般为 0.25 ~ 0.5 mm。划线分为平面划线和立体划线两类。

6.3.1　划线的作用和要求

1. 划线的作用

（1）确定工件加工面的位置及加工余量，明确尺寸的加工界线，以便实施机械加工。

（2）在板料上按划线下料，可以正确排样，合理使用材料。

（3）复杂工件在机床上装夹时，可按划线位置找正、定位和夹紧。

（4）通过划线能及时地发现和处理不合格的毛坯（如通过借料划线可以使误差不大的毛坯得到补救，使加工后的零件仍能达到要求），避免加工后造成更大的损失。

2. 划线的要求

（1）在对工件进行划线之前，必须详细阅读工件图样的技术条件，看清各个尺寸及精度要求，并熟悉加工工艺。

（2）划线时工件的定位一定要稳固，特别是不规则的工件更应注意这一点。调节找正工件时一定要注意安全，对大型工件需采取安全措施。

（3）在一次支承中应将要划出的平行线全部划出，以免再次支承进行补划，造成误差。

（4）正确使用划线工具，划出的线条要准确、清晰。

（5）划线时要保证尺寸正确，在立体划线中还应注意使长、宽、高3个方向的划线相互垂直。

（6）画出的线条要清晰均匀，不得画出双层重复线，也不要有多余线条。一般粗加工线条宽度为 0.2 ~ 0.3 mm，精加工线条宽度小于 0.1 mm。

（7）样冲眼深浅要合适，位置正确，分布合理。

（8）划线完成后，要反复核查尺寸、位置是否正确。

6.3.2　划线的工具及使用方法

按用途不同划线工具分为基准工具、夹持和支持工具、绘制工具等。

1. 基准工具

划线平板由铸铁制成，是划线的基准工具，如图 6-4 所示。

划线平板的上平面是划线的基准平面，即是安放工件和高度游标卡尺移动的基准面，因此要求上平面非常平直和光整，一般要经过精刨、刮削等精加工。使用时应将划线平板放置平稳，严禁敲击、碰撞。

图 6-4　划线平板

2. 夹持和支持工具

（1）方箱

方箱是由铸铁制成的空心立方体,所有的外表面都经过精刨和刮削加工,相邻各面互成直角,相对平面互相平行,在一个表面上开有两条相互垂直的 V 形槽,并设有加紧装置,如图 6-5 所示。

方箱主要用于零部件的平行度、垂直度等的检验和划线。划线时多用于夹持、支承尺寸较小而加工面较多的工件,并可随意翻转,这对要求在 3 个方向划出互成 90° 直线的工件划线是十分方便的,划线时只需要将方箱翻转 90°,就可以将工件上互相垂直的线在一次安装中划出。方箱上的 V 形槽是放置圆柱形工件用的。方箱一般放在划线平板上,使用时各工作面不能有锈迹、划痕、裂纹、凹陷等缺陷,用后要涂机油防锈。

（2）V 形铁

V 形铁一般由铸铁或碳钢经过刨削、淬火、磨削制成,它有多种形状,相邻各面互相垂直,V 形槽角度为 90° 或 120°。两块 V 形铁作为一对,两块 V 形铁的平面与 V 形槽都是在一次安装中磨出的,形状和大小相同,较长工件划线时放在两个相同 V 形铁上进行,如图6-6 所示。

图 6-5　方箱

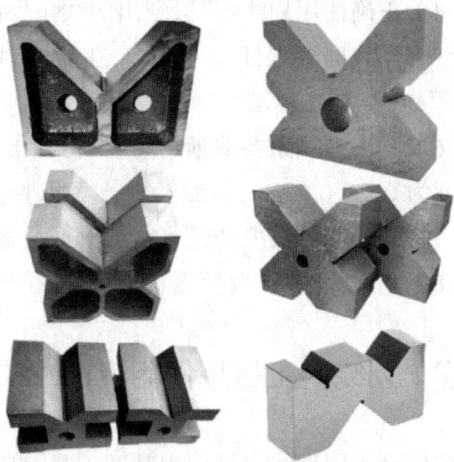

图 6-6　V 形铁

V 形铁是用来支承轴、管、套筒等圆柱形工件,使工件轴心线平行于划线平板的上平面,以便找出中心线和划出中心线的工具。它也可用于轴类工件的检验和校正,还可用于检验工件的垂直度和平行度。V 形铁属于精密工具,用后应涂油,放在专用的木盒中。

3. 绘制工具

（1）划针

划针一般由 4 ~ 6 mm 弹簧钢丝或高速钢丝制成,尖端淬硬,或在尖端焊接上硬质合金。

划针是用来在被划线的工件表面沿着钢板尺、直尺、角尺或样板进行划线的工具,有直划针和弯头划针之分,如图 6-7 所示。

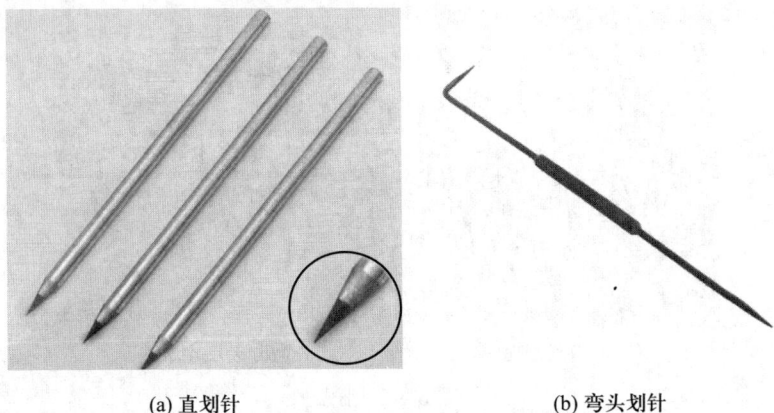

(a) 直划针　　　　　　(b) 弯头划针

图 6-7　划针

划针的使用要求如下:

① 在已加工表面上划线时,使用弹簧钢或高速钢划针,尖端磨成 15°~20°,并经淬硬。对锻件、铸件等毛坯划线时,使用焊接有硬质合金的划针。

② 用划针时,划针的握持方法与用铅笔划线时相似。左手要压紧导向工具,防止其滑动而影响划线的准确性,划针尖要紧靠导向工具边缘,上部向外倾斜 15°~20°,沿划线前进方向倾斜 45°~75°,如图 6-8 所示。用划针划线时要做到一次成功,不要反复地划同一条线,否则线条变粗或不重合,反而模糊不清。

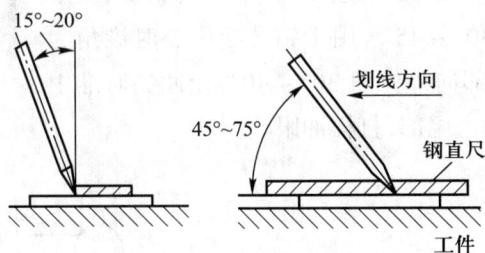

图 6-8　划针的使用方法

③ 要保持针尖尖锐。钢丝制成的划针用钝后重磨时要经常浸入水中冷却,以防止退火变软。不用划针时最好套上塑料管,使针尖不外露。

（2）划规

划规是用中碳钢或工具钢制成的,两脚尖端经淬火后磨锐（也有在两脚尖端焊一段高速钢的,以提高其硬度和耐用度）。划规分为普通划规和大尺寸划规,如图 6-9 所示。划规主要用于划圆、圆弧、等分角度、等分线段,量取尺寸等。使用划规时要保持脚尖端锐利,以保证划出的线条清晰。划圆时,作为旋转中心的一脚应给以较大压力,另一脚则以较轻的压力在工件的表面上移动,这样可使中心不会滑动。修磨脚尖端时,应使两脚尖端的长短稍有不同,并要保证两脚合拢时脚尖端可以靠紧,这样才能划出尺寸较小的圆弧。

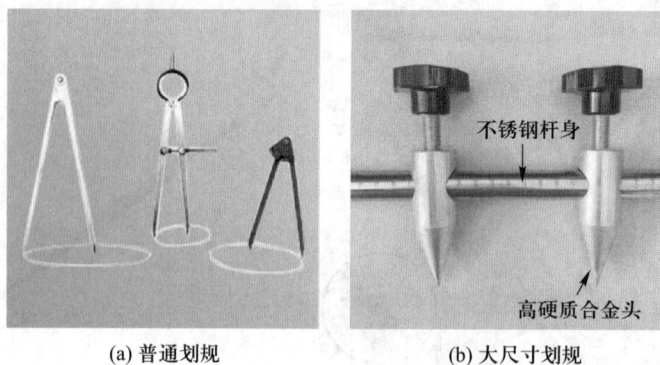

(a) 普通划规   (b) 大尺寸划规

图 6-9   划规

（3）高度游标卡尺

高度游标卡尺由高度尺和划线盘组合而成,其划线量爪的前端镶有硬质合金,如图 6-10 所示。高度游标卡尺是一种既可测量零件高度又可进行精密划线的量具,用于半成品（光坯）的划线,不允许用其在毛坯上划线,防止碰坏硬质合金划线脚。

（4）样冲

样冲一般用工具钢制成,尖端处淬硬,如图 6-11 所示。样冲用于在工件所划加工线条上冲眼,目的是加强加工界线并便于寻找线迹。冲尖的锥角 α 根据用途的不同有两种情况,用于加强加工界线时锥角为 30°～45°,用于钻孔定中心时锥角为 60°。冲眼时先将样冲尾部向外倾斜 30°～40°,让冲尖对准中心,然后立直样冲,轻轻锤击尾部,打样冲眼。

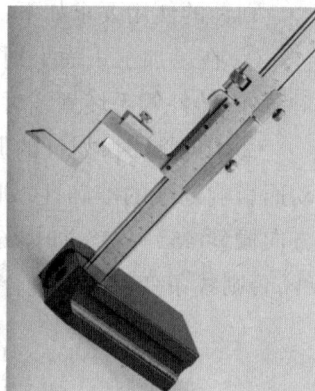

图 6-10   高度游标卡尺

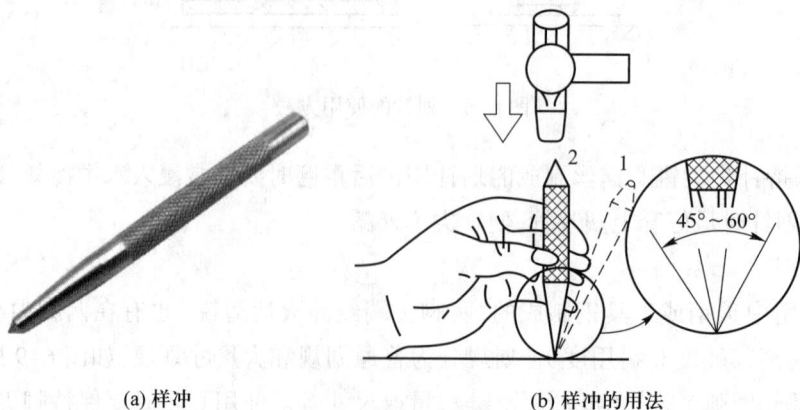

(a) 样冲   (b) 样冲的用法

图 6-11   样冲及其用法

6.3.3 划线基准

1. 划线基准

划线时,要选择工件上某个点、线或面作为依据,用其确定工件上其他的点、线、面尺寸和位置,这个依据称为划线基准。

平面划线时一般要划两个方向互相垂直的线条。立体划线时一般要划三个方向互相垂直的线条。因为每画一个方向的线条,就必须确定一个基准,所以平面画线时要确定两个基准,而立体画线时则要确定三个基准。

无论平面划线还是立体划线,它们的基准选择原则是一致的,所不同的是平面划线的基准线在立体划线时变为基准平面或基准中心平面。

2. 选择划线基准的原则

(1)划线基准应尽量与设计基准重合。

(2)对称形状的工件,应以对称中心线为基准。

(3)有孔或搭子的工件,应以主要的孔或搭子中心线为基准。在未加工的毛坯上划线,应以非主要加工面为基准。

(4)在加工过的工件上划线,应以加工过的表面作基准。

3. 划线基准的三种基本类型

(1)以两个相互垂直的平面(直线)为基准,如图 6-12(a)所示。该零件有两个方向相互垂直的尺寸。可以看出,每一方向的尺寸大多是依据它们的外缘线确定的(个别的尺寸除外)。此时,就可把这两条边线分别确定为这两个方向的划线基准。

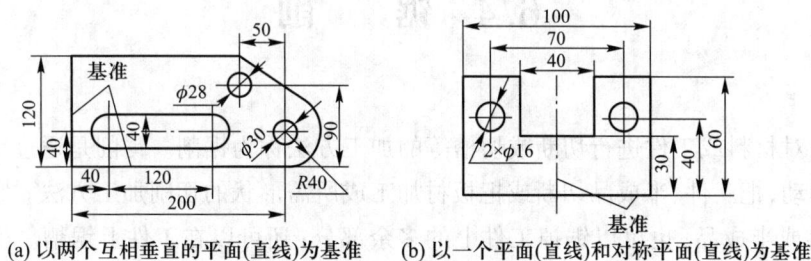

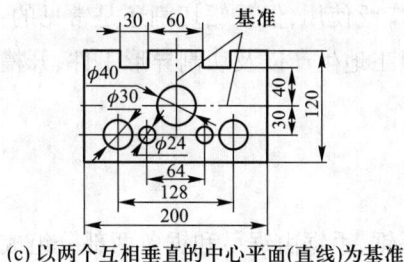

(a) 以两个互相垂直的平面(直线)为基准　　(b) 以一个平面(直线)和对称平面(直线)为基准

(c) 以两个互相垂直的中心平面(直线)为基准

图 6-12　划线基准的类型

（2）以一个平面（直线）和对称平面（直线）为基准，如图6-12（b）所示。该零件高度方向的尺寸是以底面为依据而确定的，底面就可作为高度方向的划线基准；宽度方向的尺寸对称于中心线，故中心线就可作为宽度方向的划线基准。

（3）以两个互相垂直的中心平面（直线）为基准，如图6-12（c）所示。该零件两个方向的许多尺寸分别与其中心线具有对称性，其他尺寸也从中心线起标注。此时，可把这两条中心线分别确定为这两个方向的划线基准。

6.3.4　划线的步骤

无论是平面划线还是立体划线，在具体划线时，通常采用以下划线步骤。

（1）仔细阅读图样，确定划线基准，明确工件上所需划线的部位，研究清楚划线部位的作用、要求和有关加工工艺。

（2）初步检查毛坯的误差情况，去除不合格毛坯。

（3）清理毛坯，在需划线部分涂上涂料。铸件、锻件涂大白浆；已加工过的表面涂龙胆紫加虫胶和酒精（或孔雀绿加虫胶和酒精）。用铅块或木块堵孔，以便确定孔的中心位置。

（4）正确安放工件和选用划线工具。

（5）划线。先划出划线基准，再划出其他水平线，翻转工件，找正，划出互相垂直的线。

（6）详细检查划线的准确性及是否有漏划线条。

（7）在线条上按样冲眼要求，打上间隔均匀的样冲眼。

划线时应注意：工件夹持或支承要可靠，防止滑落或移动；一次支承中应划全需要的所有平行线，以免再次支承进行补划，造成误差；正确使用划线工具，划出的线条要准确、清晰；划线完成后要反复核对尺寸，才能进行机械加工。

6.4　锯　　削

用手锯对材料或工件进行切断或切槽等的加工方法称为锯削。锯削是通过锯切工具旋转或往复运动，把工件、半成品切断或把板材加工成所需形状的切削加工方法。它可以锯断各种原材料或半成品；也可以锯掉工件上的多余部分；还可以在工件上锯槽。虽然当前各种自动化、机械化的切割设备广泛使用，但手锯切割还是常见的，它具有方便、简单和灵活的特点，在单件小批生产，在临时工地生产以及切割异形工件、开槽、修整等场合应用较广。

6.4.1　锯削工具

钳工常用的锯削工具是手锯，手锯由锯弓和锯条两部分组成。

1. 锯弓

锯弓是用来夹持和拉紧锯条的工具,有固定式和可调式两种,如图 6-13 所示。固定式锯弓只能安装一种长度的锯条;可调式锯弓通过调节可以安装几种长度的锯条。一般常用的锯弓为可调式。

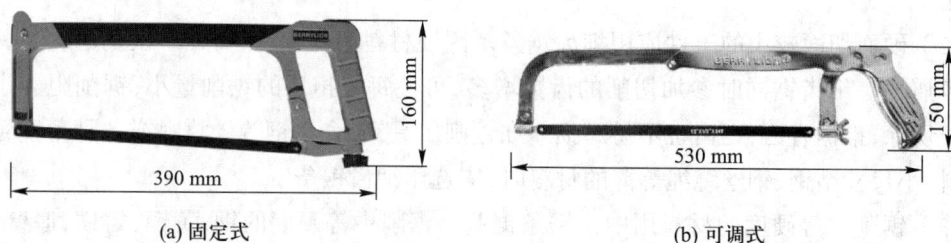

(a) 固定式   (b) 可调式

图 6-13   锯弓

可调式锯弓两端装有夹头,一端是固定的,另一端是活动的,锯条就装在两端夹头的销子上。当锯条装在两端夹头销子上后,旋转活动夹头上的蝶形螺母就能把锯条拉紧,如图 6-14 所示。

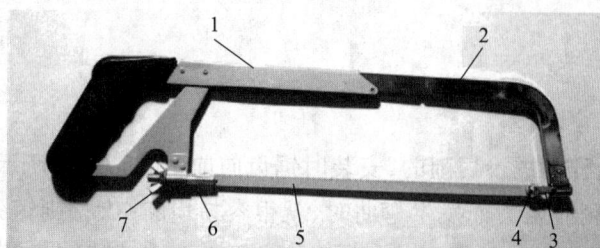

图 6-14   可调式手锯

1—固定部分;2—可调部分;3—固定夹头;4—销子;5—锯条;6—活动夹头;7—蝶形螺母

2. 锯条及其选择

锯条是手锯的重要组成部分,锯削时起切削作用。锯条一般用渗碳软钢冷轧而成,也有的用碳素工具钢或合金钢制成,经热处理淬硬。锯条的长度规格是以其两端安装孔的中心距来表示的。锯条一般长度为 150 ~ 400 mm,常用的锯条约长 300 mm、宽 12 mm、厚 0.8 mm。锯齿按齿距 t 的大小可分为:粗齿($t = 1.6$ mm)、中齿($t = 1.2$ mm)及细齿($t = 0.8$ mm)3 种。锯条的切削部分由许多锯齿组成,每个齿相当于一把錾子,起切割作用。锯条的锯齿按一定形状左右错开,排列成一定形状,称为锯路。锯路有交叉、波浪等不同排列形状。锯路的作用是使锯缝宽度大于锯条背部的厚度,防止锯削时锯条卡在锯缝中,并减少锯条与锯缝的摩擦阻力,使排屑顺利,锯削省力。锯齿的前角为 0°,后角为 40°,楔角为 45° ~ 50°,如图 6-15 所示。

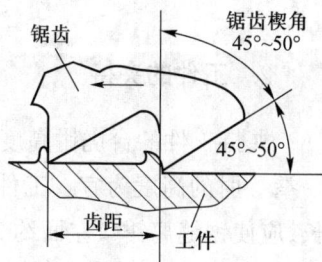

图 6-15   锯齿角度

锯削时锯齿的粗细应根据锯削材料的软硬和锯削面的厚薄来选择。一般遵循以下原则。

（1）软而切面大的工件用粗齿锯条。粗齿锯条的容屑槽较大,适用于锯削软材料或较大的切面。因为这种情况每锯一次的切屑较多,只有大容屑槽才不致发生堵塞而影响锯削效率。如锯削紫铜、青铜、铝、铸铁、低碳钢和中碳钢等软材料以及较厚的材料时,应选用粗齿锯条。

（2）硬而切面较小的工件应用细齿锯条。因硬材料不易锯入,每锯一次切屑较少,不易堵塞容屑槽。细齿锯同时参加切削的齿数增多,可使每齿担负的锯削量小,锯削阻力小,材料易于切除,推锯省力,锯齿也不易磨损。如锯削工具钢、合金钢等硬材料或各种薄壁管子、薄板料、小尺寸型钢、钢丝缆绳等薄的材料时,应选用细齿锯条。

（3）锯削中等硬度的材料用中齿锯条锯割。锯削中等硬度的钢,黄铜,铸铁,厚壁管及大、中尺寸的型钢时,用中齿锯条。

（4）锯削薄板和薄壁管子时,必须用细齿锯条,以保证在锯截面上至少有两个以上的锯齿同时参加锯削,否则会因齿距大于板厚,使锯齿被钩住而崩断。

6.4.2　锯削操作

1. 锯条的安装

手锯是在推进过程中进行切削的,安装时锯齿向前,如图 6-16 所示。锯条的松紧控制要适当,太紧则锯削稍有阻力而发生弯曲时,就很容易崩断;太松则锯条在锯削时易扭曲,也容易折断,而且锯的锯缝容易歪斜。一般以锯条平面平直,用拇指和食指抵住锯条两侧用力,左、右无明显摇摆为宜。锯条安装后,要保证锯条平面与锯弓中心平面平行,不得倾斜和扭曲。

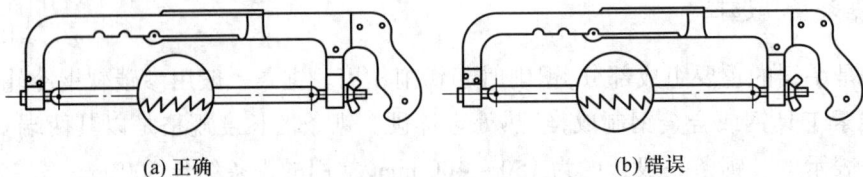

(a) 正确　　　　　　　　　　　　　　(b) 错误

图 6-16　锯条的安装

2. 工件的夹持

夹持工件的台虎钳高度要适合锯削时的用力需要,即从操作者的下颚到钳口的距离以一拳一肘的高度为宜。工件一般应夹在台虎钳的左面,以便于操作;工件伸出钳口不应过长,应使锯缝离钳口左面约 20 mm,防止工件在锯削时产生振动;锯缝线要与钳口侧面保持平行（使锯缝线与铅垂线方向一致）,便于控制锯缝不偏离划线线条;夹紧要牢靠,同时要避免将工件夹变形或夹坏已加工面。

3. 锯削姿势

锯削时,站立的位置与錾削时相似。双手握锯时要舒展自然,右手握稳锯柄,左手轻扶在弓架前端的弯头处。锯弓的运动主要由右手掌握力的大小来控制,左手协助扶持手锯。推锯时右腿伸直,左腿弯曲,身体向前倾斜,重心落在左脚上,两脚站稳不动,靠左膝盖的屈伸使身体作往复摆动。

4. 起锯

起锯分为远起锯和近起锯,如图 6-17 所示。远起锯是从工件远离自己的一端起锯,其优点是能清晰地看见锯削线,防止锯齿卡在棱边而崩裂;近起锯是从工件靠近自己的一端起锯,锯齿由于突然切入材料较深,锯齿容易被工件的棱边卡住而崩裂,故不易掌握。通常多采用远起锯,起锯角度应小于 15°,起锯角度太大则锯齿会钩住工件的棱边而产生崩齿;起锯角度太小或平锯,又使锯齿不容易切入材料,或因锯齿打滑而拉毛工件表面。为了平稳地起锯,应以左手拇指靠住锯条进行导向,使锯条能正确地在所需的位置上起锯,刚起锯时,压力要轻,往复行程要短。锯条要与工件表面垂直,当锯到槽深 2 ~ 3 mm 时,放开靠锯条的手,将锯弓改至水平方向正常锯削。

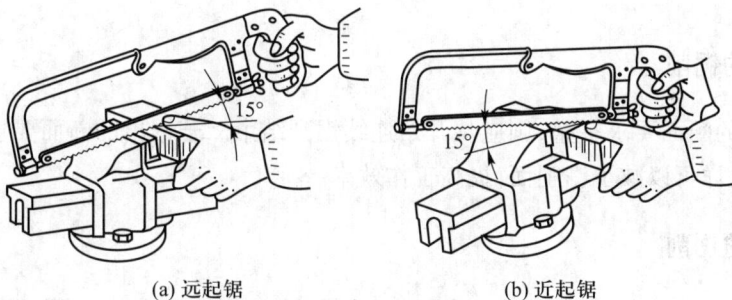

(a) 远起锯　　　　　　　　　(b) 近起锯

图 6-17　起锯

5. 锯削过程

起锯时右腿站稳伸直,左腿略有弯曲,身体稍向前倾,与竖直方向约成 10°,此时右肘尽量向后收,如图 6-18(a)所示。推锯时两臂与身体一起向前运动,随着推锯的行程增大,身体逐渐向前倾斜,身体倾斜约 15°,如图 6-18(b)所示。行程达 2/3 时,身体倾斜约 18°,左、右臂均向前伸出,如图 6-18(c)所示。当锯削最后 1/3 行程时,用手腕推进锯弓,身体随着锯的反作用力退回到 15° 位置,如图 6-18(d)所示。退锯时左手将锯弓稍微抬起,右手向后拉动手锯,使身体恢复到原来的姿势,等待下次推锯。

图 6-18　锯削姿势

　　锯削时锯应直线往复移动,不可摆动。前推时加压要均匀,返回时锯条从工件上轻轻滑过。往复移动速度不宜太快,锯削软材料和有色金属材料时频率为每分钟往复 50~60 次,锯削普通钢材频率为每分钟往复 30~40 次。锯切开始和终了前压力和速度均应减小。锯削时尽量使用锯条全长工作,以免锯条中部迅速磨损。快锯断时用力要轻,以免碰伤手臂和折断锯条。如果锯缝歪斜,不可强扭,否则锯条将被折断,应将工件翻转 90° 重新起锯。锯切较厚钢料时,可加机油冷却和润滑,以提高锯条寿命。

6.4.3　锯削应用

1. 棒料的锯削

　　如果锯削的断面要求平整,则应从开始连续锯到结束。若锯出的断面要求不高,可分几个方向锯削,这样可以减小锯削面,提高工作效率。

2. 管材的锯削

　　锯削前把管子水平地夹持在台虎钳内,不能夹得太紧,以免管子变形,薄壁管子或精加工过的管子都应夹在木垫内。如果管子壁厚较薄,锯管时应选用细齿锯条,锯削管子时一般不采用一锯到底的方法,而是当管壁锯透后随即将管子沿着推锯方向转动一个适当的角度,再继续锯削,依次转动,直至将管子锯断,如图 6-19 所示。

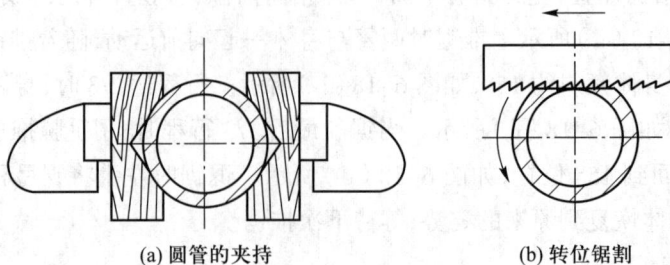

(a) 圆管的夹持　　　　　　　　(b) 转位锯割

图 6-19　锯圆管

3. 薄板料的锯削

锯削时尽可能从宽面上锯下去。当只能在板料的窄面锯下去时,可用两块木块夹持板料,连木块一起锯下,避免锯齿钩住,同时也增加了板料的刚度,使锯削时不发生颤动,如图6-20所示。也可以把薄板料直接夹在钳工台上,用手锯作横向斜推锯,使锯齿与薄板接触的齿数增加,避免锯齿崩裂。

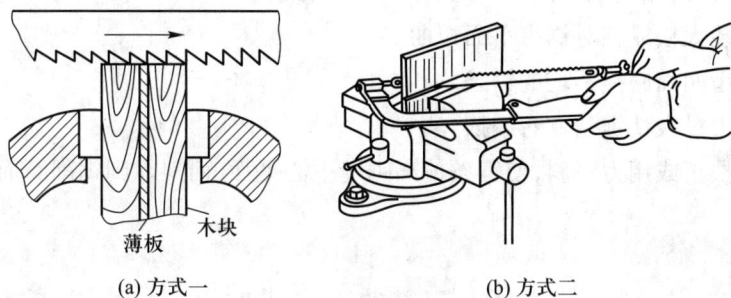

(a) 方式一   (b) 方式二

图 6-20   锯薄板料

4. 深缝锯削

当锯缝的深度超过锯弓的高度时[图6-21(a)],应将锯条转过90°重新装夹,使锯弓转到工件的旁边,如图6-21(b)所示。当锯弓横下来其高度仍不够的,也可把锯条装夹成使锯齿朝向锯内进行锯割,如图6-21(c)所示。

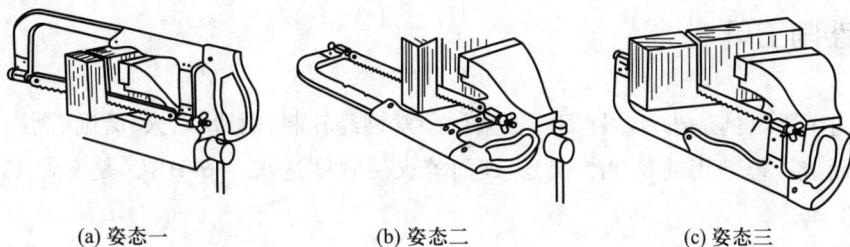

(a) 姿态一   (b) 姿态二   (c) 姿态三

图 6-21   锯深缝

5. 锯削常见缺陷的分析

(1)锯条折断的原因

① 锯条装得过松或过紧。

② 工件未夹紧,锯削时工件有松动。

③ 强行纠正歪斜的锯缝,或调换新锯条后仍在原锯缝用力过大地锯削。

④ 锯削压力过大或锯削方向突然偏离锯缝方向。

⑤ 锯削时锯条中间局部磨损,当拉长锯削时锯条被卡住引起折断。

⑥ 工件被锯断时没有减慢锯削速度和减小锯削用力,使手突然失去平衡而折断锯条。

（2）锯齿崩裂的原因

① 锯条选择不当,如锯薄板料、管子时用粗齿锯条。

② 起锯角太大或近起锯时用力过大。

③ 锯削时突然加大压力,工件棱边钩住锯齿而崩裂。

（3）锯缝产生歪斜的原因

① 工件安装时,锯缝线未能与铅垂线方向一致。

② 锯条安装太松或相对锯弓平面扭曲。

③ 使用锯齿两面磨损不均的锯条。

④ 锯削压力过大使锯条左右偏摆。

⑤ 锯弓未扶正或用力歪斜,使锯条偏离锯缝中心平面,而斜靠到锯削断面的一侧。

6.5　锉　　削

用锉刀对工件表面进行切削加工,使工件达到所要求的尺寸、形状和表面粗糙度的操作叫锉削。锉削精度可以达到 0.01 mm,表面粗糙度可达 $Ra0.8$。锉削的应用范围很广,可以锉削平面、曲面、外表面、内孔、沟槽和各种形状复杂的表面。锉削也可用于成形样板、模具、型腔以及部件、机器装配时的工件修整等。锉削是钳工的一项基本操作技能。

6.5.1　锉削工具

锉削的主要工具是锉刀。锉刀一般采用碳素钢经轧制、锻造、退火、磨削、剁齿和淬火等工序加工而成。锉刀用的是 T12 钢,经表面淬火后硬度达 62～67HRC,是专业工厂生产的一种标准工具。

1. 锉刀的结构

锉刀由锉身和锉刀柄两部分组成,锉身包括锉刀面、锉刀边、锉刀尾三部分,如图 6-22 所示。

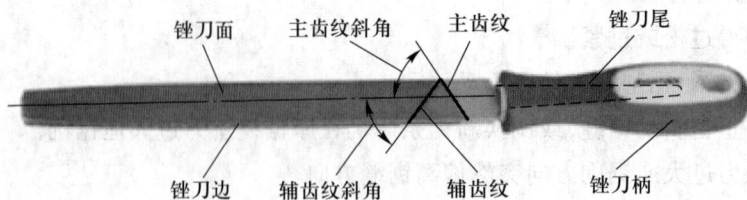

图 6-22　锉刀的结构

锉刀面是指锉刀的上下两面,是锉刀主要的工作面。锉刀面在前端做成凸弧形,上下两面都有锉齿,便于进行锉削。锉刀面也有在纵长方向做成凸弧形的,其作用是能够抵消锉削时由于两手上下摆动而产生的表面中凸现象,以使工件锉平。

锉刀边是指锉刀的两个侧面,有齿边和光边之分。齿边可用于切削,光边只起导向作用。有的锉刀两边都没有齿,有的其中一个边有齿。没有齿的一边叫光边,其作用是在锉削内直角形的一个面时,用光边靠在已加工的面上去锉另一直角面,防止碰伤已加工表面。

锉刀尾是用来装锉刀柄的。锉刀尾是不经淬火处理的。

锉刀柄一般用硬木或塑料制成,在安装孔的一端应有铁箍。锉刀柄的作用是便于锉削时握持以传递推力。

2. 锉齿和锉纹

锉齿是锉刀用以切削的齿形。锉削时每个锉齿相当于一把錾子,对金属材料进行切削。锉齿的齿形有剁齿和铣齿两种。剁齿由剁锉机剁成,铣齿由铣齿法铣成。剁齿锉刀刀齿较钝,锉削阻力大,但刀齿不易磨损,可切削较硬金属。铣齿锉刀刀齿锋利,但刀齿易磨损,故只宜切削软金属。

锉齿的粗细规格是按锉刀齿纹的齿距大小来表示的。齿距大,用于粗锉刀,齿距小,用于细锉刀。锉齿粗细等级分以下几种:

1 号齿纹用于粗锉刀,齿距为 2.3 ~ 0.83 mm。

2 号齿纹用于中粗锉刀,齿距为 0.77 ~ 0.42 mm。

3 号齿纹用于细锉刀,齿距为 0.33 ~ 0.25 mm。

4 号齿纹用于双细锉刀,齿距为 0.25 ~ 0.20 mm。

5 号齿纹用于油光锉,齿距为 0.2 ~ 0.16 mm。

锉纹是锉齿排列的图案,有单齿纹和双齿纹两种。

单齿纹是指锉刀上只有一个方向的齿纹,适用于锉削软材料。单齿纹多为铣齿,正前角切削,齿的强度弱,全齿宽同时参加切削,锉除的切屑不易碎断(甚至与锉刀等宽),故切削阻力大,需要较大切削力,因此只适用于锉削软材料及锉削窄面工件。

双齿纹是指锉刀上有两个方向排列的齿纹,适用于锉硬材料。双齿纹大多为剁齿,先剁上去的为底齿纹(齿纹浅),后剁上去的为面齿纹(齿纹深)。面齿纹和底齿纹的方向和角度不一样,这样形成的锉齿沿锉刀中心线方向成倾斜有规律的排列。锉削时每个齿的锉痕交错而不重叠,锉面比较光滑。锉削时切屑是碎断的,从而减小切削阻力,使锉削省力。双齿纹锉齿强度也高,因此双齿纹锉刀适于锉削硬材料及宽面工件。

3. 锉刀的种类

锉刀按其用途不同可分为钳工锉、特种锉和整形锉三类,其中钳工锉使用最多。钳工锉主要用于一般工件的加工,按其断面形状又可分为扁锉(板锉、平锉)、方锉、三角锉、半圆锉和圆锉等五种,以适用于不同表面的加工,如图 6-23 所示。钳工锉刀可按照每 10 mm 长度上齿纹的数量分为粗齿（4~12齿）、细齿（13~24齿）和油光齿（30~40齿）三种；按工作长度不同分 100 mm、150 mm、200 mm、250 mm、300 mm、350 mm、400 mm 等七种；按齿纹不同分为单齿纹和双齿纹两种。

特种锉是用来加工零件的特殊表面的，有刀口锉、菱形锉、扁三角锉、椭圆锉、圆肚锉等，如图 6-24 所示。特种锉主要用于锉削工件上的特种表面。

图 6-23 钳工锉的种类

整形锉（组锉或什锦锉）主要用于细小零件、窄小表面的加工及冲模、样板的精细加工和修整工件上的细小部分。整形锉刀的长度和截面尺寸均很小，截面形状有圆形、不等边三角形、矩形、半圆形等，因其分级配备各种断面形状的小锉而得名。整形锉通常以每组 5 把、6 把、8 把、10 把或 12 把为一套，如图 6-25 所示。

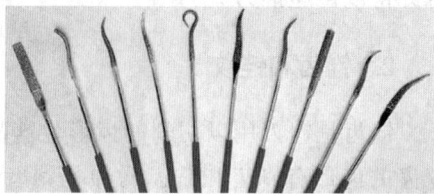

图 6-24 特种锉

4. 锉刀的规格

锉刀的规格一般用锉刀有齿部分的长度表示。板锉（平锉）常用的有 100 mm、150 mm、200 mm、250 mm 和 300 mm 等多种。不同锉刀的尺寸规格用不同的参数表示。圆锉刀的尺寸规格以直径表示，方锉刀的尺寸规格以方形尺寸表示，其他锉刀以锉身长度表示。

5. 锉刀的选择

图 6-25 整形锉

合理选用锉刀对提高锉削效率、保证锉削质量、延长锉刀使用寿命有很大影响。每种锉刀都有其一定的用途，锉削前必须认真选择合适的锉刀。如果选择不当，就不能充分发挥锉刀的效能或使其过早丧失切削能力，不能保证锉削质量。

要根据加工对象的具体情况选择锉刀，从如下几方面考虑：

（1）锉刀的截面形状要与工件形状相适应。

（2）粗加工选用粗锉刀，精加工选用细锉刀。粗锉刀适用于锉削加工余量大、加工精度低和表面粗糙度值大的工件及锉削铜、铝等软金属材料。细锉刀适用于锉削加工余量小、加工精度高和表面粗糙度值小的工件及锉削钢、铸铁等。单齿纹锉刀适用于加工软材料。油光锉用于最后的精加工，修光工件表面，以提高尺寸精度，减小表面粗糙度。

（3）锉刀的长度一般应比锉削面长 150~200 mm。锉刀的尺寸规格取决于工件加工面尺寸和加工余量。加工面尺寸较大，加工余量也较大时，宜选用较长锉刀；反之则选用较短的锉刀。

6.5.2 锉削操作

1. 锉刀的握法

锉刀的握法根据锉刀的大小及使用情况而有所不同,使用锉刀时,一般用右手紧握木柄,左手握住锉身的头部或前部。

（1）较大锉刀的握法

右手紧握锉刀柄,柄端抵在拇指根部的手掌上,拇指放在锉刀柄上部,其余手指由下而上握着锉柄,如图 6-26 所示。

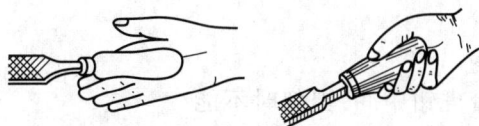

图 6-26　右手握锉刀的方法

左手的基本握法是将拇指根部的肌肉压在锉刀上,拇指自然伸直,其余四指弯向手心,用中指、无名指捏住锉刀前端,食指、小指自然收拢,以协同右手使锉刀保持平衡,如图 6-27 所示。

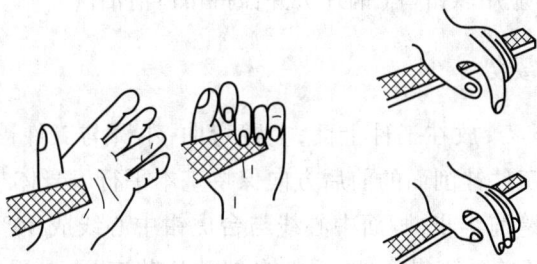

图 6-27　左手握锉刀的方法

锉削时右手推动锉刀并决定推动方向,左手协同右手使锉刀保持平衡,如图 6-28 所示。

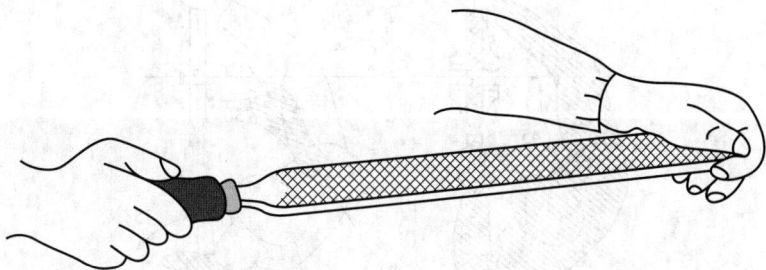

图 6-28　锉刀锉削时的握法

（2）中型锉刀的握法

中型锉刀的右手握法和较大锉刀的握法相同，左手只需拇指和食指、中指轻轻捏住锉刀的前端，如图 6-29 所示。

（3）较小锉刀的握法

用左手的手指压在较小锉刀的中部，右手食指伸直而且靠在锉刀边，如图 6-30 所示。

（4）整形锉的握法

一般只用右手拿住整形锉，食指放在整形锉上面，拇指放在锉刀的左侧，如图 6-31 所示。

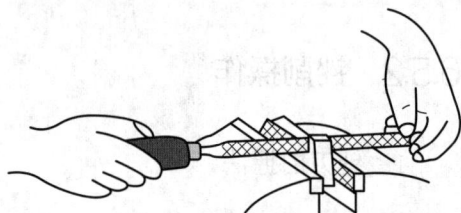

图 6-29   中型锉刀的握法

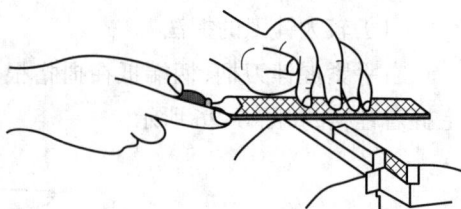

图 6-30   较小锉刀的握法

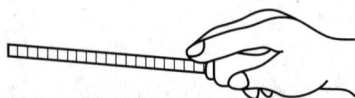

图 6-31   整形锉的握法

2. 工件的夹持

（1）工件应夹紧在台虎钳中间，锉削时不能松动，但也不能使工件产生变形。

（2）工件伸出钳口不能太高，特别是薄片工件，否则锉削时会产生弹跳。

（3）夹持圆形工件时需用三角形槽垫铁。

（4）薄片工件需用钉子固定在木块上，再用台虎钳夹紧木块。

（5）夹持精密工件应用软钳口（铜片），并保持钳口清洁。

3. 锉削时的站立姿势

锉削时两手握住锉刀，放在工件上面，左臂弯曲，小臂与工件锉削面的左右方向保持基本平行，右小臂要与工件锉削面的前后方向保持基本平行。身体与台虎钳中心线大致成 45°，且略向前倾，左脚跨前半步，脚面中心线与台虎钳中心线成 30°，右脚脚面中心线与台虎钳中心线成 75°，左膝盖处稍微弯曲，保持自然放松状态，右脚要站稳伸直，不要过于用力，如图 6-32 所示。

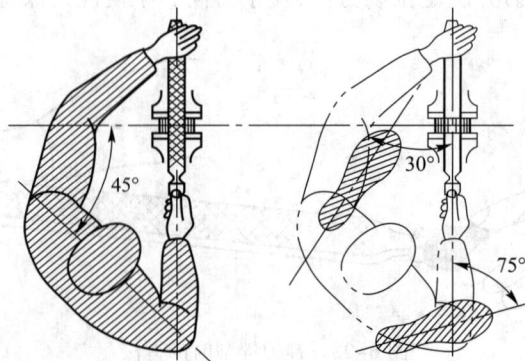

图 6-32   锉削时的站立姿势

4. 锉削过程

开始锉削时身体要向前倾斜 10° 左右,左肘弯曲,右肘向后。锉刀推出 1/3 行程时身体向前倾斜 15° 左右,此时左腿稍弯,右臂向前推,推到 2/3 行程时身体倾斜到 18° 左右,最后左腿继续弯曲,左肘渐直,右臂向前使锉刀继续推进至尽头,身体随锉刀的反作用回到 15° 位置,如图 6-33 所示。

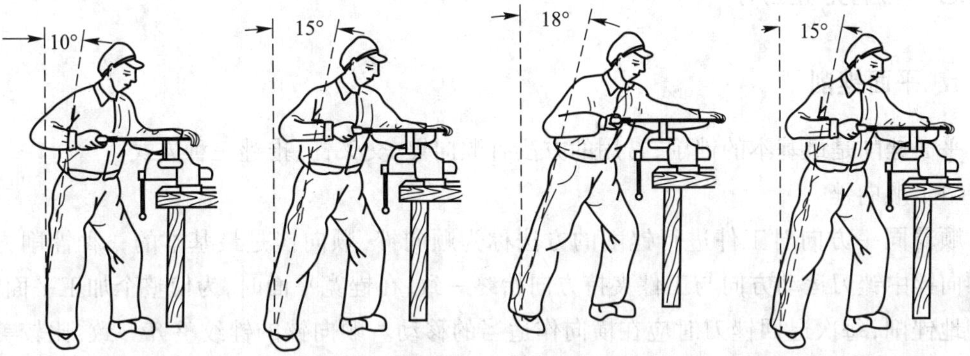

(a) 开始锉削　　　(b) 锉刀推出 1/3 行程　　　(c) 锉刀推出 2/3 行程　　　(d) 锉刀推至尽头

图 6-33　锉削过程

5. 锉削用力

为了保证锉削表面平直,锉削时必须掌握好锉削力的平衡。锉削力由水平推力和垂直压力两部分合成,推力主要由右手控制,压力是由两手控制的。锉削时由于锉刀两端伸出工件的长度随时都在变化,因此两手对锉刀的压力大小也必须随之变化。开始锉削时左手压力要大,右手压力要小而推力要大,如图 6-34(a)所示;随着锉刀向前推进,左手压力减小,右手压力增大,当锉刀推进至中间时,两手压力相同,如图 6-34(b)所示;再继续推进锉刀时,左手压力逐渐减小,右手压力逐渐增大,如图 6-34(c)所示。锉刀回程时不加压力以减少锉纹的磨损,如图 6-34(d)所示。

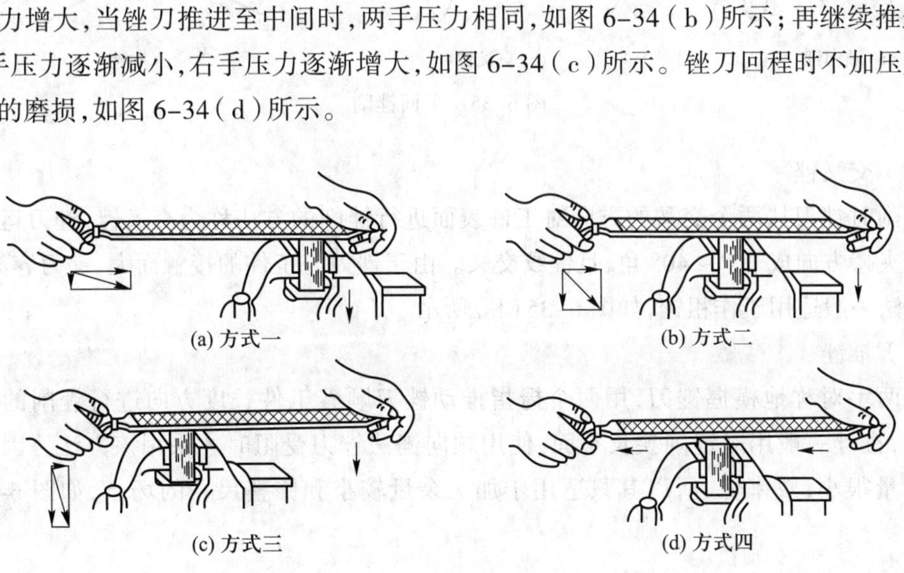

(a) 方式一　　　　　　　　　　　　(b) 方式二

(c) 方式三　　　　　　　　　　　　(d) 方式四

图 6-34　锉削力的平衡

6. 锉削速度

锉削时应使两肩自然放松,前胸和手臂要有推压感,不要挺腹,右手运锉时不能与身体摩擦相碰。锉削时要注意两手的运动频率,保持锉削速度为每分钟 30~60 次,推出时稍慢,回锉时稍快。锉削速度不宜太快,否则人的身体容易疲劳,锉齿磨损也快。

6.5.3　锉削的应用

1. 平面锉削

平面锉削是最基本的锉削,常用的方法有顺向锉、交叉锉、推锉三种方式。

（1）顺向锉

顺着同一方向对工件进行锉削的方法称为顺向锉,顺向锉是最基本的一种锉削方法。在顺向锉中锉刀运动方向与工件夹持方向始终一致,在锉宽平面时,为使整个加工平面能被均匀地锉削,每次退回锉刀时应在横向作适当的移动。顺向锉的锉纹整齐一致,比较美观,精锉时常采用这种方法,如图 6-35(a)所示。其中图 6-35(a)左图多用于粗锉,右图只用于修光。

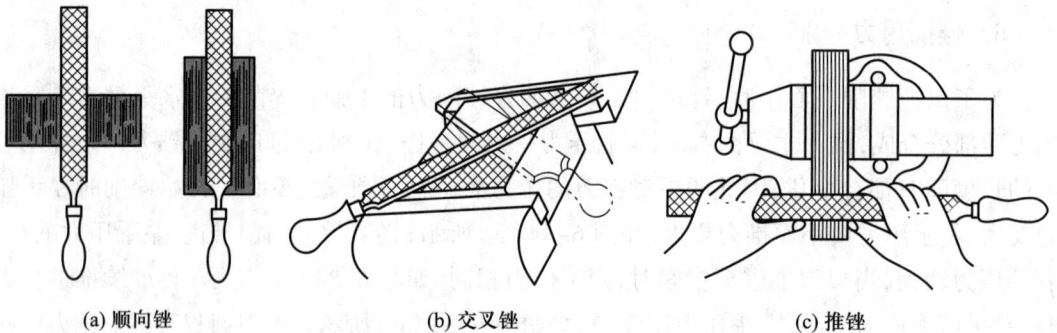

(a) 顺向锉　　　　　　(b) 交叉锉　　　　　　(c) 推锉

图 6-35　平面锉削

（2）交叉锉

锉削时锉刀从两个交叉的方向对工件表面进行锉削的方法称为交叉锉,锉刀运动方向与工件夹持方向成 30°~40° 角,且锉纹交叉。由于锉刀与工件的接触面大,锉刀容易平稳。交叉锉法一般适用于作粗锉,如图 6-35(b)所示。

（3）推锉

用两手对称地横握锉刀,用两个拇指推动锉刀顺着工件长度方向进行锉削的方法称为推锉,推锉一般用来锉削狭长平面,使用顺向锉法锉刀受阻时才采用该方法。因推锉时的切削量很小,效率低,所以其只适用于加工余量较小和修整尺寸的场合,如图 6-35(c)所示。

2. 平面度的检测

锉削后工件的平面度一般用刀口形直尺光隙法检验,如图 6-36 所示。检验平面度时,将刀口形直尺垂直紧靠在工件表面上[图 6-36(a)],并在纵向、横向和对角方向逐次检验[图 6-36(b)]。如果刀口形直尺与工件平面间透光微弱而均匀,说明该平面平直;如果透光强弱不一,则说明该平面凹凸不平。

在变换位置时刀口形直尺不能在工件平面上拖动,应将其提起后再轻放到另一检查位置,否则容易磨损刀口形直尺的刃口而降低其测量精度。

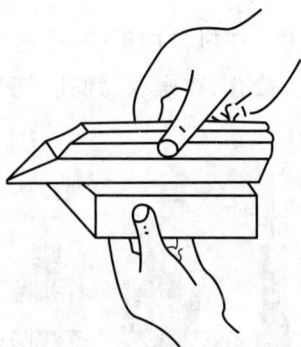

(a) 将刀口形直尺垂直紧靠工件平面　　(b) 纵向、横向及对角线方向检验

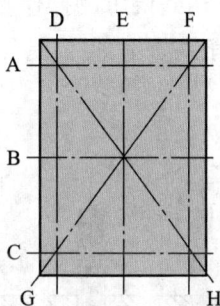

图 6-36　用刀口形直尺检验平面度

3. 锉削时常见的缺陷分析

(1) 工件表面夹伤或变形

① 台虎钳未装软钳口,应在钳口与工件间垫上铜皮或铝皮。

② 夹紧力过大。

(2) 工件平面度超差

① 选用锉刀不当。

② 锉削时双手推力及压力在运动中未能协调。

③ 未及时检查平面度。

④ 工件装夹不正确。

(3) 工件尺寸偏小

① 划线不正确。

② 未及时测量或测量不准确。

(4) 工件表面粗糙度达不到要求

① 锉刀齿纹选用不当。

② 锉纹中间嵌有锉屑,未及时清除。

③ 粗、精锉削加工余量选用不当。

④ 锉削直角边时未能选用光边锉刀。

6.6　钻孔、扩孔、铰孔和锪孔

6.6.1　孔加工概论

加工孔从而使孔达到要求的操作称为孔加工。在机械加工中,孔加工是一项重要的加工工艺,钳工工艺中孔的加工主要指钻孔、扩孔、铰孔、攻螺纹、锪孔、锪平面等,如图 6-37 所示。

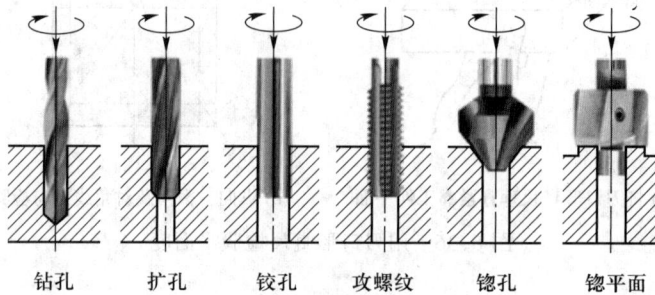

| 钻孔 | 扩孔 | 铰孔 | 攻螺纹 | 锪孔 | 锪平面 |

图 6-37　孔加工

用钻头在实体材料上加工孔叫钻孔。各种零件的孔加工,除去一部分由车床、镗床、铣床等机床完成外,很大一部分是由钳工利用钻床和钻孔工具(钻头、扩孔钻、铰刀等)完成的。在钻床上钻孔时,一般情况下钻头应同时完成两个运动:主运动,即钻头绕轴线的旋转运动(切削运动);辅助运动,即钻头沿着轴线方向对着工件的直线运动(进给运动)。钻孔时,主要由于钻头结构上存在的缺点影响加工质量,其加工精度一般在 IT10 级以下,工件表面粗糙度为 Ra 12.5 μm 左右,属于粗加工。钻孔方式有两种,一种是钻头旋转,工件或刀具作轴向进给运动;另一种是工件旋转,钻头作轴向进给运动。

用扩孔工具扩大工件孔径或提高加工质量的加工方法称为扩孔。扩孔常用作孔的半精加工,也可以作为要求不高的孔的终加工,其加工精度可达 IT10 ~ IT9,工件表面粗糙度可达 Ra 3.2 μm,加工余量为 0.5 ~ 4 mm。

铰孔是铰刀从工件孔壁上切除微量金属层,以提高其尺寸精度和表面质量的方法。铰孔是孔的精加工方法之一,在生产中应用很广。铰孔分为粗铰和精铰。精铰的加工精度可达 IT7 ~ IT6,工件表面粗糙度 Ra 可达 0.4 mm,加工余量为 0.05 ~ 0.15 mm。

锪孔是用锪孔钻在已加工的孔上加工圆柱形埋头孔、锥形埋头孔和凸台端面等的一种金属加工方法。锪孔的目的是保证孔口与孔中心线的垂直度,以便与孔连接的零件位置正确,连接可靠。在工件的连接孔端锪出圆柱形或锥形埋头孔,用埋头螺钉埋入孔内把有关零件连接起来,可使其外观整齐,装配位置紧凑。将孔口端面锪平,并与孔中心线垂直,能使连接螺栓(或螺母)的端面与连接件保持良好接触。

6.6.2　钻床

钻床是指主要用钻头在工件上加工孔的机床。通常钻头旋转为主运动,钻头轴向移动为进给运动。钻床结构简单,加工精度相对较低,可钻通孔、盲孔,如果更换特殊刀具,还可扩孔、锪孔、铰孔或进行攻螺纹等加工。用钻床加工的过程中工件不动,让刀具移动,将刀具中心对正孔中心,并使刀具转动(主运动)。常用的钻床有台式钻床、立式钻床、摇臂钻床三种。

1.　台式钻床

台式钻床简称台钻,是一种安放在作业台上、主轴竖直布置的小型钻床,最大钻孔直径为 12 ~ 15 mm,多为手动进钻,常用来加工小型工件的小孔等,如图 6-38 所示。

2.　立式钻床

立式钻床是主轴竖直布置且中心位置固定的钻床,简称立钻,常用于机械制造和修配中加工中、小型工件的孔,如图 6-39 所示。

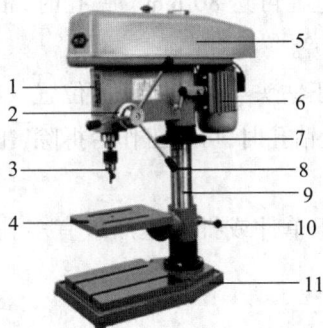

图 6-38　台式钻床
1—钻床铭牌;2—刻度盘;3—钻头夹;
4—工作面板;5—外壳;6—大功率电动机;
7—升降手轮;8—操作手轮;9—台钻立柱;
10—固定锁扣;11—底座

图 6-39　立式钻床
1—主轴箱;2—进给箱;3—自动进给手柄;
4—主轴;5—工作台;6—底座;7—主电动机;
8—主轴变速手轮;9—进给量调节手轮;
10—手动进给手柄;11—立柱;12—工作台升降手柄

立式钻床是较为普通的一种钻床,它有多种型号,最大钻孔直径有 25 mm、35 mm、40 mm、50 mm 等几种。其结构主要由底座、工作台、主轴、进给箱、主轴箱、电动机和立柱、手柄(手轮)等部分组成。通过操纵手柄,可使进给箱沿立柱导轨上下移动,从而调节主轴至工作台的距离。摇动工作台升降手柄,也可使工作台沿立柱导轨上下移动,以适应不同尺寸工件的加工。在钻削大工件时,还可将工作台拆除,将工件直接固定在底座上加工。

立式钻床具有一定的万能性,适于小批、单件的中型工件加工。由于其主轴变速和进给量调整范围较大,所以能进行钻孔、锪孔、铰孔和攻螺纹等加工。

3. 摇臂钻床

摇臂钻床也可以称为横臂钻。摇臂钻床是一种摇臂可绕立柱回转和升降,通常主轴箱在摇臂上作水平移动的钻床,如图6-40所示。

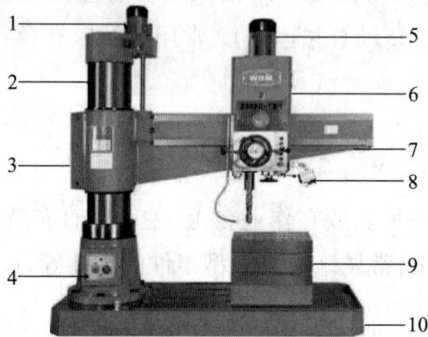

图6-40 摇臂钻床

1—摇臂升降电动机;2—立柱;3—液压夹紧;4—总电源;5—主轴箱电动机;
6—液压变速主轴箱;7—进给手轮;8—工作照明灯;9—工作台;10—底座

摇臂钻床是依靠移动钻轴来对准钻孔中心进行钻孔的,所以操作省力且灵活。其主要由底座、工作台、立柱、主轴箱和摇臂等组成,最大钻孔直径可达80 mm。钻孔时,根据工件加工情况需要,摇臂可沿立柱上下升降和绕立柱回转360°。

主轴箱可沿摇臂导轨做大范围移动,便于钻孔时找正钻头与钻孔之间的位置。在中、小型工件上钻孔时,可在工作台上固定工件;在大型工件上钻孔时,可将工作台拆除,工件在底座上固定。

摇臂钻床操作方便、灵活,适用范围广,特别适用于单件或批量生产带有多孔的大型零件。

6.6.3　钻头及其附件

钻头的种类有麻花钻、扁钻、深孔钻、中心钻等,其中麻花钻是最常用的钻孔刀具。以上这些钻头的几何形状虽然各异,但都有两个对称排列的主切削刃,其切削原理是相同的。

1. 麻花钻

麻花钻是通过其相对于固定轴线的旋转切削来钻削工件的圆孔的工具,因其容屑槽成螺旋状而形似麻花而得名。容屑槽有 2 槽、3 槽或更多槽,但以 2 槽最为常见。麻花钻可夹持在手动、电动的手持式钻孔工具或钻床、铣床、车床乃至加工中心上使用,如图 6-41 所示。麻花钻一般用高速钢 W18Cr4V 或 W9Cr4V2 制成,淬硬后硬度为 62 ~ 68HRC。

麻花钻由钻柄和钻体(包括颈部)组成,如图 6-42 所示。

(a) 直柄麻花钻

(b) 锥柄麻花钻

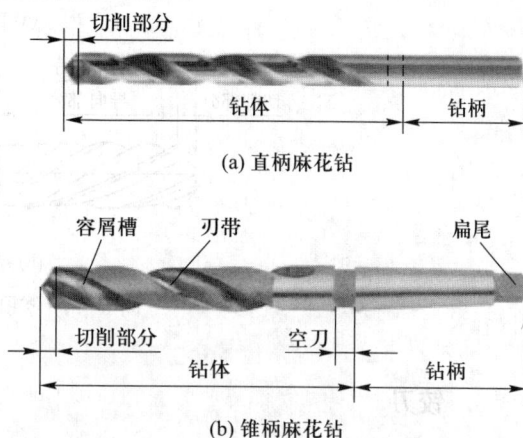

图 6-41 麻花钻   图 6-42 麻花钻的结构

麻花钻钻柄供装夹用,并传递机械动力,钻柄有锥柄和直柄两种。直柄传递的扭矩较小,一般用直径小于 13 mm 的钻头,借助钻夹头夹紧在钻床主轴上;锥柄可传递较大的扭矩,一般用直径大于 13 mm 的钻头,采用莫氏 1 ~ 6 号锥度,可直接插入钻床主轴孔内。锥柄端部的扁尾可增加传递的扭矩和方便拆卸钻头。

麻花钻颈部位于钻柄和工作部分之间,颈部除满足制造钻头的工艺要求外,还用于磨制麻花钻外圆时供砂轮退刀用,是麻花钻刻印规格、制造厂厂标和材料标记的地方。

麻花钻工作部分(参考图 6-43)是钻头的主体部分,由切削部分和导向部分组成。切削部分担负主要的切削工作,麻花钻可看成两把内孔车刀组成的组合体,而这两把内孔车刀必须有实心部分——钻心将两者连成一个整体。钻心避免了两条主切削刃直接相交于轴心处,而使其相互错开,使钻心形成了独立的切削刃——横刃。因此麻花钻的切削部分有两条主切削刃、两条副切削刃和一条横刃。导向部分有两条狭长、螺纹形状的刃带(棱边亦即副切削刃)和螺旋槽。棱边的作用是引导钻头和修光孔壁;两条对称螺旋槽的作用是排出切屑和输送切削液(冷却液)。导向部分是切削部分的备用部分。两条主切削刃之间的夹角称为顶角,一般取 118° ± 2°。

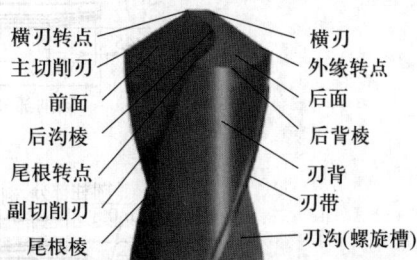

图 6-43 麻花钻的工作部分

2. 扩孔钻

扩孔钻(图 6-44)是用于扩大孔径、提高加工质量的刀具,一般用于孔的半精加工或终加工,也用于铰孔或磨削前的预加工或毛坯孔的扩大。扩孔钻的形状与麻花钻相似,前端为平面,有 3~4 个刃带,无横刃,前角和后角沿切削刃的变化小,加工时导向效果好,轴向抗力小,切削条件优于钻孔。扩孔钻的容屑槽较浅,钻心较厚,强度和刚度高。

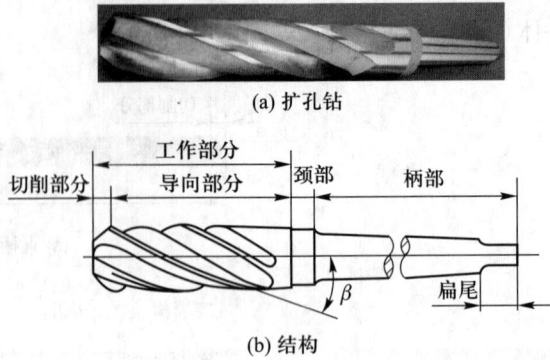

(a) 扩孔钻

(b) 结构

图 6-44   扩孔钻及其结构

3. 铰刀

铰刀(图 6-45)具有一个或者多个刀齿,是用以切除孔已加工表面薄金属层的旋转刀具。铰刀有手用、机用两种。手用铰刀的柄部为直柄,机用铰刀的柄部为锥柄。铰刀用于铰削工件上已钻削(或扩孔)加工后的孔,主要是为了提高孔的加工精度,降低其表面粗糙度,用于孔的精加工和半精加工,加工余量一般很小。

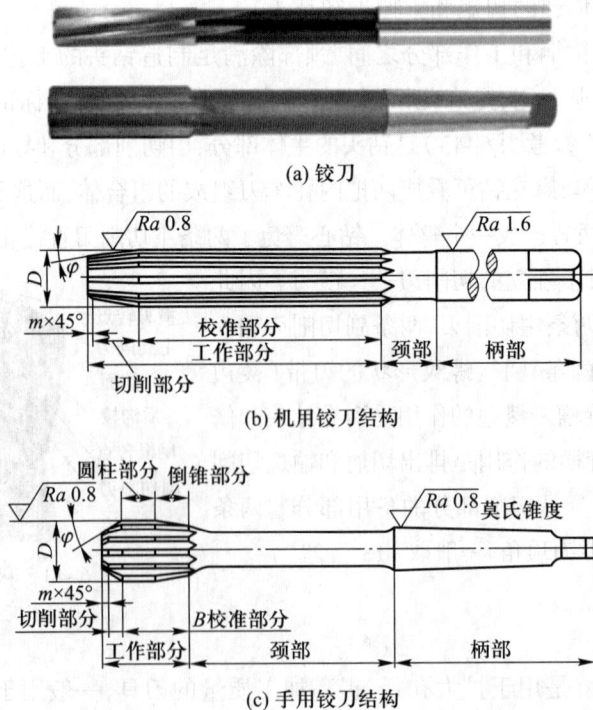

(a) 铰刀

(b) 机用铰刀结构

(c) 手用铰刀结构

图 6-45   铰刀及其结构

4. 锪钻

锪钻即埋头钻,也叫倒角刀、倒角钻、划窝钻、倒角器,是一种用以锪锥形埋头孔的钻。锪钻对孔的端面进行平面、柱面、锥面及其他型面加工。在已加工出的孔上加工圆柱形埋头孔、锥形埋头孔和端面凸台时,都使用锪钻。锪钻分柱形锪钻、锥形锪钻和端面锪钻三种。

（1）柱形锪钻

柱形锪钻（图 6-46）用来加工螺钉的柱形沉孔。柱形锪钻前端有导柱,导柱的直径与工件已加工孔为紧密的间隙配合,以保证良好的定心和导向。柱形锪钻起主要切削作用的是端面刀刃,螺旋槽的斜角就是它的前角。

（2）锥形锪钻

锥形锪钻（图 6-47）用来加工螺钉或铆钉的锥形沉孔。锥形埋头孔锪钻具有 6 ~ 12 个刃齿,其顶角有 60°、75°、90° 和 120° 等几种,其中 90° 的锥形锪钻用得最多。

图 6-46　柱形锪钻

图 6-47　锥形锪钻

（3）端面锪钻

端面锪钻（图 6-48）仅在端面上具有切削刃,加工大的端面时,还可以将刀片镶在刀杆上。为了保证端面和孔轴线垂直,端面锪钻也带有导柱。

5. 附件

（1）钻头夹。适用于装夹直柄钻头。钻头夹柄部是圆锥面,可与钻床主轴内孔配合安装,可通过转动紧固扳手使头部三个爪同时张开或合拢,如图 6-49 所示。

图 6-48　端面锪钻

图 6-49　钻头夹

（2）过渡套筒。用于安装锥柄小于主轴锥孔的锥柄钻头。过渡套筒一端孔安装钻头,另一端外锥面接钻床主轴内锥孔,如图 6-50 所示。

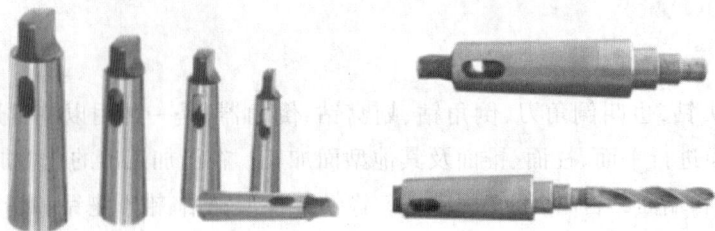

图 6-50　过渡套筒

（3）平口钳。用于装夹中小型工件，如图 6-51 所示。

（4）压板。用于装夹大型工件，如图 6-52 所示。

图 6-51　平口钳

图 6-52　压板

6.6.4　钻孔操作

1. 钻孔

（1）钻前准备

① 准确划线

钻孔前，首先应熟悉图样要求，加工好工件的基准；一般基准的平面度 ≤ 0.04 mm，相邻基准的垂直度 ≤ 0.04 mm。

② 划检验方格或检验圆

划完线并检验合格后，还应划出以孔中心线为对称中心的检验方格或检验圆，作为试钻孔时的检查线，以便钻孔时检查和校正钻孔位置，一般可以划出几个大小不一的检验方格或检验圆，小检验方格或检验圆略大于钻头横刃，大的检验方格或检验圆略大于钻头直径。

③ 打样冲眼

划出相应的检验方格或检验圆后应认真打样冲眼。先打一个小点，从十字中心线的不同方向仔细观察样冲眼是否打在十字中心线的交叉点上，最后把样冲眼用力打正、打圆、打大，以便准确落钻定心。

④ 装夹

擦拭干净机床台面、夹具表面、工件基准面，将工件夹紧，要求装夹平整、牢靠，便于观察和测量。应注意工件的装夹方式，以防工件因装夹而变形。

⑤ 检查钻床

检查钻床各部分是否正常,调整好所需要的转速和进给量,准备好所需要的冷却液。

⑥ 选择钻头

根据钻孔直径选择钻头的大小。装夹时,先轻轻夹紧钻头,开车检查钻头是否摆动,若有摆动则马上停车校正,最后用力夹紧。

（2）按划线钻孔

① 试钻

先使钻头对准钻孔中心钻出一个浅孔,观察钻孔位置是否正确,并要不断校正,使起钻浅孔与划线圆同轴。校正方法:如偏位较少,可在起钻的同时用力将工件向偏位的反方向推移,逐步校正,如偏位较多,可在校正方向打上几个中心样冲眼或用油槽錾錾出几条槽,以减少此处的钻削阻力,达到校正目的。但无论采用何种方法,都必须在锥孔外圆小于钻头直径之前完成。

② 进给操作

当试钻达到钻孔的位置要求后,即可压紧工件完成钻孔。钻头的进给速度要均匀。

钻通孔时,工件下面要垫上垫板或把钻头对准工作台空槽,快要钻通时应减小进给速度,以免折断钻头。

钻盲孔时,可通过钻头长度和实际测量尺寸来检查钻孔的深度是否准确。

钻韧性材料时应使用切削液,工件材料较硬或钻深孔时,应在钻孔过程中不断将钻头抽出孔外,排出切屑,及时冷却。

钻直径大于 30 mm 的孔时应分两次钻成,先用 0.5 ~ 0.7 倍孔径的钻头钻孔,再用所需孔径的钻头钻孔,最终达到要求尺寸。

钻直径小于 4 mm 的孔时只能用手动进给,开始钻孔时应该防止钻头打滑,压力不能太大,以防止钻头弯曲和折断,并要及时提起钻头进行排屑。

尽量避免在斜面上钻孔。若必须在斜面上钻孔,应先用小钻头或中心钻钻出一个浅孔,或用立铣刀铣出一个平面,或用錾子錾出一个平面,然后进行钻孔。

2. 钻孔时的注意事项

① 操作钻床时不可戴手套,袖口必须扎紧,女生必须戴工作帽。

② 用钻头夹装夹钻头时要用钻头夹钥匙,不可用扁铁和手锤敲击,以免损坏夹头和影响钻床主轴精度。装夹工件时,必须做好装夹面的清洁工作。

③ 工件必须夹紧,特别在小工件上钻较大直径孔时装夹必须牢固,孔将钻穿时要尽量减小进给力。在使用过程中,工作台必须保持清洁。

④ 开动钻床前,应检查是否有钻头夹钥匙或斜铁插在钻轴上。使用前必须先空转试车,机床各机构都能正常工作时才可操作。

⑤ 钻孔时不可用手和棉纱头擦拭或用嘴吹来清除切屑,必须用毛刷清除切屑,钻出长条切屑时,要用钩子钩断后除去。钻通孔时必须使钻头能通过工作台面上的让刀孔,或在工件下面垫上垫铁,以免钻坏工作台面。钻头用钝后必须及时修磨锋利。

⑥ 操作者的头部不准与旋转主轴靠得太近,停车时应让主轴自然停止,不可用手去刹住,也不能用反转制动。

⑦ 严禁在开车状态下装拆工件。必须在停车状况下检验工件和变换主轴转速。

⑧ 清洁钻床或加注润滑油时必须切断电源。

⑨ 钻床不用时,必须将机床外露滑动面及工作台面擦净,并对各滑动面及各注油孔加注润滑油。

3. 钻孔常见缺陷分析

钻孔时常见的缺陷有钻头损坏和工件报废。工件报废是指孔径超差、孔壁粗糙、钻孔不圆、孔轴线歪斜等。

（1）孔径超差

① 两主切削刃刃磨长度不等,锋角不对称。

② 钻头中心与主轴中心不重合,钻削时发生偏摆。

（2）孔壁粗糙

① 钻头已磨损却仍在使用或钻头的后角过大。

② 进给量过大。

③ 断屑不良,排屑不顺畅。

④ 切削液使用不当。

（3）孔轴线歪斜

① 钻头轴线与工件表面不垂直。

② 横刃太长,定心差,使钻头轴线歪斜。

③ 进给量过大,造成钻头弯曲变形。

（4）轴线偏移

① 工件划线不正确。

② 钻孔前钻头中心未与孔轴线对准,钻孔时又未能及时矫正。

③ 横刃太长,定心不准。

④ 工件安装时未夹紧。

（5）钻头折断

① 进给量过大,孔将钻透时未减小进给量。

② 切屑堵塞,未及时清除切屑。

③ 钻头轴线歪斜,造成钻头弯曲。

④ 仍在使用已磨损的钻头。

（6）钻头磨损加剧

① 钻头的后角太小,刃磨不当。

② 钻削速度或进给量太大。

③ 未使用切削液。

④ 工件材料内部硬度不均匀,有硬质点等。

6.7 攻螺纹和套螺纹

使用丝锥在圆孔内表面切出内螺纹称为攻螺纹,也叫攻丝,是应用最广泛的一种内螺纹加工方法。对于小尺寸内螺纹,攻螺纹几乎是唯一有效的加工方法。

6.7.1 攻螺纹的工具

攻螺纹的主要工具是各类丝锥和铰杠。

1. 丝锥

丝锥有手用和机用丝锥两种。手用丝锥是用合金工具钢(如 9SiCr)或轴承钢(如 GCr15)制成的,机用丝锥则采用高速钢制成,如图 6-53 所示。

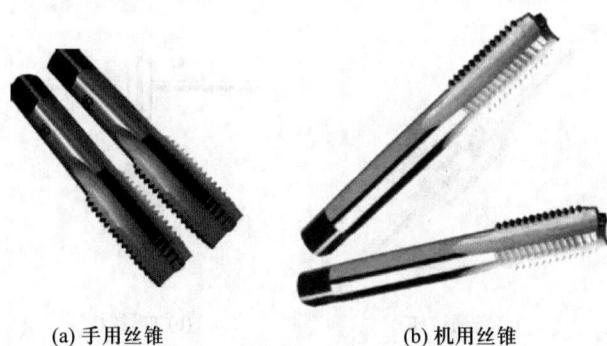

(a) 手用丝锥　　　　　(b) 机用丝锥

图 6-53　丝锥

丝锥由工作部分和柄部组成,如图 6-54 所示。

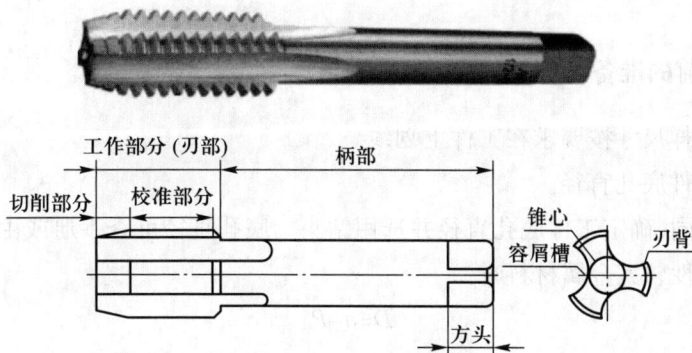

图 6-54　丝锥的结构

丝锥的工作部分包括切削部分和校准部分。

切削部分担负主要切削工作。切削部分沿轴向方向开有几条容屑槽,形成切削刃和前角,同时容纳切屑。在切削部分前端磨出锥角,使切削负荷分布在几个刀齿上,从而使切削省力,刀齿受力均匀,不易崩刃或折断,丝锥也容易正确切入。

校准部分有完整的齿形,用来校准已切出的螺纹,并保证丝锥沿轴向运动。

丝锥的柄部有方榫,用来传递切削转矩。

丝锥一般成套使用。普通三角螺纹丝锥中,M6 ~ M24 的丝锥为两只一套,称为头锥和二锥;小于 M6 和大于 M24 的丝锥为三只一套,称为头锥、二锥、三锥。

2. 铰杠

铰杠是用来夹持丝锥柄部的方榫,带动丝锥旋转切削的工具,一般由碳素工具钢制成。铰杠有普通铰杠和 T 形铰杠两类,普通铰杠又分固定式和可调式两种,如图 6-55 所示。固定式铰杠常用于攻 M5 以下的螺纹。旋转可调式铰杠手柄即可调节方形夹持孔的尺寸,以便夹持不同尺寸的丝锥,故常用的是可调式铰杠。T 形铰杠主要用在攻工件凸台旁的螺纹或机体内部的螺纹。铰杠长度应根据丝锥尺寸进行选择,以便控制攻螺纹时的施力,防止丝锥因施力不当而折断。

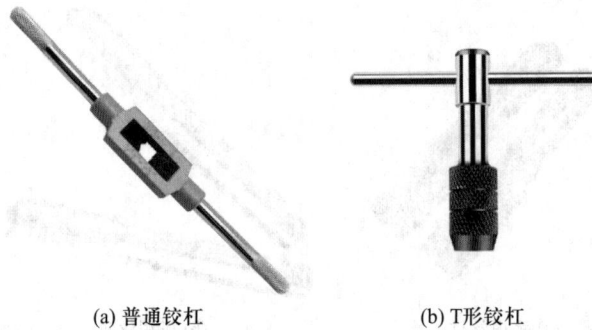

(a) 普通铰杠　　　　　(b) T形铰杠

图 6-55　铰杠

6.7.2　手工攻螺纹的操作

1. 攻螺纹前的准备工作

(1) 根据图样尺寸按要求在工件上划线。

(2) 确定工件底孔直径。

根据材料不同,确定工件底孔直径并选用钻头。底孔直径可查手册或由经验公式确定。

加工钢和塑性较大金属材料时:

$$D=d-P \tag{6.1}$$

加工铸铁和脆性金属材料时：

$$D=d-(1.05\sim1.1)P \tag{6.2}$$

式（6.1）和式（6.2）中，D——底孔直径（单位为 mm）；d——内螺纹大径（单位为 mm）；P——螺距（单位为 mm）。

（3）确定底孔钻孔深度。

攻盲孔螺纹时，由于丝锥切削部分有锥角，端部不能切出完整的牙型，所以钻孔深度要大于螺纹的有效深度。孔深可按下式确定：

$$H=L+0.7d \tag{6.3}$$

式中，H——钻孔深度（单位为 mm）；d——内螺纹大径（单位为 mm）；L——所需螺纹长度（单位为 mm）。

（4）钻底孔。

用选定的钻头在工件上按底孔深度钻出底孔，并在钻孔入口处倒角，通孔两端都要倒角，倒角处直径可约大于螺纹直径，这样可使丝锥开始切削时容易切入，并防止孔口出现挤压出的凸边。

（5）装夹工件。

装夹工件要使孔的中心线置于竖直位置。

（6）选择丝锥。

根据工件上螺纹孔的规格选择丝锥。

2. 手工攻螺纹的操作要领和注意事项

（1）在开始攻螺纹时，尽量把丝锥放正，然后用一只手压住丝锥的轴心方向，另一只手轻轻转动绞杠，如图 6-56（a）所示。当丝锥旋转 1～2 圈后，从正面和侧面观察丝锥是否与工件平面垂直，必要时可用 90° 角尺进行校正，如图 6-56（b）所示。一般在攻 3～4 圈螺纹后，方向就可基本确定。如果开始螺纹攻得不正，可将丝锥旋出，用二锥加以纠正，然后再用头锥攻螺纹。当丝锥的切削部分全部进入工件时，就不需要再施加轴向力，靠螺纹自然旋进即可，如图 6-56（c）所示。

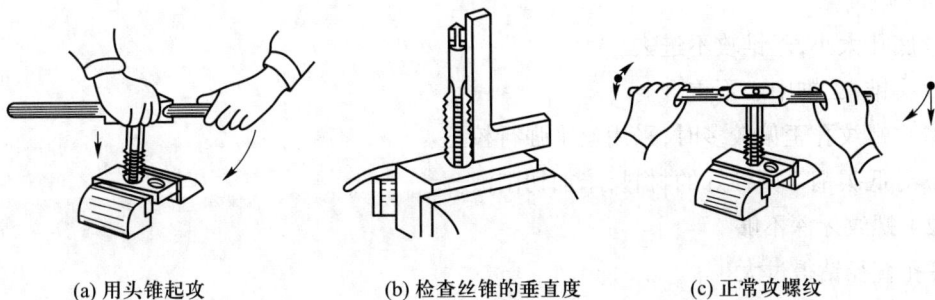

(a) 用头锥起攻　　(b) 检查丝锥的垂直度　　(c) 正常攻螺纹

图 6-56　攻螺纹方法

（2）在攻螺纹过程中，对于塑性材料要保证足够的切削液。

（3）攻螺纹时,每次扳转铰杠,丝锥旋进不应太多,一般每次旋进 1/2 ~ 1 圈为宜。M5 以下的丝锥一次旋进不得大于半圈,加工细牙螺纹或精度要求高的螺纹时,每次的进给量还要减少。攻铸铁螺纹比攻钢材螺纹时速度可适当快一些。每次旋进后,再倒转约旋进的 1/2 行程。攻较深的螺纹孔时回转行程还要大一些,并需往复扭转几次,这样可折断切屑,有利于排屑,减少切削刃黏屑现象,以保持锋利的刃口。同时要使切削液顺利地流入切削部位,起冷却和润滑作用。

（4）扳转铰杠时,两手用力要平衡。切忌用力过猛,左右晃动,否则容易将螺纹牙型撕裂,导致螺纹孔扩大及出现锥度。

（5）攻螺纹中,如感到很费力时,切不可强行扭转,应将丝锥倒转,使切屑排出,或用二锥攻削几圈,以减轻头锥切削部分的负荷,然后再用头锥继续攻螺纹。如继续攻螺纹仍很吃力或断续发出"咯、咯"的声响,则说明切削不正常,或丝锥磨损,应立即停止,查找原因,否则丝锥就有折断的危险。

（6）攻不通的螺纹孔时,当末锥（三锥）攻完,用铰杠带动丝锥倒旋松动后,应用手将丝锥旋出,不宜用铰杠旋出丝锥,尤其不能用一只手快速拨动铰杠来旋出丝锥。因为攻完的螺纹孔和丝锥配合较松,而铰杠又重,若用铰杠旋出丝锥,容易产生摇摆和振动,从而降低螺纹的表面质量。

攻通孔螺纹时,丝锥的校准部分不应全部出头,以免扩大或损坏最后的几圈螺纹。攻完螺纹孔后,也应按照攻不通螺纹孔的方法旋出丝锥。

（7）用成组丝锥攻螺纹时,在头锥攻完以后,应先用手将二锥或三锥旋进螺纹孔内,一直到旋不动时才能使用铰杠操作,防止对不准前一丝锥攻的螺纹而产生乱扣现象。

（8）攻不通的螺纹时,可在丝锥上做好深度标记,并要经常要把丝锥退出,将切屑清除,以保证螺纹孔的有效长度,攻完后也要将切屑清除干净。当不便倒转工件进行清屑时,可用弯曲的小管子吹出切屑或用磁性针棒吸出切屑。

（9）攻 M3 以下的螺纹孔时,如工件不大,可用一只手拿着工件,另一只手拿着带动丝锥的铰杠,这样可以避免丝锥折断。

3. 攻螺纹时常见缺陷分析

（1）烂牙

① 底孔太小,丝锥攻不进去。

② 头锥、二锥中心不重合。

③ 攻螺纹孔歪偏较多时,采用丝锥强行校正。

④ 对低碳钢等塑性好的材料,未加切削液。

（2）螺纹牙深不够

底孔直径钻得过大。

（3）螺纹攻歪斜

① 手动攻螺纹时丝锥与工件端面不垂直。

② 机动攻螺纹时丝锥与工件孔中心未对准。

（4）滑牙

① 攻盲孔时，丝锥已到底，仍然继续转动丝锥。

② 攻螺纹时碰到较大砂眼，丝锥打滑。

6.7.3 套螺纹的工具

套螺纹是用板牙在工件圆杆上加工出外螺纹的方法。套螺纹也用于修整外螺纹（如车削的螺栓），最后用板牙修整。由于板牙的廓形属于内表面，制造精度不高，故套螺纹只能加工低于 IT7 精度的外螺纹，表面粗糙度可达 $Ra7.3 \sim 7.2\ \mu m$。套螺纹通常用在批量少、螺杆不长，直径不大、精度不高的外螺纹加工或修配工作中，以及在缺少螺纹加工设备时应用。套螺纹的主要工具是各类圆板牙和板牙架。

1. 圆板牙

圆板牙由合金工具钢 9SiCr 或高速钢制作并经淬火回火处理。圆板牙的形状就像一个圆螺母，其端面上钻有几个孔，作用是形成前面、切削刃和排屑，如图 6-57 所示。

圆板牙的结构如图 6-58 所示，外圆上有四个锥坑和一条 V 形槽，下面两个锥坑的轴线与板牙直径方向一致，靠板牙架上的两个紧定螺钉顶紧，用来套螺纹时传递转矩。V 形槽在圆板牙制造过程中用作工艺定位。

图 6-57　圆板牙

新的圆板牙 V 形槽与排屑孔是不通的，当板牙磨损，套出的螺纹尺寸变大超出允差范围时，可用锯片砂轮沿板牙 V 形槽磨出一条通槽，用板牙架上另外两个紧定螺钉拧紧顶入圆板牙上两个偏心的锥坑内，使板牙的螺纹中径变小。调整时应使用标准样件进行尺寸校核。

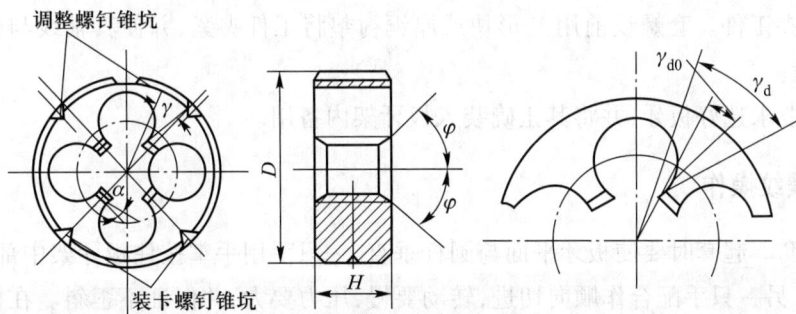

图 6-58　圆板牙的结构

圆板牙由切削部分、校准部分和排屑孔组成。切削部分是圆板牙两端面锥角为 φ 的部分（$2\varphi=40° \sim 50°$），切削部分不是圆锥面，而是经过铲磨而成的阿基米德螺旋面，形成后角 $\alpha =$

$7° \sim 8°$。它的前角 γ 大小沿切削刃而变化,因为前面是曲面形,前角在曲率小处为最大,曲率大处为最小,一般粗牙 $\gamma = 30° \sim 35°$,细牙 $\gamma = 25° \sim 30°$。圆板牙两端都可以切削,待一端磨损后可换另一端使用。

板牙中间一段是定径部分,也是导向部分,它的前角比切削部分的前角小 $4° \sim 6°$,后角为 $0°$。

2. 板牙架

板牙架是专门用来固定板牙的,即用于夹持板牙和传递扭矩。不同外径的板牙应选用不同的板牙架。在板牙架的圆周上共有五个螺钉,下面两个紧定螺钉用来固定圆板牙,上面两侧的紧定螺钉可使板牙尺寸缩小,中间螺钉可顶在板牙 V 形槽内,使板牙尺寸增大。注意,一定要使螺钉的尖端顶入板牙圆周的锥孔内。板牙架的构造如图 6-59 所示。

图 6-59　板牙架

6.7.4　手工套螺纹的操作

1. 套螺纹前的准备工作

(1)确定圆杆直径。

被套螺纹圆杆的直径应略小于螺纹的公称直径,通常用下式计算:

$$d_{杆} = d - 0.13p \qquad (6.4)$$

式中,$d_{杆}$——圆杆直径(单位为 mm);d——螺纹公称直径(单位为 mm);p——螺距(单位为 mm)。

(2)倒角。为使板牙顺利套入圆杆,圆杆顶端入口处应有倒角,大致以 $15° \sim 20°$ 为宜。

(3)装夹工件。套螺纹前用 V 形块或厚铜衬垫将工件夹紧,并使其轴线与台虎钳口垂直,防止套歪。

(4)按要求选好板牙,并将其正确装入板牙架内备用。

2. 套螺纹操作

(1)起套。起套时要使板牙平面与圆杆垂直,一只手用手掌按住板牙架中部,沿圆杆轴向施加压力,另一只手配合作顺向切进,转动要慢,压力要大,并保证不歪斜。在板牙切入圆杆 $2 \sim 3$ 牙时,应及时检查垂直度。

(2)正常套螺纹。进入正常套螺纹时,不需要再施加轴向压力,只转动板牙架,板牙会自动切削。操作中应经常倒转,以利于排屑。

(3)使用切削液。在钢件上套螺纹时要使用切削液、机械油,以保证螺纹表面的质量,延长板牙的使用寿命。

（4）板牙退出。套螺纹完毕后,应将板牙反转,使板牙从螺纹中退出。

3. 套螺纹的操作要点和注意事项

（1）每次套螺纹前应将板牙排屑槽内及螺纹内的切屑清除干净。

（2）套螺纹前要检查圆杆直径大小和端部倒角。

（3）套螺纹时切削扭矩很大,易损坏圆杆的已加工面,所以应使用硬木制成的 V 形槽衬垫或用厚铜衬垫作保护片来夹持工件。在不影响螺纹要求长度的前提下,工件伸出钳口的长度应尽量短。

（4）套螺纹时,板牙端面应与圆杆垂直,操作时用力要均匀。开始转动板牙时要稍加压力,套入 3 ~ 4 牙后,可只转动而不加压,并经常反转,以便断屑。

（5）套螺纹的长度达到要求时,应及时退出板牙。

（6）在钢制圆杆上套螺纹时要加机油润滑。

4. 套螺纹时常见缺陷分析

（1）板牙损坏的主要原因

① 圆杆直径偏大或端部未倒角。

② 板牙端面与圆杆轴线不垂直。

③ 圆杆或板牙硬度太高,切削时未加切削液。

④ 转动板牙架时速度过快,用力过猛。

⑤ 未经常反转板牙架断屑,造成排屑不畅。

（2）工件报废的主要原因

① 板牙端面与圆杆轴线不垂直。

② 板牙架转速过快,板牙磨钝或有积屑瘤。

③ 板牙转动不平稳,左右摇晃。

6.8　钳工实训案例

实训内容为手锤制作,手锤零件图如图 6-60 所示。

1. 准备工作

（1）下料:使用材料为 45 钢,毛坯大小如图 6-61 所示。

（2）使用设备:台虎钳、台钻。

（3）使用工具和量具:钳工锉、整形锉、高度尺、钢板尺、划针、钻头、丝锥、铰手、锯弓、锯条、样冲、游标卡尺、直角尺、刀口尺等。

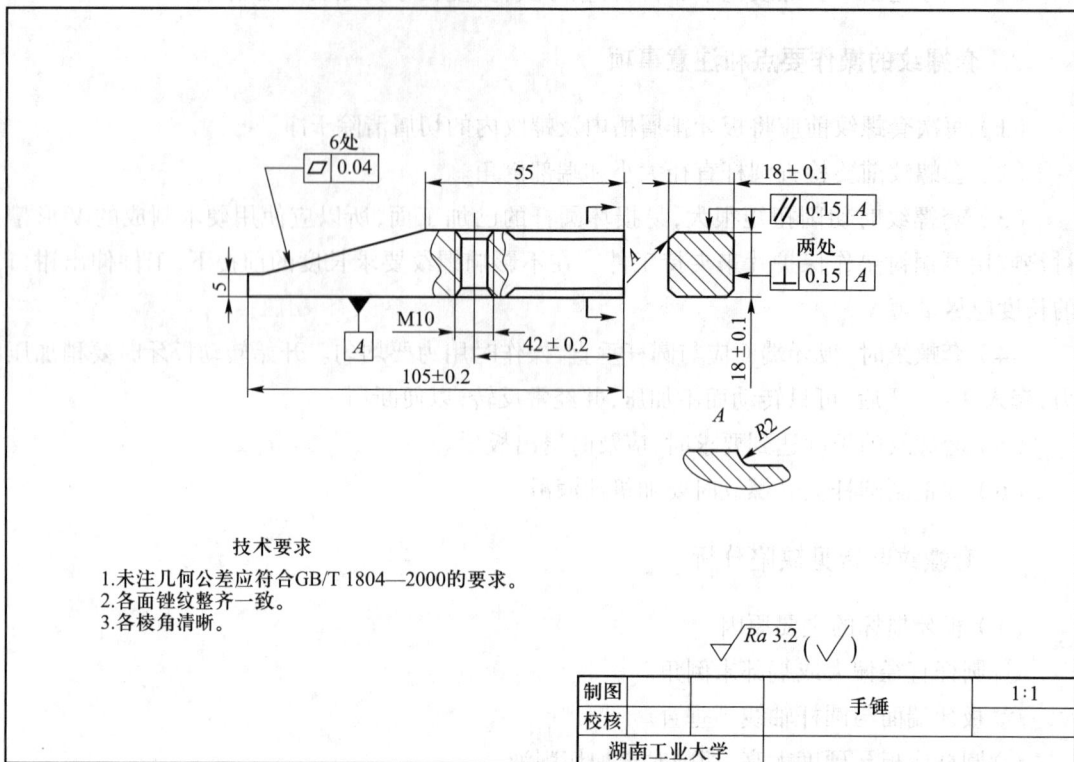

图 6-60　手锤零件图

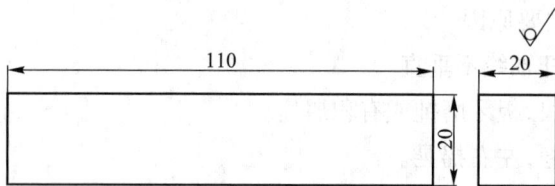

图 6-61　材料

2. 工艺分析

任何零件的加工方法都不是唯一的,有多种方法可以选择。为了便于加工,方便测量,保证加工质量,同时降低劳动强度,缩短加工周期,列举如下加工路线:检查毛坯→分别加工第一、二、三面→加工端面→锯斜面→加工第四面→加工总长→加工斜面→加工倒角→钻孔、攻螺纹→检查精度→锐角倒钝并去毛刺。加工的零件如图 6-62 所示。

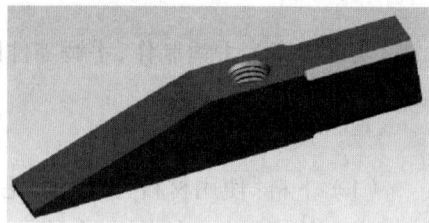

图 6-62　加工的零件

3. 具体加工步骤（参见图 6-63）

（1）检查毛坯尺寸大小、形状误差，确定加工余量。

（2）加工第一面，达到平面度 0.04 mm、粗糙度 Ra=3.2 μm 要求。

（3）加工第二面，达到垂直度 0.1 5 mm、平面度 0.04 mm、粗糙度 Ra=3.2 μm 要求。

（4）加工第三面，并保证尺寸（18 ± 0.1）mm、平行度 0.15 mm，同时达到垂直度 0.15 mm、平面度 0.04 mm、粗糙度 Ra=3.2 μm 要求。

（5）加工端面，达到粗糙度 Ra=3.2 μm 要求。

（6）以端面和第一面为基准划出锤头外形的加工界线，并用锯削方法去除余量。

（7）加工第四面，并保证尺寸（18 ± 0.1）mm、平行度 0.15 mm，同时达到垂直度 0.15 mm、平面度 0.04 mm、粗糙度 Ra=3.2 μm 要求。

（8）加工总长保证尺寸（105 ± 0.2）mm。

（9）加工斜面，并达到尺寸 55 mm、2 mm 要求，还要保证垂直度为 0.15 mm 和平面度为 0.04 mm 以及粗糙度 Ra=3.2 μm。

（10）按图样要求划出 4-2 × 45° 倒角和 4-$R2$ 的加工界线，先用圆锉加工出 $R2$，后用板锉加工出 2 × 45° 倒角，并连接圆滑。

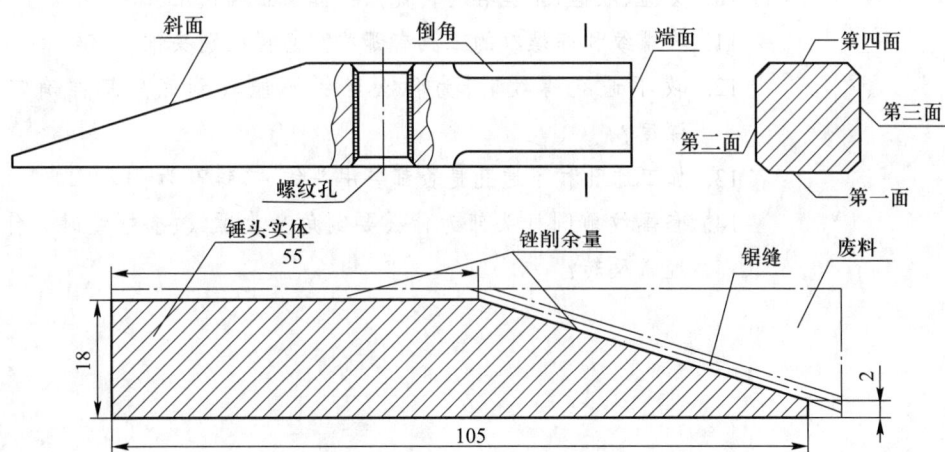

图 6-63　手锤加工示意图

（11）按图样要求划出螺纹孔的加工位置线（图 6-64），钻孔 ϕ8.5 mm，孔口倒角 1.5 × 45°，再攻螺纹 M10。

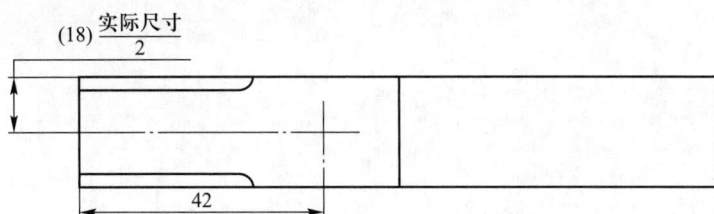

图 6-64　螺纹孔的加工位置

具体操作步骤如下。

① 划线敲样冲,检查样冲眼是否敲正。

② 钻 ϕ3 mm、深 2 mm 的定位孔,检查孔距是否达到要求。

③ 钻孔 ϕ8.5mm、孔口倒角 1.5×45°。

④ 攻螺纹 M10 螺纹孔。

(12)全部精度复检,做必要的修整锉削,去毛刺,将锐角倒钝。

思考和练习

1. 钳工的工作范围包括哪些? 基本操作包括哪些内容?

2. 钳工的常用设备有哪些? 使用时需注意什么?

3. 划线的作用是什么?

4. 划线工具有哪些? 各有何用途?

5. 何为划线基准? 如何选择划线基准?

6. 怎样选择和安装锯条?

7. 锯切棒料、管材和薄板时应如何装夹? 怎样操作?

8. 如何起锯?

9. 锉刀用什么材料制成? 分哪些种类?

10. 交锉、顺锉、推锉各有何优点? 如何正确使用?

11. 攻螺纹和套螺纹的工具有哪些? 怎样区别头锥、二锥?

12. 攻不通孔螺纹时,为什么丝锥不能攻到底? 怎样确定孔的深度?

13. 加工通孔和不通孔是否都要用头锥、二锥? 为什么?

14. 套螺纹前圆杆头部为什么要倒角? 攻螺纹、套螺纹时为什么要经常反转?

第7章

车 削 加 工

7.1 车削加工基础知识

7.1.1 车削加工定义

车削加工是金属切削加工中最基本的加工方法，是在车床上利用车刀对旋转的工件进行加工的一种方法，主要用于轴类、盘类和套类等具有回转表面的工件，也可用钻头、扩孔钻、铰刀、丝锥、滚花刀等进行相应的加工。车削加工表面的尺寸精度可以达到 IT11~IT6，表面粗糙度可以达到 $Ra12.5\sim0.8~\mu m$。车削的加工范围很广，其基本加工内容如图 7-1 所示。

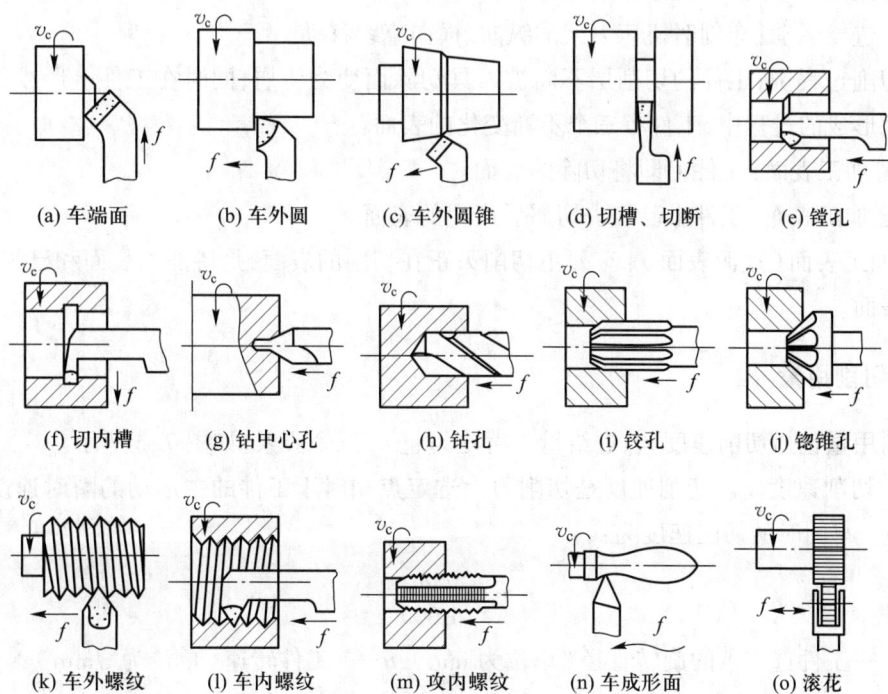

(a) 车端面　　(b) 车外圆　　(c) 车外圆锥　　(d) 切槽、切断　　(e) 镗孔

(f) 切内槽　　(g) 钻中心孔　　(h) 钻孔　　(i) 铰孔　　(j) 锪锥孔

(k) 车外螺纹　　(l) 车内螺纹　　(m) 攻内螺纹　　(n) 车成形面　　(o) 滚花

图 7-1　车削基本加工内容

7.1.2　切削运动与切削用量

1. 切削运动及其形成的表面

切削加工时,刀具相对工件有一定的相对运动,称为切削运动。按所起的作用不同,切削运动分为主运动和进给运动,图 7-2 表示了车削运动及工件上形成的表面。

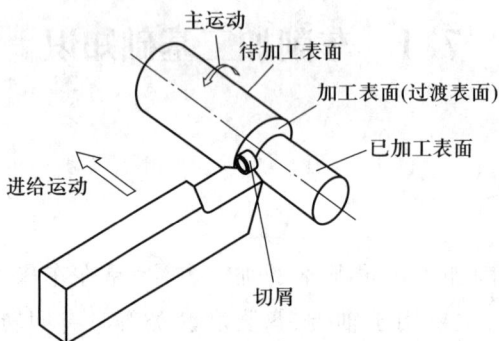

图 7-2　切削运动

切削运动:

(1)主运动:车削时机床主轴的回转运动,即工件的旋转运动。

(2)进给运动:车削时机床刀架的纵向、横向直线移动。

在切削过程中,工件的切削层不断被刀具切除而变为切屑,同时在工件上形成新表面。在新表面形成的过程中,工件有三个不断变化的表面:

① 待加工表面:工件上即将切除的表面。

② 已加工表面:工件上已切去切屑后产生的表面。

③ 加工表面(过渡表面):车刀主切削刃正在切削的表面,是待加工表面和已加工表面的连接表面。

2. 切削用量

切削用量包括切削速度 v_c、进给量 f、背吃刀量 a_p 三个要素,如图 7-3 所示。

(1)切削速度 v_c。切削速度是切削刃上选定点相对于工件的主运动的瞬时速度,单位为 m/min。车削时的切削速度为:

$$v_c = \frac{\pi dn}{1\,000} \tag{7.1}$$

式中:d——工件选定点的旋转直径(单位为 mm);n——工件转速(单位为 r/min)。

(2)进给量 f。进给量是刀具在进给运动方向上相对工件的位移量。在车削时,进给量为工件每回转一周车刀沿进给运动方向的相对位移,单位为 mm/r。

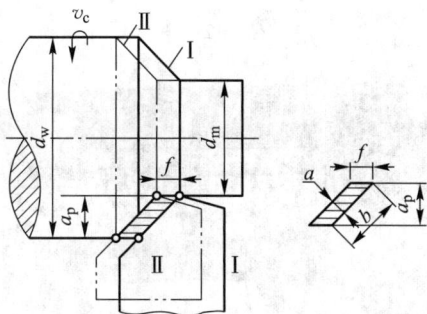

图 7-3　切削用量

（3）背吃刀量 a_p（切削深度）。背吃刀量为工件上已加工表面和待加工表面之间的垂直距离，单位为 mm。车削外圆柱表面时 a_p 的计算公式为

$$a_p = \frac{d_w - d_m}{2} \tag{7.2}$$

式中：d_w——待加工表面直径（单位为 mm）；d_m——已加工表面直径（单位为 mm）。

7.2　车削加工设备

7.2.1　普通车床

按车削加工的不同需要，车床的分类标准很多，如可分为普通车床和数控车床，还可分为卧式车床、立式车床、仪表车床、转塔车床、仿形车床等。其中卧式车床是最常用、工艺范围很广的一种车床。

图 7-4 所示为 CDS6136 普通卧式车床。其中 C 为机床类代号，表示车床类机床；D 为机床结构特性代号，在型号中无统一的含义，只是在同类机床中起到区分机床结构和性能的作用，在这里代表大连生产；S 为机床通用特性代号，表示高速；6 为机床组代号，表示落地及卧式车床；1 为机床系代号，表示卧式车床系；36 为机床主要参数，表示工件最大回转直径的 1/10（即工件最大回转直径为 360 mm）。

组成车床的主要部件和作用如下：

（1）主轴箱。又称床头箱，其内部装有主轴和多组齿轮变速机构，变换箱外的变速手柄位置可获得不同的主轴转速。主轴为空心件，可装入棒料，主轴前端安装卡盘等夹具带动工件旋转，以实现主运动。

（2）变换齿轮箱。又称挂轮箱，是将主轴箱内的运动传给进给箱的机构。通过变换箱内齿数不同的齿轮，配合进给箱，可满足车削不同螺距的螺纹和机动进给的需要。

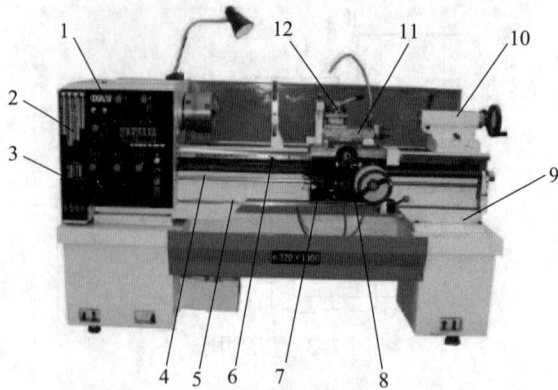

图 7-4   CDS6136 普通卧式车床

1—主轴箱；2—变换齿轮箱；3—进给箱；4—丝杆；5—光杆；6—床鞍；

7—中滑板；8—溜板箱；9—床身；10—尾座；11—小滑板；12—刀架

（3）进给箱。内部是齿轮变速机构，变换箱外的手柄可将变换齿轮箱传递来的运动变速后传递给光杆或丝杆，获得不同的进给量或螺距。

（4）丝杆、光杆。将进给箱的运动传递给溜板箱，车削螺纹时使用丝杆，实现机动进给时使用光杆。

（5）溜板箱。主要实现进给运动，将光杆、丝杆传来的运动分别传递给中滑板或床鞍（大滑板），带动上面的小滑板和刀架实现纵向、横向和合成进给运动。

（6）床身。用来支承和安装车床的各个部件，床身上有一组精密的导轨，是纵向进给和尾座移动的基准导轨面。

（7）尾座。安装在床身导轨上，可沿导轨作纵向移动调整位置。尾座套筒内可安装顶尖支承工件，也可安装钻头、铰刀等进行孔类加工。

（8）刀架。用来装夹刀具并带动车刀进行车削，最多可同时安装 4 把车刀。

7.2.2　车刀

1. 车刀材料

车刀是具有一个切削部分，用于车削加工的刀具。在切削过程中，车刀切削部分需要承受很大的切削力、较高的温度和剧烈摩擦，有时还受到强烈的冲击和振动。因此，车刀材料性能的优劣将是影响加工表面质量、切削效率、车刀寿命的基本因素，必须具备高硬度、高耐磨性、高耐热性、足够的强度与韧性和良好的工艺性。常用车刀材料主要有高速钢和硬质合金等。

（1）高速钢。高速钢是一种含有钨、铬、钒、钼等合金元素的高合金工具钢，其抗弯强度高，焊接与刃磨性能好，但耐热性差，适用于中、低速切削刀具和成形刀具。常用的高速钢牌号有 W18Cr4V、W6Mo5Cr4V2、9W18Cr4V 等。

（2）硬质合金。硬质合金是由硬度和熔点很高的金属碳化物（如 WC、TiC）微粉和金属黏结剂(如 Co、Mo、Ni),按一定比例混合经高压成形,并在 1 500℃左右的高温下烧结而成的。硬质合金的硬度、耐磨性、耐热性均高于工具钢,但其抗弯强度低、冲击韧性差,切削时不能承受大的振动和冲击负荷,适合高速切削刀具。硬质合金常用牌号如下:K 类(WC-Co 类硬质合金,YG 类)、P 类(WC-TiC-Co 类硬质合金,YT 类)、M 类(WC-TiC-TaC-Co 类硬质合金,YW 类)、TiC 基硬质合金(YN 类)。

(3)其他新型刀具材料。随着科学技术的发展不断研制出新型刀具材料,如陶瓷、金属陶瓷、金刚石、立方氮化硼等超硬材料和刀具材料的表面涂层,用于精加工和半精加工刀具,或对特殊材料进行加工的刀具,生产效率和加工质量都有很大提高。

2. 车刀类型

车刀的种类很多,按用途可分为外圆车刀、端面车刀、切断刀、内孔车刀、成形车刀、螺纹车刀等,如图 7-5 所示。按结构又可分为整体式、焊接式、机夹式和可转位式车刀,如图 7-6 所示。

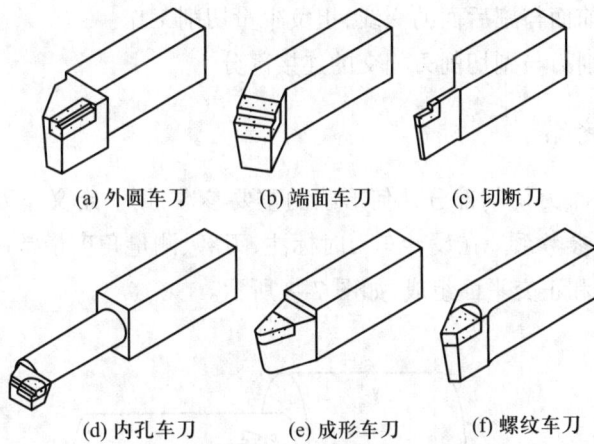

(a) 外圆车刀　　(b) 端面车刀　　(c) 切断刀

(d) 内孔车刀　　(e) 成形车刀　　(f) 螺纹车刀

图 7-5　车刀种类

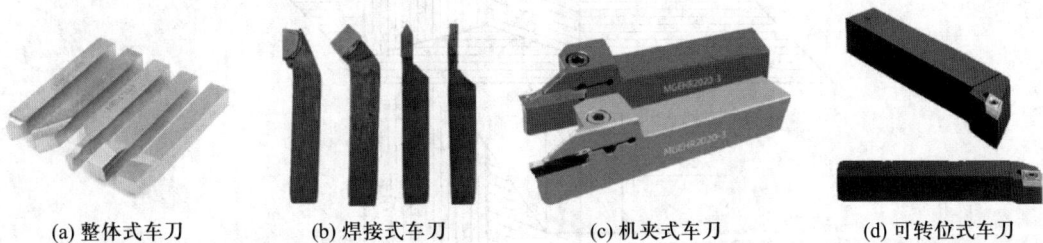

(a) 整体式车刀　　(b) 焊接式车刀　　(c) 机夹式车刀　　(d) 可转位式车刀

图 7-6　车刀结构

3. 车刀组成

车刀由刀头和刀柄两部分组成。刀柄主要用于安装夹持,刀头在切削时直接接触工件,具有一定的几何形状,由前面、主后面、副后面、主切削刃、副切削刃、刀尖等组成,如图 7-7 所示。

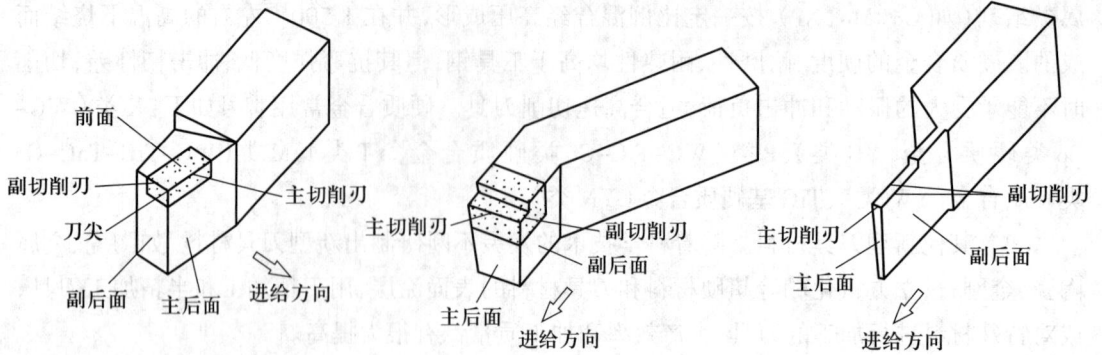

图 7-7   车刀的组成

（1）前面（前刀面）：切削时刀具上排出切屑的表面。

（2）主后面（主后刀面）：切削时刀头与工件过渡表面相对的表面。

（3）副后面（副后刀面）：切削时刀头与工件已加工表面相对的表面。

（4）主切削刃：前面与主后面的交线，担负主要切削工作。

（5）副切削刃：前面与副后面的交线，担负少量切削工作。

（6）刀尖：主切削刃与副切削刃相交的连接部分。

4. 车刀角度参考系

车刀角度是确定车刀切削部分几何形状的重要参数，用于定义车刀角度的几个基准坐标平面称为车刀角度参考系。在设计车刀时标注、刃磨、测量角度最常用的是正交平面参考系，由基面、切削平面和正交平面组成，如图 7-8 所示。

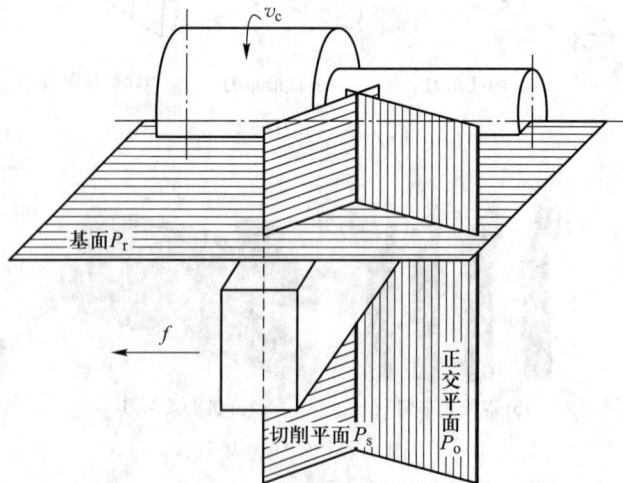

图 7-8   正交平面参考系

（1）基面 P_r：过切削刃上选定点，垂直于假定主运动方向的平面。车刀基面即平行于车刀底面的平面。

（2）切削平面 P_s：过切削刃上选定点，与切削刃相切并垂直于基面的平面。

（3）正交平面 P_o：过切削刃上选定点，并同时垂直于切削平面与基面的平面。

5. 车刀几何角度

车刀角度是表达车刀表面空间方位的参数，车刀的主要几何角度如图 7-9 所示。

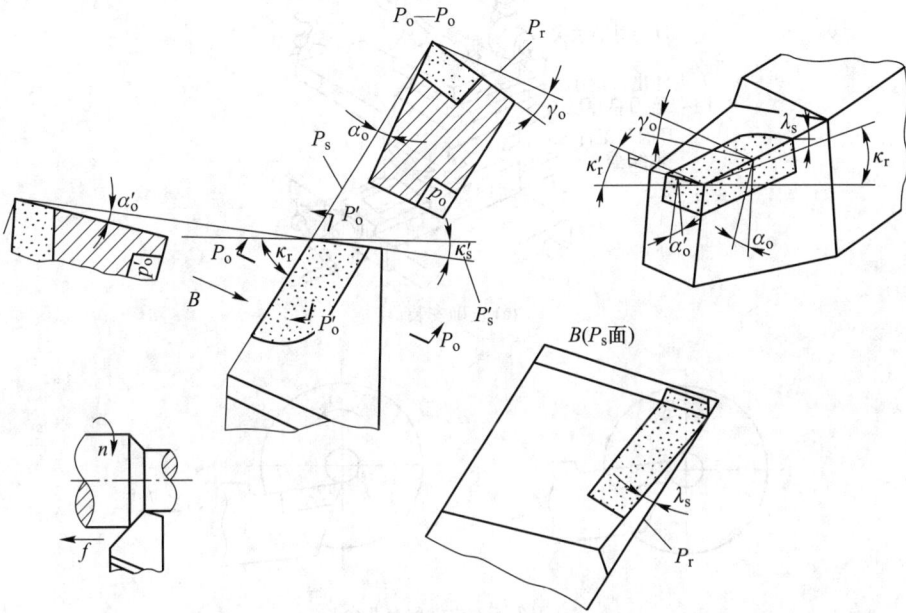

图 7-9　车刀几何角度

（1）前角 γ_o：在正交平面内测量的前面与基面的夹角。

（2）后角 α_o：在正交平面内测量的后面与切削平面的夹角。

（3）主偏角 κ_r：在基面内测量的主切削刃与假定进给方向的夹角。

（4）副偏角 κ'_r：在基面内测量的副切削刃与假定进给反方向的夹角。

（5）刃倾角 λ_s：在切削平面内测量的切削刃与基面的夹角。

6. 车刀的安装

设计或刃磨好的车刀应正确安装在车床刀架上，如果安装不正确会影响到工件的加工精度和能否正常切削，也会改变车刀应有的角度。安装车刀应注意以下几点：

（1）如图 7-10（a）所示，车刀刀头伸出刀架的距离不能太长，应尽可能短，以增强刚性，伸出长度不超过刀柄厚度的 1～2 倍。安装车刀时刀柄应与工件轴线垂直或平行，否则车刀角度改变会影响切削。

（2）车刀刀尖应与工件回转中心等高，刀尖安装过高或过低都将改变车刀的角度而影响切削。刀尖过高，车刀工作后角减小，增加后面与工件的摩擦面积；刀尖过低，车刀工作前角减小，切削阻力增加，切削不顺利，如图 7-11 所示。调整刀尖高度时，可利用机床导轨到主轴中心的高度,用直尺测量刀尖或使刀尖与机床尾座顶尖对齐,还可试切工件端面,如刀尖不对中,在端面中心处会留有凸台,如图 7-10(b)所示。

（3）调整车刀高低时可在刀柄底面放入垫片,垫片数量不超过 3 片,放置要平整,垫片应与刀架边缘对齐,车刀位置装正后使用两个刀架螺钉交替拧紧。

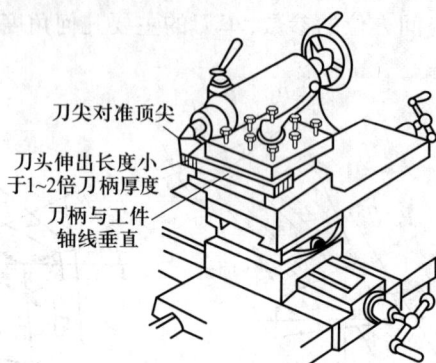

刀尖对准顶尖

刀头伸出长度小于1~2倍刀柄厚度

刀柄与工件轴线垂直

(a) 正确安装

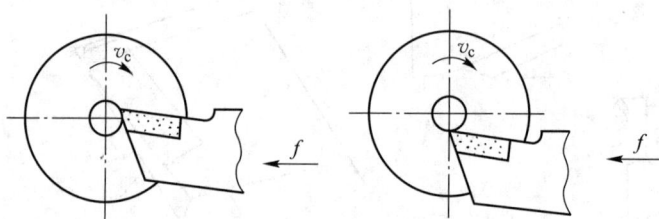

(b) 刀尖不对中, 留有凸台

图 7-10   车刀的安装

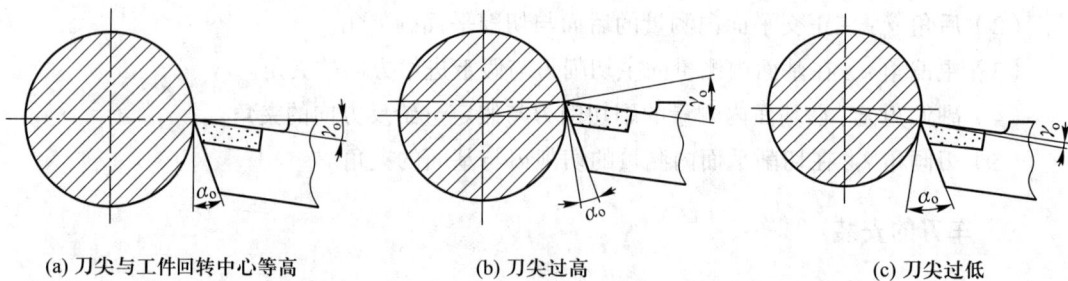

(a) 刀尖与工件回转中心等高   (b) 刀尖过高   (c) 刀尖过低

图 7-11   车刀刀尖的不同高度导致车刀角度的变化

7.2.3   车床附件与工件安装

安装工件时为了使车床主轴轴线与工件保持相对确定的位置,并且在加工过程中仍能保持工件定位的稳定性和可靠性,通常会使用车床附件(也称夹具),用来支撑和装夹工件。

1. 三爪卡盘

三爪卡盘是车床上最常用的附件,其构造如图 7-12(a)所示。利用卡盘扳手通过方孔转动小锥齿轮,与其相啮合的大锥齿轮(背面有平面螺纹)随之旋转,带动卡盘体上的三个活动卡爪沿着三条径向 T 形槽同时向中心移动,起到自定心装夹工件的作用;扳手反转,卡爪即退出。三爪卡盘的自行对中精度为 0.05 ~ 0.15 mm。将三个卡爪换成三个反爪,可用来安装直径较大的工件,如图 7-12(b)所示。三爪卡盘装夹方便迅速,但夹紧力小,定位精度不高,只能装夹形状比较规则的中小型轴类、盘套类零件。

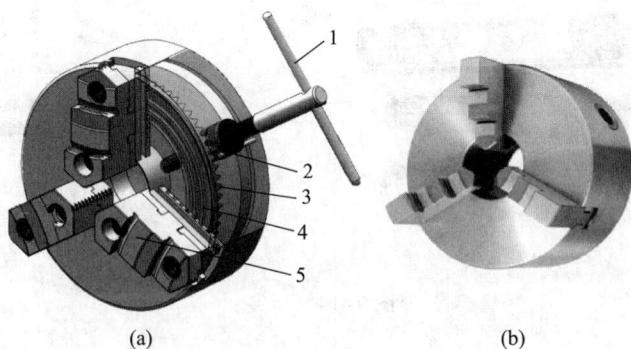

图 7-12　三爪卡盘
1—卡盘扳手；2—小锥齿轮；3—大锥齿轮；4—平面螺纹槽；5—卡爪

2. 四爪卡盘

四爪卡盘的形状结构如图 7-13(a)所示。它的四个卡爪是由螺杆分别带动的,因此每个卡爪可以单独移动调整,夹紧力更大,加工范围更广,除了圆形工件,还可装夹偏心或形状不规则的工件。用四爪卡盘安装工件时,一般用划针盘按工件内外圆表面或预先划出的加工线找正 [图 7-13(b)],定位精度为 0.2 ~ 0.5 mm,也可用百分表按工件的精加工表面找正 [图 7-13(c)],精度可达 0.01 ~ 0.02 mm。四爪卡盘的安装精度比三爪卡盘高。

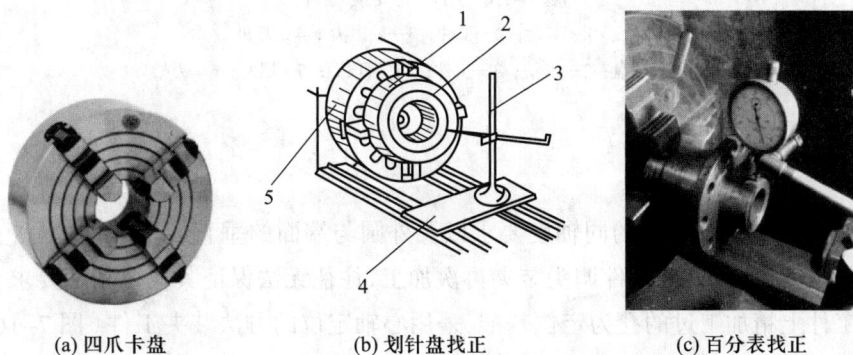

(a) 四爪卡盘　　　(b) 划针盘找正　　　(c) 百分表找正
图 7-13　四爪卡盘装夹工件
1—工件；2—孔的加工界线；3—划针盘；4—木板；5—四爪卡盘

3. 顶尖

当加工长径比值较大或工序较多的工件时,往往用顶尖(图 7-14)来安装工件。当工件较重或进行粗加工时,采用"一夹一顶"法安装工件,工件的一端用卡盘夹紧,另一端用后顶尖支顶,如图 7-15(a)所示;对同轴度要求比较高且需要调头加工时,可采用"双顶尖"法安装工件,前顶尖装在主轴孔内随主轴一起旋转,后顶尖装在尾座套筒内,工件两端预先钻好中心孔,由前后两顶尖支持和定位,并通过拨盘和卡箍随主轴一起旋转,如图 7-15(b)所示。用"双顶尖"法安装工件轴向定位准确,能承受较大的轴向切削力,加工安全可靠。

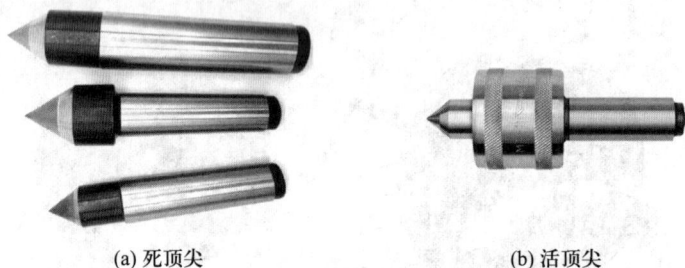

(a) 死顶尖　　　　　　　　　　　　(b) 活顶尖

图 7-14　顶尖

(a) 一夹一顶　　　　　　　　　　　　(b) 双顶尖

图 7-15　用顶尖安装工件

(a) 1—卡盘;2—工件;3—后顶尖;4—刀架

(b) 1—拨盘;2—卡箍;3—工件;4—后顶尖;5—尾座;6—刀架

4. 心轴

盘套类零件因外圆和孔的同轴度要求以及外圆与端面的垂直度要求,要尽量在一次装夹中全部加工完成,如果将零件调头装夹再次加工,往往无法保证其位置精度要求。因此一般可利用工件上精加工过的孔为定位基准,采用心轴定位的方法装夹工件(图 7-16)。常用的心轴有圆柱心轴和圆锥心轴。

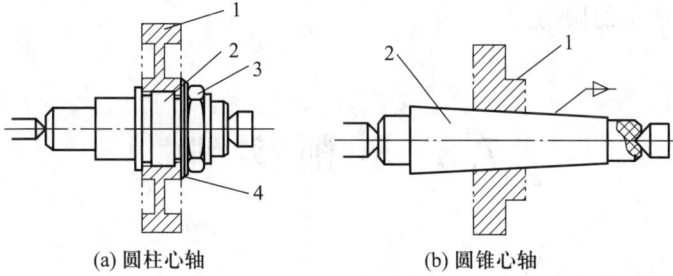

(a) 圆柱心轴　　　　　　　(b) 圆锥心轴

图 7-16　心轴装夹工件

1—工件；2—心轴；3—螺母；4—垫圈

5. 中心架和跟刀架

当加工长径比值大于 25（$L/D>25$）的细长轴时，由于工件的刚性减小，为防止工件因自重下垂、高速旋转时受到离心力、车削时受到切削力的作用而产生弯曲变形，常采用中心架和跟刀架辅助支承工件，如图 7-17 所示。中心架固定在床身导轨上使用，在一道工序中一般不做位置调节，只用于工件的刚性支承，主要用于加工有台阶或需要调头车削的细长轴以及加工端面和内孔。对不适宜调头车削的细长轴则可用跟刀架支承进行车削，跟刀架固定在溜板箱大滑板侧面上，随刀架纵向移动，以增加工件的刚性。

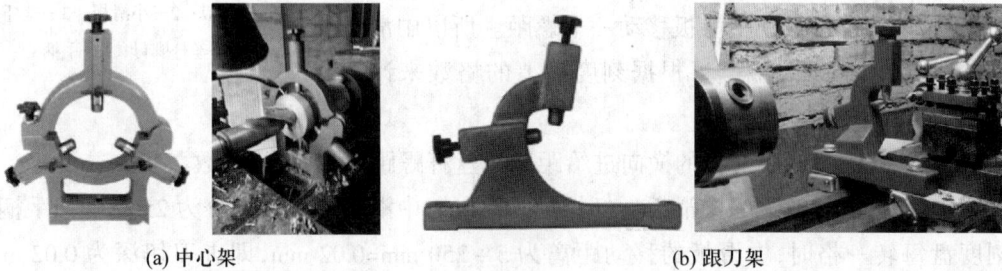

(a) 中心架　　　　　　　　(b) 跟刀架

图 7-17　中心架和跟刀架的应用

6. 花盘

花盘及其安装结构如图 7-18 所示。当工件形状不规则无法使用卡盘装夹时，为保证工件端面与基准面的平行度要求，或外圆、孔的轴线与基准面的垂直度要求，可在花盘上安装工件。花盘的工作平面上布置有若干条径向排列的安装槽，可使用压板、螺栓或弯板协助工件紧固在花盘平面上。由于用花盘安装工件时安装重心偏向一侧，要在工件另一侧加上平衡

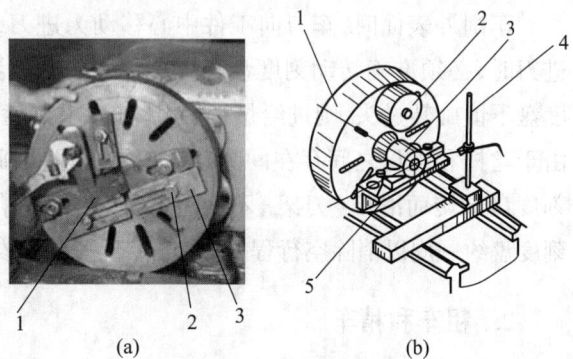

(a)　　　　　　　　　　(b)

图 7-18　花盘装夹工件

（a）1—工件；2—螺栓；3—压板

（b）1—花盘；2—平衡块；3—工件；4—划针盘；5—弯板

块,以减少转动时产生的振动。

7.3 车 削 实 训

7.3.1 车床操作要点

1. 刻度盘的原理和应用

车削时,为了迅速正确掌握车刀的背吃刀量(切削深度,简称切深),通常要利用大滑板、中滑板和小滑板的刻度盘。中滑板的刻度盘用来控制车刀的横向进给量,大滑板、小滑板的刻度盘用来控制车刀的纵向进给量(即工件长度方向的尺寸)。这三种刻度盘的工作原理一致,现以中滑板刻度盘为例进行说明(图7-19)。

中滑板的刻度盘安装在中滑板的丝杆轴上,丝杆螺母固定在中滑板上,当手柄带动刻度盘旋转一周时,丝杆也旋转一周,此时丝杆螺母带动中滑板移动一个螺距。所以中滑板的横向进给距离(即切深)可根据刻度盘上的格数来计算如下:

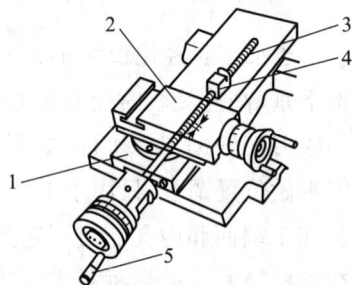

图 7-19　中滑板刻度盘
1—中滑板;2—小滑板;3—丝杆;
4—丝杆螺母;5—手柄

刻度盘每转一格,中滑板的横向进给距离 = 丝杆螺距 ÷ 刻度盘格数

例如:CDS6136 车床的中滑板丝杆螺距为 5 mm,中滑板刻度盘等分为 250 格,当手柄带动刻度盘每转一格时,中滑板的移动距离为 5 ÷ 250 mm=0.02 mm,即进刀切深为 0.02 mm。由于工件是旋转的,所以工件上被切下的部分是车刀切深的两倍,也就是工件直径减小了 0.04 mm。

车削外表面时,车刀向工件中心移动为进刀,反之为退刀,而车削内表面时则与之相反。进刀时,必须准确转动刻度盘至所需读数。刻度盘的正确使用方法如图7-20所示。如果刻度盘不慎旋转过头,则进给量过多,比如要求刻度盘格数转至30,但转到了40[图7-20(a)];由于丝杆和螺母之间存在间隙会产生空行程,因此刻度盘不可直接退回到所需读数30,否则刻度盘退转而滑板(刀架)不会后移,多余的进给量不能消除[图7-20(b)];应该反向旋转刻度盘约一周以消除空行程,然后再转至所需读数[图7-20(c)]。

2. 粗车和精车

为使零件加工既要保证加工质量又要保证生产效率,在工艺上把车削分为粗车和精车,工序中依照"先粗后精"的原则。粗车的目的是尽可能快速去除工件上多余的加工余量以提高效率,一般对产品尺寸和表面粗糙度要求不高,因此粗车时在保留半精车、精车余量（0.5 ~ 2 mm）的前提下,优先选用较大的背吃刀量和进给量,可相应选择较低的切削速度;精车的目的是切除工件表面的余量,保证工件的尺寸精度和加工精度等达到技术参数要求,一般精车的加工精度可达 IT8 ~ IT6,表面粗糙度可达 $Ra1.6 ~ 0.8\ \mu m$,因此应尽量选用较小的背吃刀量和进给量,而切削速度可以高一些。

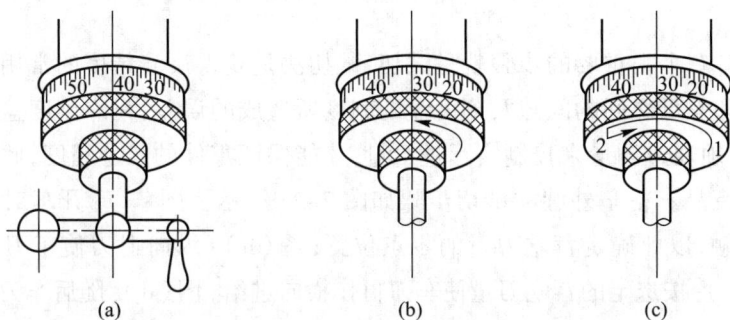

图 7-20　刻度盘的正确使用方法

7.3.2　车削基本工艺

1. 车端面

端面是零件轴向定位和测量的基准,车削加工中一般先将其车出。车削端面常采用 90° 右偏刀或 45° 弯头刀,如图 7-21 所示。右偏刀通常用来车削零件的外圆、端面和台阶,弯头刀除了可车端面外,还可车外圆、倒角。安装车刀时,刀尖应对准零件中心,刀尖过高或过低在端面中心处都会出现凸台,造成崩刃或使切削不利。

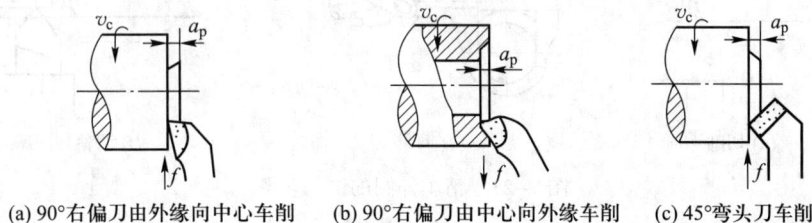

(a) 90°右偏刀由外缘向中心车削　　(b) 90°右偏刀由中心向外缘车削　　(c) 45°弯头刀车削

图 7-21　车端面

2. 车外圆

车外圆常用车刀如图 7-22 所示。直头刀和弯头刀可以车无台阶的光滑轴,90° 右偏刀可以车有台阶的外圆和细长轴。

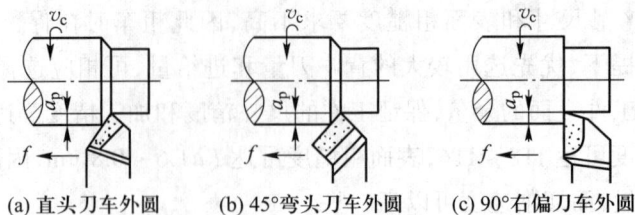

(a) 直头刀车外圆　　(b) 45°弯头刀车外圆　　(c) 90°右偏刀车外圆

图 7-22　车外圆

　　精车外圆时有个很重要的步骤就是试切,试切法是获得尺寸精度的常用方法。为了避免中滑板丝杆和螺母之间的间隙及刻度盘的刻度所造成的误差,只靠刻度盘来确定背吃刀量是不行的,必须通过测量来控制实际进给量,才能保证零件的尺寸精度,此外也可防止进错刻度而造成废品。精车外圆的试切步骤如图 7-23 所示。图(a):开车对刀使刀尖与工件表面轻轻接触,以此确定背吃刀量的零点位置;图(b):纵向退刀使车刀退出工件端面 2～5 mm;图(c):按选定的背吃刀量使车刀再作横向进给;图(d):随后车刀切削至工件长度 1～3 mm 处,再次纵向快速退刀;图(e):停车测量工件;图(f):根据测量结果相应调整背吃刀量,直至试切削量达到要求。

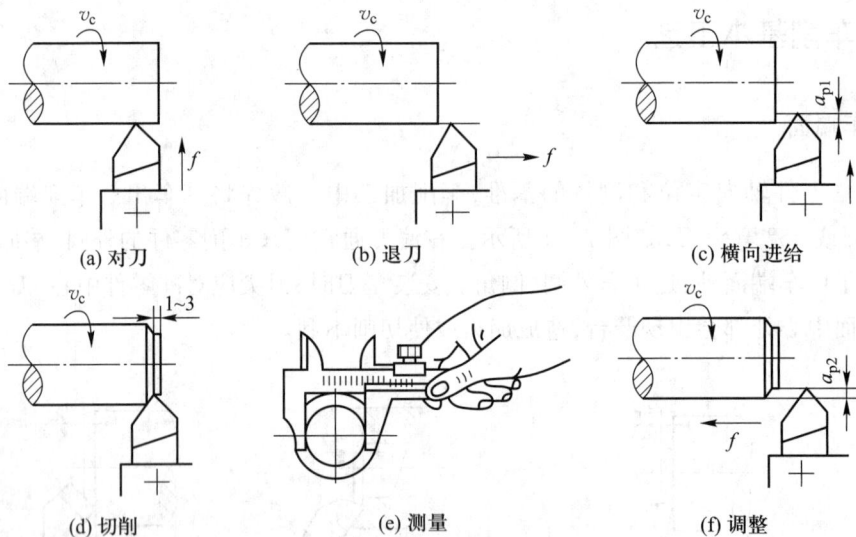

(a) 对刀　　(b) 退刀　　(c) 横向进给
(d) 切削　　(e) 测量　　(f) 调整

图 7-23　精车外圆的试切步骤

3. 车台阶

　　车削台阶工件就是车削外圆和平面的组合,它的技术要求包括各外圆之间的同轴度、外圆和台阶平面的垂直度、台阶平面的平面度、外圆和台阶平面相交处的倒角等。车削台阶常用 90° 外圆偏刀,一般分粗车、精车两种工艺。粗车时根据尺寸标注基准留精车余量;精车时,当精车外圆至近台阶处时停止自动进给,改为手动进给,当车削至台阶平面时,车刀由纵向进给变为横向进给,由内向外慢慢精车台阶平面,以保证台阶平面和外圆的垂直度,如图

7-24 所示。

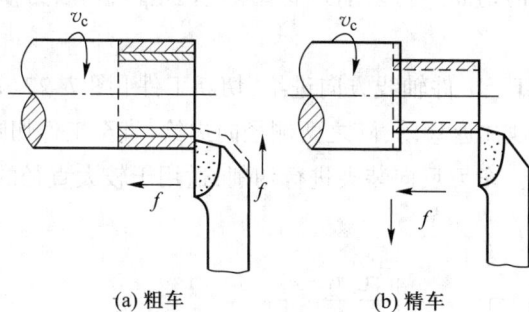

(a) 粗车   (b) 精车

图 7-24   车台阶

控制台阶长度尺寸的方法有三种：刻线法、挡铁控制法和利用溜板箱刻度盘控制法，如图 7-25 所示。

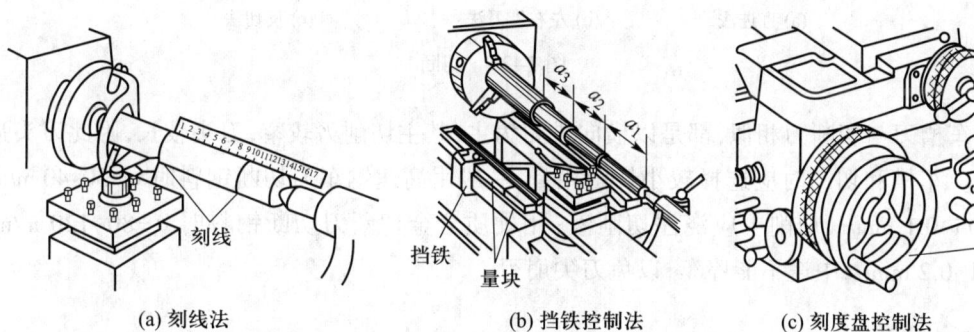

(a) 刻线法   (b) 挡铁控制法   (c) 刻度盘控制法

图 7-25   控制台阶长度尺寸的方法

4. 车槽和切断

（1）车槽：当工件外表面有退刀槽、砂轮超程槽等沟槽时，需使用车槽刀进行加工。车外沟槽的方法如图 7-26 所示。

精度不高且宽度较窄的矩形槽采用直进法一次进给车削出 [图 7-26（a）]；精度要求较高的矩形槽采用两次进给车削 [图 7-26（b）]；宽矩形沟槽（宽槽）采用多次直进法，最后精车至尺寸精度要求 [图 7-26（c）]。

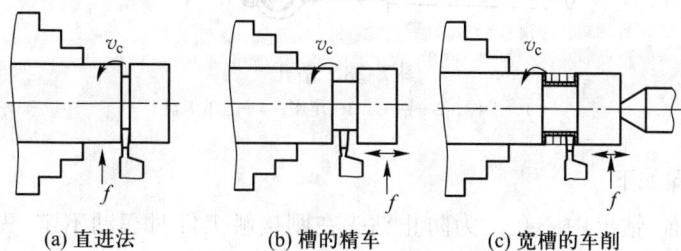

(a) 直进法   (b) 槽的精车   (c) 宽槽的车削

图 7-26   车外沟槽

（2）切断：切断是工件旋转时切断刀将工件切成数段或将已加工好的工件从毛坯上切除的工艺。一般采用正向切断进行切削（即车床主轴正转，切断刀横向进给）。工件切断的方法如图7-27所示。

直进法：切断刀垂直于工件轴线方向进给，切断工件 [图7-27（a）]；左右借刀法：切断刀在工件轴线方向反复地往返移动，随之两侧径向进给，直至工件切断 [图7-27（b）]；反切法：车床主轴与工件反转、车刀反向装夹进行切削，适用于较大直径的工件 [图7-27（c）]。

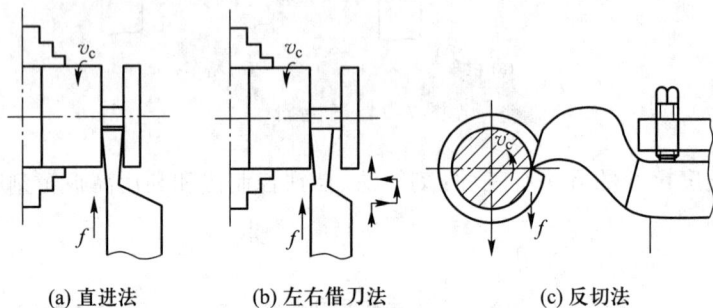

(a) 直进法　　　　(b) 左右借刀法　　　　(c) 反切法

图 7-27　切断

车槽刀与切断刀相似，都是以横向进刀为主，其主切削刃较窄，刀头较长，因此刀头强度较差。车槽和切断时应选择较小切削用量，一般用高速钢车刀切断钢料时 v_c=30~40 m/min、f=0.05~0.1 mm/r，切削中应浇注切削液；用硬质合金切断刀切断钢料时 v_c=80~120 m/min、f=0.1~0.2 mm/r，中途不能停车，以免刀尖崩刃。

5. 钻孔

在车床上钻孔时，麻花钻头的锥柄安装在尾座套筒锥孔中，转动尾座的手柄使钻头沿工件轴线进给，从而钻削出圆柱形孔。钻孔时，工件旋转运动为主运动，钻头的纵向移动为进给运动，如图7-28所示。

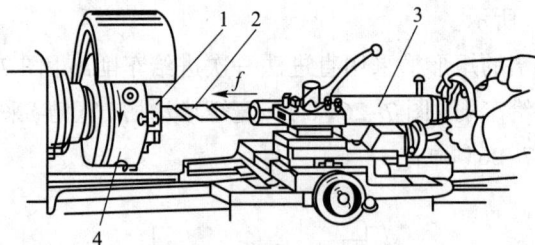

图 7-28　钻孔
1—工件；2—钻头；3—尾座；4—三爪卡盘

钻孔操作步骤如下：

（1）车平端面，钻出中心孔。为防止钻头在刚接触工件时摆动不定，先车平零件端面，并用中心钻钻出中心孔作为引导孔。

（2）装夹钻头。锥柄钻头直接装在尾座套筒锥孔中,直柄钻头用钻夹头夹持。

（3）调整尾座位置。移动尾座使钻头能进给至所需长度,为防止振动,应使套筒伸出长度尽量短,然后锁紧尾座。

（4）开车钻削。钻削时速度不宜过高,以免钻头剧烈磨损,通常取 v_c=0.3~0.6 m/s。开始钻削时宜缓慢进给,以使钻头准确地钻入工件,然后再加大进给。将要钻通时应降低进给速度,以防折断钻头。孔钻通后先退出钻头再停车。钻削过程中需经常退出钻头,进行排屑和冷却。钻削钢料时需浇注切削液。

6. 车削圆锥面

车削圆锥面的方法有小刀架转位法、偏移尾座法、仿形法和宽刀法,教学中常采用小刀架转位法来介绍如何加工圆锥面,如图 7-29 所示。

根据被加工零件的给定条件,计算圆锥半角:

$$\tan\frac{\alpha}{2}=\frac{c}{2}=\frac{D-d}{2L} \tag{7.3}$$

式中,$\frac{\alpha}{2}$——圆锥半角;c——锥度;D——圆锥大端直径（单位为 mm）;d——圆锥小端直径（单位为 mm）;L——锥体长度（单位为 mm）。

用扳手将小滑板转盘的螺母松开,把转盘按工件的圆锥半角 $\frac{\alpha}{2}$ 顺时针或逆时针转动一个相应的角度,使车刀的运动轨迹与圆锥素线相平行即可,再紧固转盘上的螺母,用手缓慢均匀地转动小滑板手柄,使车刀沿着锥面母线移动,即可车出所需要的圆锥面。

小刀架转位法调整、操作简单,能车削整体圆锥和圆锥孔,可以加工锥角较大的工件,但该方法受小滑板行程限制,只能加工锥面不长的工件,而且因为操作中采用手动进给,劳动强度较大,工件的表面粗糙度难以控制。

车削要求较高的圆锥面时,要用圆锥量规进行涂色法检验,以接触面大小评定其精度。

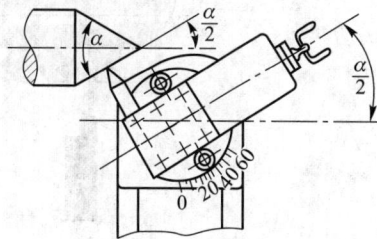

图 7-29　小刀架转位法

7. 车螺纹

螺纹按牙型分为三角螺纹、梯形螺纹、方牙螺纹等,按标准分为公制和英制螺纹。将工件表面车削成螺纹的方法称为车螺纹,此方法可加工各种类型和直径的螺纹。因公制三角螺纹应用最广,现以车削公制三角螺纹为例加以说明。

牙型角、中径、螺距称为螺纹三要素。加工三角螺纹的基本要求是:螺纹轴向剖面牙型角必须正确,两侧面表面粗糙度值要小;中径尺寸符合精度要求;螺纹与工件轴线保持同轴。

（1）三角螺纹车刀刃磨和安装

为了获得螺纹正确的牙型,必须正确刃磨螺纹车刀和装刀。螺纹车刀属于成形刀具,必须保证车刀的形状,否则会影响加工质量。

刃磨时螺纹车刀的刀尖角要与螺纹牙型角(公制螺纹为 60°)保持一致。当螺纹精度要求高时,车刀的径向前角可取 0°~5°,要求不高时可取 5°~15°,可使车削更顺利。车刀的两个后角因为螺纹升角 ψ 的影响,应磨成不同角度。螺纹车刀刃磨是否正确,可用角度样板采用透光法来检验,如图 7-30 所示。

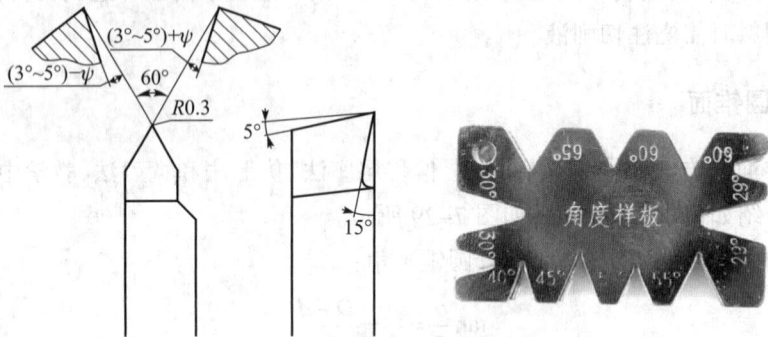

图 7-30   三角螺纹车刀和角度样板

装刀时应使刀尖与工件轴线等高,否则会影响螺纹的截面形状,并且刀尖的对称中心线要与工件轴线严格保持垂直。装刀时可用对刀样板来对刀,如果把车刀装歪,车削出的牙型将不正确,如图 7-31 所示。

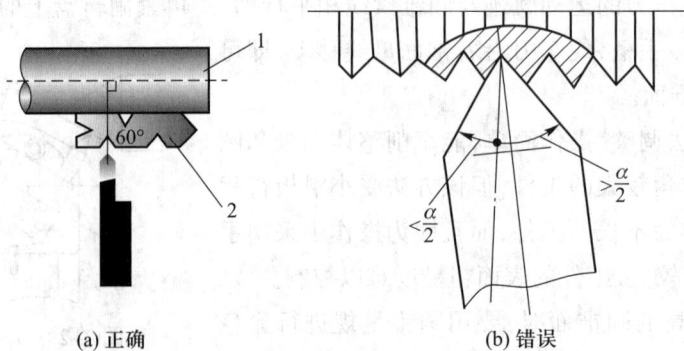

(a) 正确   (b) 错误

图 7-31   三角螺纹车刀的安装
1—工件;2—对刀样板

(2)三角螺纹的车削方法

普通螺纹可用高速钢螺纹车刀,用直进法、左右切削法、斜进法(图 7-32)进行加工,采用低速切削速度和多次进给行程。直进法是用中滑板横向进刀,两切削刃和刀尖同时参加切削,操作方便,能保证螺纹牙型精度,但车刀受力大、散热差、排屑难,刀尖易磨损,适用于车削小螺距螺纹、脆性材料或精车螺纹。教学训练中多采用此种方法车削螺纹。

车削螺纹时为了获得所需螺距,可从进给箱的铭牌中找出相应的手柄位置参数,并把手柄拨到所需位置(有些还需要调整变换齿轮箱)。由于车削螺纹往往需要经过多次进给和走刀才能完成,必须保证车刀每次走刀都能对准已车削出的螺旋槽,否则会发生"乱牙"现象,已车削出的螺纹就会被车坏而成为废品。为了保证螺距的精度,应使用丝杆与开合螺母的传动来完成刀架的进给运动。

(a) 直进法　　　　　(b) 左右切削法　　　　　(c) 斜进法

图 7-32　三角螺纹的车削方法

车削外螺纹的加工步骤如图 7-33 所示。

图(a):开车对刀,向右退出车刀,中滑板刻度盘调到零位;图(b):车刀径向进给 0.05 mm,合上开合螺母,在零件表面上试车出一条螺旋线,至退刀槽内横向退刀;图(c):提起开合螺母或反车,使车刀退至起点处停车,用钢直尺检查螺距是否正确;图(d):加深背吃刀量,继续车削;图(e):至退刀槽处快速退刀后,反车退回刀架;图(f):再次横向切入,多次切削,直到用量规检测螺纹合格为止。

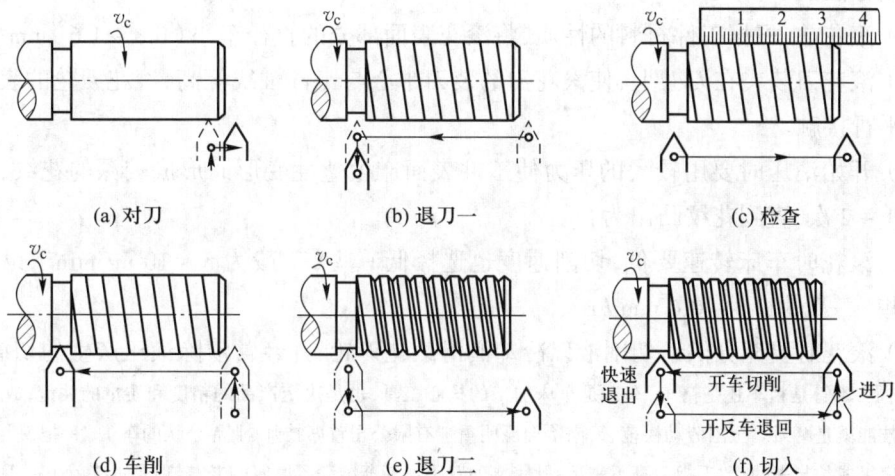

(a) 对刀　　　　　　(b) 退刀一　　　　　　(c) 检查

(d) 车削　　　　　　(e) 退刀二　　　　　　(f) 切入

图 7-33　车削外螺纹的加工步骤

通常使用螺纹环规(图 7-34)检测螺纹尺寸的正确性。螺纹环规分为通规和止规两种,检验时通规能与外螺纹旋合通过,而止规只与外螺纹部分旋合,旋合量不超过 2 个螺距,如果止规旋进,表明螺纹中径尺寸过小。

图 7-34　螺纹环规

8. 滚花

扳手的手柄、车床的刻度盘、千分尺的微分筒等一些工具和机床零件的表面,往往有各种不同的花纹。这些花纹是在车床上用滚花刀滚压出来的,目的是增加零件表面的摩擦力,使零件表面美观,如图 7-35 所示。滚花花纹有直纹和网纹两种,而且有粗细之分,并用模数 m 区分。滚花花纹的粗细可根据工件直径和宽度大小来选择,直径和宽度大的工件选择较粗花纹,反之选择较细花纹。

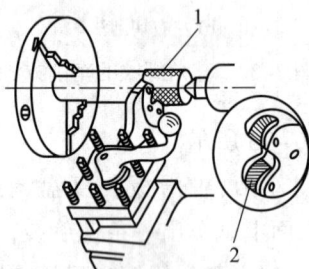

图 7-35　滚花
1—网纹滚花刀；2—直纹滚花刀

滚花方法如下:

(1) 滚花前,根据工件材料的性质,将滚花表面部分的直径车小(0.8 ~ 1.6)mm。

(2) 滚花刀装夹在刀架上,使滚花刀的装刀中心与工件轴线等高,滚花刀轮的表面与工件表面平行接触。

(3) 开始滚压时要用较大的压力使工件表面产生塑性变形而形成较深的花纹,这样来回滚压 1 ~ 2 次,直到花纹凸出为止。

(4) 滚花时车床转速要低,切削速度也选择低一些(一般为 5 ~ 10 m/ min),纵向进给量大一些(一般为 0.3 ~ 0.6 mm / r)。

(5) 滚花时要充分供给切削液以冷却润滑滚花刀轮,并经常清除滚压产生的切屑。

事实上,不管是粗车还是精车,车刀是车床加工的核心工具,也是决定产品的精度和质量的关键,故车削加工最基础的技能就是磨刀。全国劳动模范、云南冶金昆明重工有限公司首席技师、业界公认的车工“一把刀”耿家盛就是从磨刀房里成长起来的,数千把刀磨下来后,耿家盛的双手也渐渐结满了厚厚的老茧,但是也练就了一手磨刀的绝活,车工“一把刀”和“云岭刀客”的名号也在业界叫响。作为新时代的大学生,我们应该学习前辈们脚踏实地,刻苦钻研技术的工匠精神,通过反复练习和思考,熟练掌握车削加工的基本要领,为将来走上工作岗位奠定基础。

7.3.3　车削综合训练案例

车削加工阶梯轴 1(图 7-36),工艺过程见表 7-1。

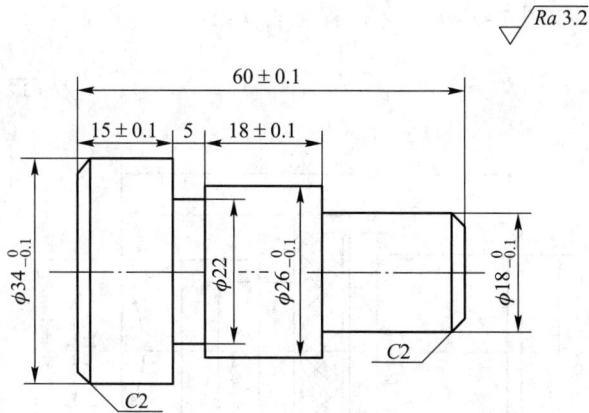

图 7-36　阶梯轴 1

表 7-1　车削加工阶梯轴 1 的工艺过程

机械加工工艺过程卡片		产品型号		零件图号			
		产品名称		零件名称	阶梯轴	共 1 页	第 1 页
材料牌号	45 钢	毛坯种类	棒料	毛坯外形尺寸	$\phi 35 \times 170$	备注	
工序	工步	工序内容		车间	设备	工艺装备	
10		车削		车工场地	普通车床		
	1	夹住坯料的外圆, 伸出长度为 75 mm, 车平端面				45° 车刀	
	2	车外圆 $\phi 34_{-0.1}^{0}$ mm, 长度 65 mm				90° 外圆车刀	
	3	车外圆 $\phi 26_{-0.1}^{0}$ mm, 长度 45 mm				90° 外圆车刀	
	4	车外圆 $\phi 18_{-0.1}^{0}$ mm, 长度 22 mm				90° 外圆车刀	
	5	车削 $5 \times \phi 22$ mm 凹槽, 保证长度 (18 ± 0.1) mm				切槽刀	
	6	倒角 C2				45° 车刀	
	7	切断, 保证长度 60.5 mm				切断刀	
	8	调头安装, 夹住 $\phi 26_{-0.1}^{0}$ mm 外圆, 找正, 车平端面, 保证总长 (60 ± 0.1) mm				90° 外圆车刀	
	9	倒角 C2				45° 车刀	
20		送检		车工场地		游标卡尺	

车削加工阶梯轴 2（图 7-37），工艺过程见表 7-2。

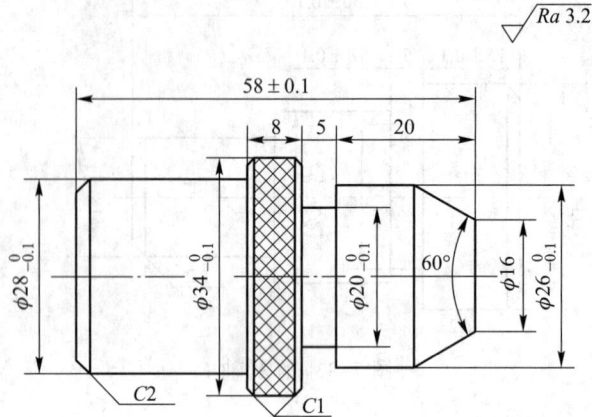

图 7-37　阶梯轴 2

表 7-2　车削加工阶梯轴 2 的工艺过程

机械加工工艺过程卡片		产品型号		零件图号			共 1 页	第 1 页
		产品名称		零件名称	阶梯轴			
材料牌号	45 钢	毛坯种类	棒料	毛坯外形尺寸	$\phi35 \times 170$		备注	
工序	工步	工序内容		车间	设备	工艺装备		
10		车削		车工场地	普通车床			
	1	夹住坯料的外圆，伸出长度为 75 mm，车平端面				45° 车刀		
	2	粗车外圆 $\phi34_{-0.1}^{0}$ mm，长度 63 mm				90° 外圆车刀		
	3	精车外圆 $\phi26_{-0.1}^{0}$ mm，长度 25 mm				90° 外圆车刀		
	4	精车锥角 60° 的外圆锥				90° 外圆车刀		
	5	车削 $5 \times \phi20_{-0.1}^{0}$ mm 凹槽				切槽刀		
	6	倒角 C1				45° 车刀		
	7	滚花 $\phi34_{-0.1}^{0}$ mm，长度 8 mm				滚花刀		
	8	切断，保证长度 58.5 mm				切断刀		
	9	调头安装，夹住 $\phi26_{-0.1}^{0}$ mm 外圆，找正精车外圆 $\phi28_{-0.1}^{0}$ mm				90° 外圆车刀		
	10	车平端面，保证总长（58±0.1）mm				45° 车刀		

续表

工序	工步	工序内容	车间	设备	工艺装备
	11	倒角 $C2$			45° 车刀
20		送检	车工场地		游标卡尺

7.4 车削安全操作规范

学生在学习和掌握车削操作技能的同时,要养成良好的安全文明生产习惯,必须遵守以下安全操作规范。

(1)实习时必须穿好工作服并扎紧袖口,留长发者要戴工作帽,并将头发全部塞入帽内。

(2)严禁戴手套,禁止穿背心、裙子、短裤、拖鞋、高跟鞋以及戴围巾进入实习场地。

(3)高速切削时要戴好防护镜,防止飞出的切屑损伤眼睛。

(4)开机前检查机床各部分是否完好,各手柄位置是否正确。检查注油孔,加润滑油进行润滑,主轴低速运转 1 ~ 2 min,查看运转是否正常,若有异响立即停机检查并报告。

(5)工件、刀具必须装夹牢固,卡盘扳手使用完毕必须及时取下,放在指定位置,防止开机时飞出伤人损物。

(6)量具、工具分类排列整齐,不允许在车床上堆放工具或其他杂物。

(7)在指定的车床上实训,多人共用一台车床时只允许一人操作,并相互注意安全。

(8)开机后不得离开机床,如要离开应停机关闭电源。不得在实习场地内奔跑和打闹,未经允许不得动用其他机床。

(9)机床运转时,注意身体和衣服不得靠近旋转的机床零部件(如工件、带轮、齿轮、丝杆等),身体不能靠在机床上。

(10)机床运转时,头部不得靠工件太近,不能用手触摸和测量旋转的或未停稳的工件或卡盘。

(11)操作机床手柄时,必须集中精神、动作协调、用力均匀,注意掌握好进刀和退刀方向,切忌搞混。

(12)机床运转时,主轴变速或刀架换刀时必须停机,以免发生设备和人身事故。

(13)棒料毛坯从主轴孔后端伸出不能太长,以防棒料振动伤人。

(14)操作中若出现异常情况,应立即停机检查。出现事故应立即切断电源,并及时报告老师。

(15)清理切屑时不准用手直接清除,应使用专用的钩子和刷子。

（16）下课后应仔细清理车床,关闭电源,清除切屑,整理工具、量具,润滑导轨,打扫场地,把大滑板摇至尾座一端。

思考和练习

1. 什么是车削加工? 车削的加工范围有哪些?
2. CDS6136 型普通车床的主要组成部件和各部件的功用是什么?
3. 常用刀具材料有哪几种? 刀具材料应具备哪些性能? 按刀具材料的基本要求,比较高速钢与硬质合金刀具的切削性能?
4. 车刀由哪几部分组成? 在车刀角度参考系内,车刀的主要角度有哪些?
5. 简述外圆车刀的安装要求。
6. 如何正确使用刻度盘?
7. 试分析孔将钻通时容易产生钻头不转或折断的现象。

第 8 章

铣 削 加 工

8.1 铣削加工概述

8.1.1 铣削加工定义

铣削加工是在铣床上利用旋转的铣刀切削被加工零件,同时被加工零件或者铣刀提供进给运动的加工方法,可实现平面、沟槽、成形表面等被加工面的高效生产。

8.1.2 铣削工艺参数及其选用原则

铣削工艺参数(即铣削用量)主要包括铣削速度 v_c、每分钟进给量 v_f、每齿进给量 a_f、铣削宽度 a_e、铣削深度 a_p,如图 8-1 所示。上述铣削工艺参数直接影响被加工表面的加工精度、表面质量和加工效率,因此,理解并合理选用铣削用量是精确而快速获得被加工表面的关键。

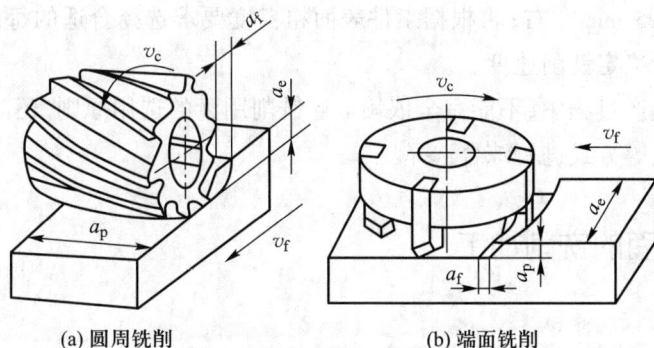

(a) 圆周铣削   (b) 端面铣削

图 8-1 铣削加工示意图

(1)铣削速度 v_c 铣削速度是指铣刀旋转时切削刃上某一点的线速度,单位为 m/min,通常选取离铣刀轴线位置最远的点表示铣削的线速度:

$$v_c = \pi d n / 1\,000 \tag{8.1}$$

式中 : d ——铣刀直径 (单位为 mm) ; n ——铣刀转速 (单位为 r/min) 。

（2）每分钟进给量 v_f 每分钟进给量是指被加工零件或者刀具沿着进给方向单位时间内移动的距离 , 单位为 mm/min , 可表示为 :

$$v_f = fn \tag{8.2}$$

式中 : f ——每转进给量 , 是指铣刀每转一圈被加工零件或者刀具沿着进给方向移动的距离（单位为 mm/r ） ; n ——铣刀转速 (单位为 r/min) 。

（3）每齿进给量 a_f 每齿进给量是指铣刀每转过一个齿数 , 被加工零件或者刀具沿着进给方向移动的距离 , 单位为 mm , 可表示为 :

$$a_f = f/Z \tag{8.3}$$

式中 : Z ——铣刀的齿数。

（4）铣削宽度 a_e 铣削宽度是指在垂直于铣刀轴线方向和被加工零件进给运动方向上所测得的切削层尺寸 , 单位为 mm。

（5）铣削深度 a_p 铣削深度是指在平行于铣刀轴线方向所测得的切削层尺寸 , 单位为 mm。

铣削工艺参数的选用原则是在保证加工质量、降低加工成本和提高生产率的前提下 , 使铣削宽度（或铣削深度）、进给量、铣削速度的乘积最大 , 从而使得该工序的切削工时最少。

粗铣时 , 在机床动力和工艺系统刚性允许并具有合理的铣刀耐用度的条件下 , 按铣削宽度（或铣削深度）、进给量、铣削速度的次序 , 选择确定铣削用量。在铣削用量中 , 铣削宽度（或铣削深度）对铣刀使用寿命的影响最小 , 进给量的影响次之 , 铣削速度的影响最大。因此 , 在确定铣削用量时 , 应尽可能选择较大的铣削宽度（或铣削深度）。然后 , 在加工装备和技术条件允许的情况下选择较大的每齿进给量 , 最后根据铣刀的使用寿命选择允许的铣削速度。

精铣时 , 为了保证工件加工精度和表面粗糙度的要求 , 切削层宽度应尽量一次铣出 ; 切削层深度一般为 0.5 mm 左右 ; 再根据工件表面粗糙度要求选择合适的每齿进给量 ; 最后根据铣刀的使用寿命确定铣削速度。

在实际加工生产过程中 , 不能完全依赖上述铣削用量的选用原则 , 还需要根据积累的经验并通过查找规范等方式进行综合选择。

8.1.3   典型表面的铣削加工

1. 铣削平面

平面铣削主要有两种方法 : 圆周铣削和端面铣削。圆周铣削时分布在铣刀圆柱面上的多个切削刃旋转 , 被加工零件直线移动产生进给运动 , 铣刀切削掉被加工表面上的材料而形成平面 , 如图 8-1（a）所示。圆周铣削平面的加工质量（如平面度等）主要由铣刀的圆柱度决定 , 由于这种加工方式生产效率不高 , 在工程实际生产中应用较少。端面铣削时多个切削刃分布在铣刀刀柄的一个端面上进行旋转运动 , 同样 , 被加工零件通过直线移动实现进给运动,从而切削掉多余的材料而形成平面,如图8-1(b)所示。这种加工方式通常会留下刀痕,刀痕的大小主要与被加工零件的进给速度和铣刀的转速有关。端面铣削平面的加工质量(如平面度)主要取决于铣刀轴线与被加工零件进给方向的垂直度,如果铣刀轴线与零件进给方向不垂直,被加工表面会被切削出一个凹面,甚至产生"拖刀"现象。因此,端面铣削时需要校正铣刀轴线与零件进给方向的垂直度。

平面铣削还可以根据铣刀在进给方向上产生的作用力与被加工零件进给方向相同或者相反而分为顺铣和逆铣。从图8-2(a)中可以看出,当圆周铣削顺铣时,被加工零件会受到垂直向下的分力作用而被压紧,还会受到与进给方向同向的水平分力作用而加速进给(节省进给动力);而铣刀会受到垂直向上并指向轴线的径向分力作用,使得铣刀产生的振动小,加工后平面的表面粗糙度值亦会变小;整个切削过程中被加工零件由厚到薄,铣刀切入时不会产生滑移现象,且铣刀不易磨损,使用寿命长。图8-2(b)为圆周铣削逆铣,所产生的加工效果与圆周铣削顺铣相反。与顺铣相比,尽管逆铣会形成诸多不利因素,但是,在工程实际加工过程中仍采用这种加工方式。因为,当采用顺铣时,必须将丝杠与螺母之间的轴向间隙调整到0.01~0.04 mm,而这一操作非常困难。因此,只有当被加工零件夹紧不方便、需要铣削长而薄的被加工零件,或者必须利用顺铣改善加工质量时,才会选用顺铣。

根据铣刀与被加工零件的相对位置,平面铣削还可以分为对称铣削和不对称铣削。当被加工零件的铣削宽度在铣刀轴线两边各占一半时,切削刃切入和切出的距离相等,称为对称铣削;而当被加工零件的铣削宽度在铣刀轴线一侧,且切削刃切入和切出的距离不相等时,称为不对称铣削。由于对称铣削易使工作台产生横向窜动,通常只用于切削短而宽或者较厚的被加工零件;而不对称铣削顺铣时也有可能使工作台产生横向窜动,故为了保证铣刀的使用寿命,通常采用不对称逆铣。

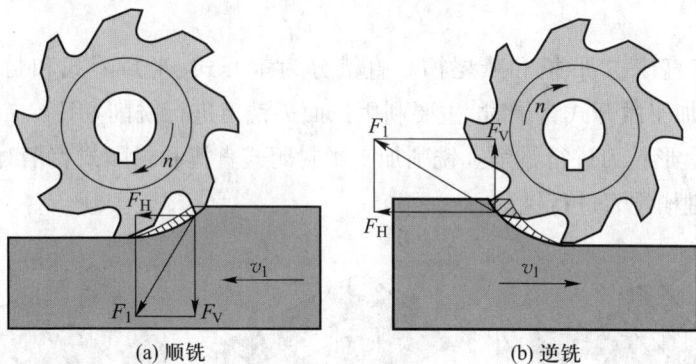

图8-2 平面铣削示意图

2. 铣削斜面

铣削加工斜面时,铣床工作台、铣刀和被加工零件要保持一定的相互位置关系,即被加工零件的斜面应该与铣床工作台的进给方向平行,并且利用圆周铣刀铣削时,被加工零件的斜面要与铣刀的最大外圆柱面相切,而利用端面铣刀铣削时,被加工零件的斜面要与铣刀的端面重合。

铣削斜面的常用方法有以下三种。

(1)倾斜被加工零件铣削斜面。如图 8-3 所示,在被加工零件和铣床工作台之间安装斜块,斜块与被加工零件的底面(通常为设计基准)重合,使得被加工零件斜面与工作台平行,然后压紧被加工零件,即可利用铣刀铣削斜面。

(2)倾斜铣刀铣削斜面。如图 8-4 所示,在铣刀可偏转的铣床上,将铣刀旋转一定的角度,直至圆周铣刀的最大外圆柱面与被加工零件的斜面相切,或者端面铣刀与被加工零件的斜面重合,夹紧后即可进行铣削加工。

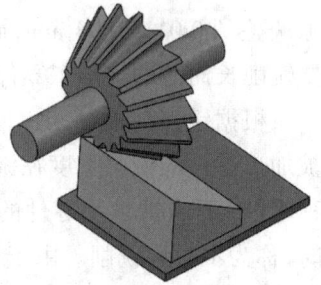

(3)利用角度铣刀铣削斜面。如图 8-5 所示,直接选用与被加工零件的斜面角度一致的角度铣刀进行铣削加工。角度铣刀是一种切削刃与铣刀轴线成一定角度的刀具,通常用来铣削斜面宽度不大的工件。

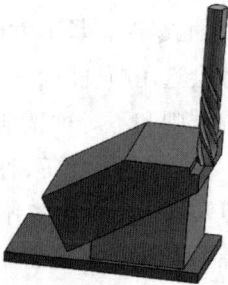

图 8-3 倾斜被加工零件铣削斜面   图 8-4 倾斜铣刀铣削斜面   图 8-5 利用角度铣刀铣削斜面

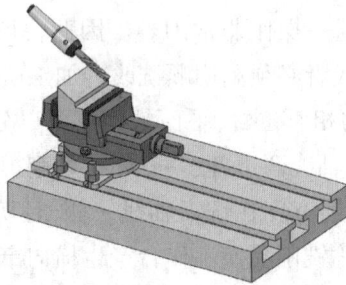

3. 铣削沟槽

沟槽主要有直槽、T 形槽和燕尾槽。直槽分为敞开式、半封闭式和封闭式直槽,如图 8-6 所示。铣削加工敞开式直槽时,主要利用三面刃铣刀进行铣削(图 8-7),也可以利用立铣刀(图 8-8)、盘形铣刀进行铣削。铣削加工半封闭式直槽和封闭式直槽时,一般采用立铣刀、盘形铣刀和键槽铣刀进行铣削。

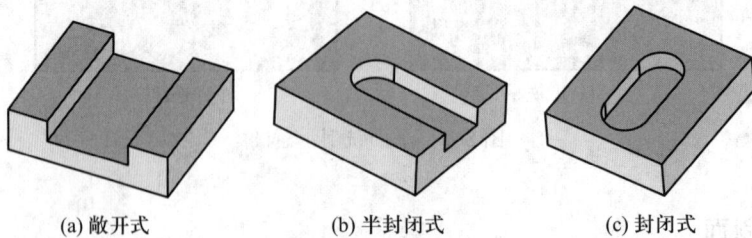

(a) 敞开式   (b) 半封闭式   (c) 封闭式

图 8-6 直槽的三种形式

图 8-7　三面刃铣刀铣直槽

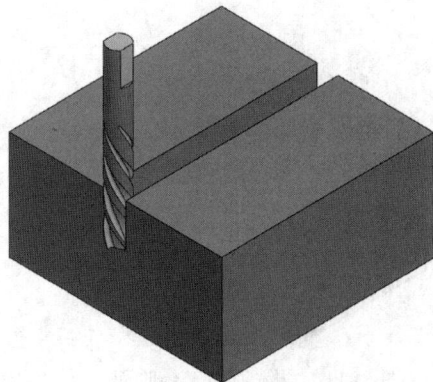

图 8-8　立铣刀铣直槽

　　T 形槽的铣削加工主要分为三步：第一步是利用立铣刀或者三面刃铣刀铣削出直槽；第二步是利用 T 形槽铣刀加工出 T 形槽口，在铣削过程中由于要经常退刀，且不易排出废屑，故切削用量不宜过大，需要及时提供冷却液，保证热量及时散发；第三步是利用角度铣刀加工出倒角，如图 8-9 所示。

　　燕尾槽是带有斜度的沟槽结构，在导轨结构上可进行准确的间隙调整。其加工方法和 T 形槽的加工方法类似，如图 8-10 所示。首先利用立铣刀加工出直槽，然后利用燕尾槽铣刀铣出燕尾结构。为了避免过大的切削力，一般选择较小的切削速度和进给量，并及时退刀排屑。为了保证斜面的加工精度，铣削燕尾槽还分为粗铣和精铣。与燕尾槽相似的还有 V 形槽，主要用在夹具上，其主要由一对不同角度的斜面组成，所以其加工方法与铣削斜面的方法相同，在此不再赘述。

图 8-9　铣 T 形槽

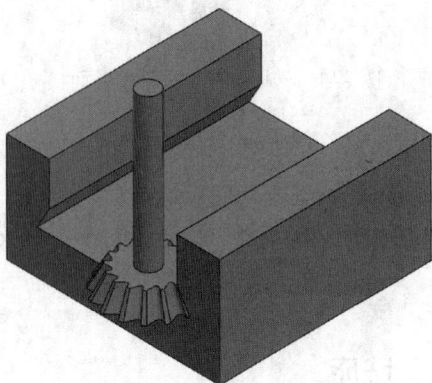

图 8-10　铣燕尾槽

4. 铣削台阶面

　　加工台阶面时，可利用立铣刀进行铣削加工，如图 8-11 所示；而当需要加工大批量的台阶面时，还可以利用组合铣刀进行铣削加工，如图 8-12 所示。

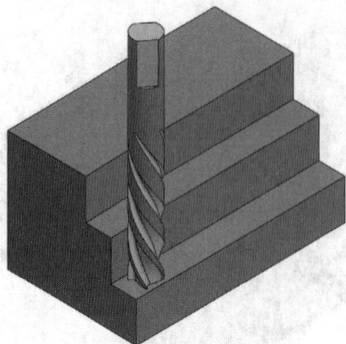

图 8-11   立铣刀加工台阶面

图 8-12   组合铣刀加工台阶面

5. 铣削成形面

成形面一般是包含一定曲面的加工表面,常在卧式铣床上利用与成形面形状相一致的成形铣刀铣削加工而成,如图 8-13 所示。对于精度要求不高的成形面,还可以在工件上先划线,然后移动工作台,通过立铣刀铣削加工而成,如图 8-14 所示。

图 8-13   成形铣刀加工成形面

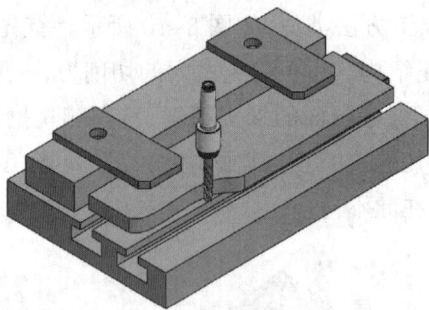

图 8-14   利用立铣刀划线加工成形面

8.2   铣床与铣削加工刀具及夹具

8.2.1   铣床

铣削加工是机械加工中常用的方法之一,铣床分为立式铣床和卧式铣床两种。铣床加工的公差等级一般为 IT7 ~ IT9,表面粗糙度 Ra 值一般为 1.6 ~ 12.5 μm。铣刀是一种回转的多刃刀具。铣削时,铣刀的每个刀刃不像车刀和钻头那样连续进行切削,而是间歇进行切削,因而刀刃的散热条件好,切削速度可高些。铣削时经常是多个刀刃同时进行切削,因此铣削的生产率较高。由于铣刀刀刃不断切入和切出,因此铣削力是不断变化的,易产生振动。

按结构分类,铣床主要有如下几种形式。

（1）台式铣床:小型的用于铣削仪器、仪表等小型零件的铣床。

（2）悬臂式铣床:铣头装在悬臂上的铣床,床身水平布置,悬臂通常可沿床身一侧立柱导轨作垂直移动,铣头沿悬臂导轨移动。

（3）滑枕式铣床:主轴装在滑枕上的铣床,床身水平布置,滑枕可沿滑鞍导轨作横向移动,滑鞍可沿立柱导轨作垂直移动。

（4）龙门式铣床:床身水平布置,两侧立柱和连接梁（横梁）构成门架的铣床。铣头装在横梁和立柱上,可沿其导轨移动,通常横梁可沿立柱导轨垂向移动,工作台可沿床身导轨纵向移动。龙门式铣床主要用于大型零件的加工。

（5）平面铣床:用于铣削平面和成形面的铣床,床身水平布置,通常工作台沿床身导轨纵向移动,主轴可轴向移动。其结构简单,生产效率高。

（6）仿形铣床:对工件进行仿形加工的铣床,一般用于加工形状复杂的工件。

（7）升降台铣床:具有可沿床身导轨垂直移动的升降台的铣床,通常安装在升降台上的工作台和滑鞍可分别作纵向、横向移动。

（8）摇臂铣床:摇臂装在床身顶部,铣头装在摇臂一端的铣床,摇臂可在水平面内回转和移动,铣头能在摇臂的端面上回转一定角度。

（9）床身式铣床:工作台不能升降,可沿床身导轨作纵向移动的铣床,铣头或立柱可作垂直移动。

（10）专用铣床:例如工具铣床,用于铣削工具模具,加工精度高,所加工的工件形状复杂。

X6132卧式万能升降台铣床如图8-15所示。X表示铣床类,6表示卧式铣床,1表示万能升降台铣床,32表示工作台宽度的1/10。X6132卧式万能升降台铣床主要由床身、主轴、横梁、纵向工作台、转台、横向工作台、刀杆、升降台、床鞍、底座等部分组成。

（1）床身 床身内部装有主轴、主轴变速机构及润滑系统,主要作用为支承连接各部件,其顶面水平导轨支承横梁,前侧导轨供升降台移动之用。

（2）主轴 主轴是空心的,前端有锥孔,用以安装铣刀杆和刀具。

（3）横梁 横梁可在床身顶部导轨前后移动,吊架安装其上,用来支承铣刀杆。

（4）纵向工作台 纵向工作台由纵向丝杆带动,在转台的导轨上作纵向移动,以带动台面上的工件作纵向进给。台面上的T形槽

图8-15 X6132卧式万能升降台铣床

1—床身;2—主轴变速机构;3—主轴;4—横梁;5—吊架;
6—纵向工作台;7—转台;8—横向工作台;9—升降台

用以安装夹具或工件。

（5）转台 转台位于纵向工作台和横向工作台之间,下面用螺丝钉与横向工作台连接,松开螺钉可使转台带动纵向工作台在水平面内回转一定角度。

（6）横向工作台 横向工作台位于升降台上面的水平导轨上,可带动纵向工作台一起作横向进给运动。

（7）升降台 升降台可沿床身导轨作垂直移动,调整工作台至铣刀的距离。

XA5040立式升降台铣床如图 8-16 所示。立式铣床与卧式铣床相比较,主要区别是主轴垂直布置,工作台可以上下升降。立式铣床使用的铣刀相对灵活,适用范围较广,所以生产率要比卧式铣床高。立式铣床可以加工各种平面、沟槽、齿轮等,还可以配置万能铣头、圆工作台、分度头等铣床附件而加工其他复杂的零件结构。

图 8-16   XA5040 立式升降台铣床
1—底座；2—床身；3—立铣头；4—主轴；
5—工作台；6—床鞍；7—升降台

8.2.2 铣刀

铣刀是具有多个刀刃的旋转刀具,刀刃一般分布在圆柱外圆表面,工作时各刀刃依次间歇地切去工件的余量。在铣削加工过程中,铣刀转动一圈,每一个刀刃只完成一次切削动作,其他时间处于不工作状态,便于散热。

根据安装方式的不一样,铣刀可以分为带孔铣刀和带柄铣刀。前者主要用在卧式铣床上,后者多用于立式铣床。

带孔铣刀主要有四种,如图 8-17 所示。

（1）圆柱铣刀:可以分为直齿圆柱铣刀和斜齿圆柱铣刀［图 8-17（a）］,常用于加工平面。

（2）圆盘铣刀:如图 8-17（b）所示的三面刃圆盘铣刀,常用于加工直槽和台阶面。

（3）角度铣刀:如图 8-17（c）所示的角度铣刀,常用于加工具有一定角度的沟槽或者斜面等。

（4）成形铣刀:如图 8-17（d）所示的成形铣刀,常用于加工与刀刃形状相对应的、具有一定曲面形貌的成形表面,如齿轮、凹凸弧面等。

带柄铣刀主要有四种,如图 8-18 所示。

（1）立铣刀   如图 8-18（a）所示,立铣刀常用于加工直槽、平面、台阶面或者配合夹具加工斜面。

（2）键槽铣刀   如图 8-18（b）所示,键槽铣刀常用于加工半封闭式键槽和封闭式键槽等。

（3）T 形槽铣刀   如图 8-18（c）所示,T 形槽铣刀常用于加工 T 形槽。

（4）燕尾槽铣刀   如图 8-18（d）所示,燕尾槽铣刀常用于加工燕尾槽。

除此之外,还有用于加工大型平面的镶齿端铣刀和加工齿槽的齿槽铣刀,都属于铣削加工特殊形面的铣刀。

(a) 斜齿圆柱铣刀　　　　　　　(b) 圆盘铣刀

(c) 角度铣刀　　　　　　　(d) 成形铣刀

图 8-17　常用带孔铣刀

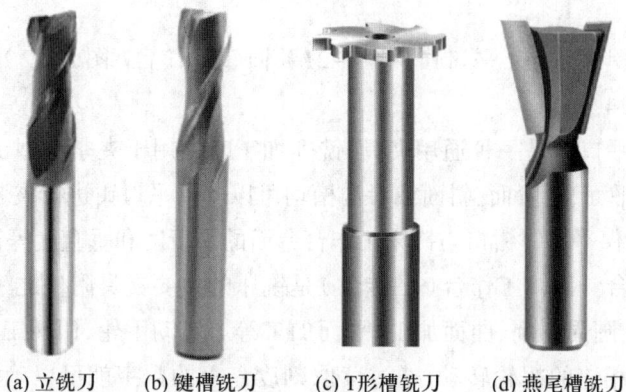

(a) 立铣刀　　(b) 键槽铣刀　　(c) T形槽铣刀　　(d) 燕尾槽铣刀

图 8-18　常用带柄铣刀

8.2.3　铣刀的安装

为了保证铣削过程中铣刀运行的稳定性,提高铣刀的使用寿命,保证铣削加工质量,铣刀的正确安装至关重要。铣刀的安装主要有如下两类。

（1）带孔铣刀安装（图 8-19）　带孔铣刀挂在套筒上,套筒和刀杆连接,刀杆一端伸入铣床主轴锥孔

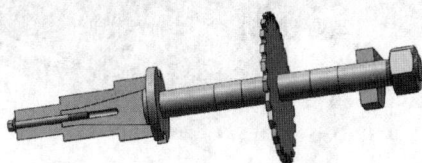

图 8-19　带孔铣刀的安装

内,通过拉杆拉紧,然后刀杆的另一端用吊架支撑起来。需要注意的是:吊架应该尽可能靠近铣刀以提高刚性,减少铣刀变形;刀杆的螺母拧紧前,需要先装好吊架,防止刀杆弯曲。

（2）带柄铣刀安装　图 8-20（a）所示为直柄铣刀安装,直柄铣刀的柄头插入弹簧套的内孔中,并用螺母压紧弹簧套的端面,弹簧套外锥面和夹头体的内锥面贴合并夹紧铣刀柄头,而夹头体的锥柄端插入铣床主轴的锥孔中,拉杆锁紧后即可完成铣刀的安装。图 8-20（b）所示为锥柄铣刀安装,当锥柄铣刀的柄头尺寸和主轴锥孔尺寸一样时,锥柄铣刀可直接插入主轴锥孔内,拉杆锁紧后完成安装;反之,则可利用中间锥套套住锥柄铣刀,并将铣刀插入主轴锥孔内完成安装。

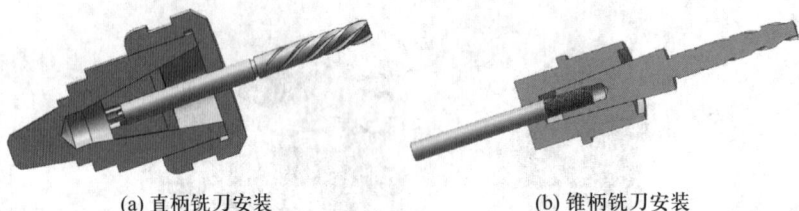

(a) 直柄铣刀安装　　　　　(b) 锥柄铣刀安装

图 8-20　带柄铣刀的安装

8.2.4　夹具附件

铣床常用的夹具附件有:平口钳（图 8-21）、回转工作台（图 8-22）、分度头（图 8-23）和万能铣头（图 8-24）。

（1）平口钳　平口钳是一种通用夹具,铣削加工时常用于夹紧小型工件,将其固定在机床工作台上。加工平面、台阶面、斜面或者沟槽均可以利用平口钳进行夹紧。固定完成之后,通常还需要校正,确保平口钳钳口与铣床工作台台面的平行度和垂直度等符合使用要求。

（2）回转工作台　回转工作台（平转台）是铣床的主要夹具附件之一,可用在铣床上进行分度钻孔和铣削、圆周切削、曲面加工、平面加工等。转动手轮,回转工作台内部的蜗杆轴带动与回转工作台相连的蜗轮转动,通过读取刻度盘上的数字就可以确定回转工作台的准确位置,完成夹紧动作后拧紧固定螺钉,即可锁定回转工作台。

图 8-21　平口钳　　　　　　　　　图 8-22　回转工作台

图 8-23 分度头

图 8-24 万能铣头

（3）分度头　分度头是利用分度刻度环和游标、定位销和分度盘以及变换齿轮,将装卡在顶尖间或卡盘上的工件分成任意角度,实现沟槽、齿轮、凸轮以及螺旋槽等铣削加工的夹具附件。

（4）万能铣头　万能铣头是铣床常用的附件之一,可以扩大铣床的加工能力。由于万能铣头主轴可以在相互垂直的两个平面内回转,可以完成任意角度斜面的铣削、钻孔、攻螺纹等加工。但是由于万能铣头的安装和拆卸复杂烦琐,且占用一部分工作台的加工空间,因此一定程度上约束了万能铣头的使用。

8.2.5　工件安装

在铣削过程中会产生铣削力,如果工件不固定,会被铣削力或者其他外力带动而无法保持原始位置。工件定位及夹紧的所有过程都称为安装,而用来定位或者夹紧工件的装置称为夹具。铣削加工中,常有以下三种工件安装方法。

（1）虎口钳安装　为了保证工件基准面与导轨面平行,将工件放入虎口钳内并通过平行垫块与导轨面紧密贴合,在紧固之前,还可以利用木质榔头、铝棒等轻轻敲击工件,工件与导轨面足够贴合后即可锁紧固定,如图 8-25 所示。当需要对已经加工过的工件进行安装时,为了减少误差,还可以利用圆柱棒安装工件,如图 8-26 所示。圆柱棒一般要与虎口钳钳口的上表面保持平行,并且位于工件被夹持高度的中间偏上位置。

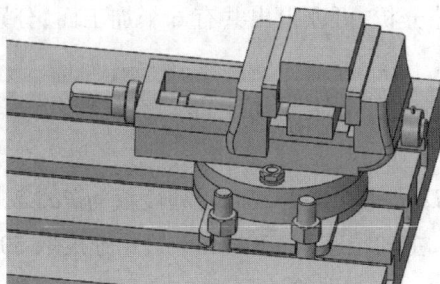

图 8-25 平行垫块安装

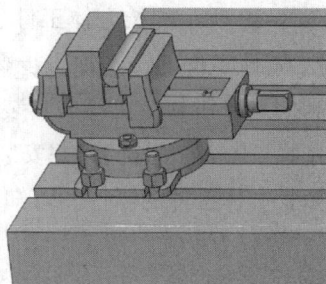

图 8-26 圆柱棒安装

（2）压块安装　当工件的铣削加工面积较大时，需要利用压块配合螺栓、垫块或者挡铁等工具进行安装，如图 8-27 所示。压块安装时一般成对使用垫块，且压紧位置应该位于工件刚度最大的位置，螺栓紧固位置应该靠近工件位置，以增大夹紧力，垫块的高度要合理，不能造成工件和压板之间接触不良。

（3）分度头与尾座联合安装　当需要铣削长轴类工件时，需要利用分度头并配合尾座联合安装，达到夹紧工件的目的，如图 8-28 所示。在安装工件之前，应先校正分度头主轴轴线、尾座心轴轴线与水平工作台面的平行度。

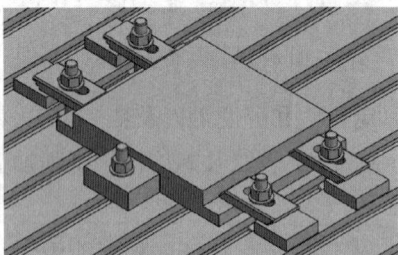

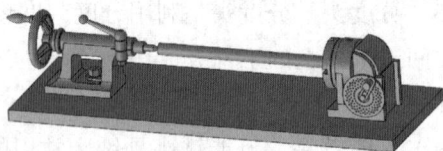

图 8-27　压块安装　　　　图 8-28　分度头与尾座联合安装

不管是刀具的安装、工件的装夹，还是对刀及换刀，每一个环节的缺少或者误操作，都会造成零件的报废或者机床的损坏。高等教育要"弘扬劳模精神和工匠精神，营造劳动光荣的社会风尚和精益求精的敬业风气"。作为一名大学生，我们应该养成执着专注、精益求精的工匠精神，只有这样将来走上工作岗位，才会做到一丝不苟、追求卓越，才会成长为一名合格的"接班人"。

8.3　铣削实训案例

长方体工件铣削加工的工艺流程具有代表性，包括夹紧工件，校正，对刀，确定切削速度、吃刀量、进给量以及平面度和垂直度的测量等步骤，因此本教材以长方体工件铣削加工作为示例。

本教材采用 XA5040 立式升降台铣床加工长方体工件（图 8-29），各加工尺寸的毛坯余量为 4 mm，材料为铝合金。

根据图 8-29 所示的长方体工件进行工艺分析，可以得出共有 6 个加工面，分别为面 B、C、D、E、F、H，该零件的铣削加工步骤如下：

（1）利用平口钳和垫块等夹具装夹长方体工件毛坯，并校正平口钳位置。

（2）选择 $\phi10$ mm 的铣刀，并安装好铣刀。

（3）由长方体工件的零件图可知，B、C、D、E 四个面的表面粗糙度值为 $Ra3.2$，难以一次性铣削到位，故分为粗铣和精铣两步。粗铣时，主轴转速取 120 r/min，进给速度取 50 mm/min，铣削宽度取 1.5 mm；精铣时，主轴转速取 120 r/min，进给速度取 37.5 mm/min，铣削宽度取

0.5 mm。

（4）铣削平面时先试铣一刀，然后测量铣削平面与基准平面 A 的尺寸公差、平行度以及垂直度。

（5）铣削加工顺序：以 B 面为粗定位基准加工 C 面至尺寸 102 mm；以 C 面为定位基准加工 B 面（或者 D 面），保证尺寸 102 mm；以 B 面（或者 D 面）和 C 面为定位基准加工 D 面（或者 B 面）至 $100_{-0.1}^{0}$ mm；以 D 面（或者 B 面）和 C 面为定位基准加工 E 面至 $100_{-0.1}^{0}$ mm；以 C 面（或者 E 面）为定位基准加工 F 面至 32 mm；以 C 面（或者 E 面）和 F 面为定位基准加工 H 面至 $30_{-0.1}^{0}$，至此完成所有的铣削动作。

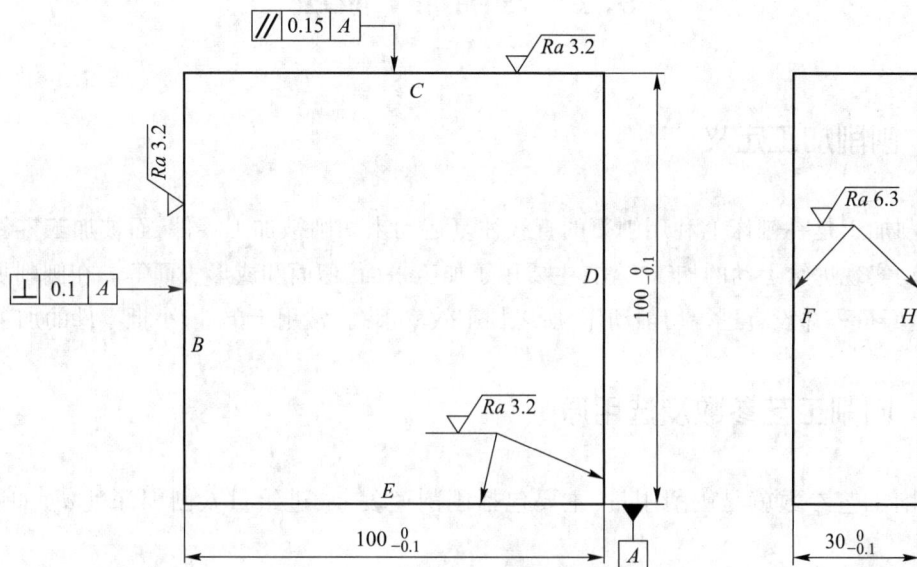

图 8-29　长方体工件

思考和练习

1. 铣削加工的主运动和进给运动分别是什么？
2. 铣削工艺参数有哪些？如何选择？
3. 什么是顺铣？什么是逆铣？
4. 铣削平面、斜面或者台阶面的常用方法有哪些？
5. 卧式铣床主要由哪些部分组成？
6. 铣刀有哪些种类？如何选用？
7. 铣床的主要夹具附件有哪些？
8. 万能立铣头的作用是什么？
9. 如何保证工件的安装精度？
10. 什么情况下需要用到分度头安装工件？

第 9 章
刨 削 加 工

9.1 刨削加工概述

9.1.1 刨削加工定义

刨削加工是在刨床上利用刨刀的直线往复运动来切削被加工零件,而被加工零件通过横向移动实现进给运动的加工方法,主要用于加工平面、槽面和成形表面等。在刨削加工过程中,返回行程并没有进行切削动作,所以加工效率不高,常用于单件、小批零件的加工。

9.1.2 刨削工艺参数及选用原则

刨削工艺参数就是刨削用量,主要包括刨削速度 v_c、进给量 f、刨削深度 a_p,如图 9-1 所示。

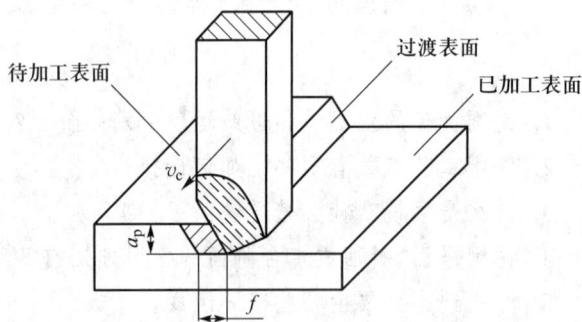

图 9-1 刨削加工示意图

（1）刨削速度 v_c。 刨削速度是指刨刀切削主运动的平均速度,单位为 m/min,可表示为:

$$v_c = 0.001\ 7Ln \tag{9.1}$$

式中:L——刨刀的行程长度（单位为 mm）;n——刨刀每分钟的往复次数（单位为次 /min）。刨削速度的选择要综合考虑进给量、刨削深度和刀具的耐用度,选择合理的切削速度。

（2）进给量 f　进给量是指刨刀每往复一次,被加工零件横向移动的距离,单位为 mm。进给量的选择需要考虑机床功率、进给机构刚性、刨刀强度以及加工表面质量要求等因素的综合影响,半精加工或者精加工时,可以选择小一些的进给量,粗加工时可以选择较大一些的进给量。

（3）刨削深度 a_p　刨削深度是指一次刨削过程中切除的材料厚度,单位为 mm。同样,在选择刨削深度时要考虑刨刀强度、机床性能以及加工表面质量要求等因素的综合影响,当被加工零件需要分次切削时,为避免刨刀受到被加工零件硬表面的创伤,一般第一次的刨削深度选择大一些,而最后一次的刨削深度应尽量小一些,这样可以获得更好的加工表面质量。

9.1.3　典型表面的刨削加工

1. 刨削平面

刨削水平面是利用工作台的横向移动实现进给运动而刨削平面的加工方法,如图 9-2 所示。刨削垂直面可以利用夹具将刨削转化为水平面刨削,即精刨基准面后,将被加工表面放置成水平状态,且与基准面垂直;另外一种刨削垂直面的方式就是将被加工零件直接安装在工作台上,被加工表面与工作台垂直,通过刨刀的垂直移动实现进给运动而刨削垂直面,如图 9-3 所示。首先将被加工零件安装在工作台或者平口钳上,并进行找正,确保转盘刻度线对准零线。根据加工要求,选择合适的刨刀并安装在刀架上,找正后夹紧刨刀。然后调整工作台,使得被加工零件靠近刨刀,同时确定刨床的行程与起始点位置;通过拨爪调整棘轮机构,确定刨床的进给量和进给方向后锁定拨爪。摇动手轮,将被加工零件移动至刨刀下方,对刀后转动刀架手柄,确保被加工零件表面与刨刀稍微接触。启动机床,调整好背吃刀量,手动进给 1 mm 左右进行试切,停机检测尺寸,校核背吃刀量后锁定拨爪,自动进给进行刨削,加工内容完成后检测尺寸,加工尺寸合格后再卸下被加工零件。如果被加工零件加工余量较大,可以分多次刨削。对于需要精刨的平面,应该一次性连续完成刨削,避免因中途停车而产生刀痕。

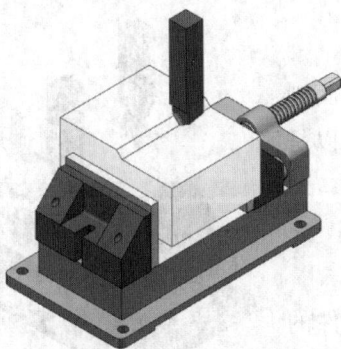

图 9-2　刨削水平面　　　　　　　　图 9-3　刨削垂直面

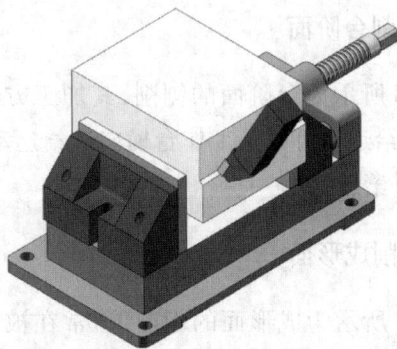

2. 刨削斜面

刨削斜面通常有两种方法。一是"正夹斜刨",即将被加工零件正常安装在工作台上,而刀架倾斜一定的角度,同时转动刀座,保证刨刀斜向进给,如图9-4所示;二是"斜夹正刨",即倾斜安装被加工零件,划线找正后水平走刀,完成斜面刨削。

图 9-4   刨削斜面

3. 刨削沟槽

通常采用切断刀刨削直角槽,对于精度要求较高的直角槽,一般先粗刨开槽,然后再精刨实现成形和修光,如图9-5(a)所示;对于宽度较大的直角槽,一般先刨削沟槽的两个侧面,然后再刨削中间部分,如果需要精刨,一般精刨一个垂直面,再水平进给精刨底面,最后精刨另一个垂直面。如图9-5(b)所示的燕尾槽刨削,一般先刨削出直角槽,然后采用"正夹斜刨"的方式刨削一侧斜面,最后安装反方向的刨刀刨削另一侧斜面。如图9-5(c)所示的T形槽刨削,首先刨削出直角槽,然后利用弯切刀刨削出一侧凹槽,最后安装反方向的弯切刀刨削另一侧凹槽。如图9-5(d)所示的V形槽刨削,首先按照刨削平面的方法刨削掉V形槽的大部分加工余量,然后利用切槽刀加工出退刀槽,最后按照刨削斜面的方法刨削V形槽的两侧斜面。

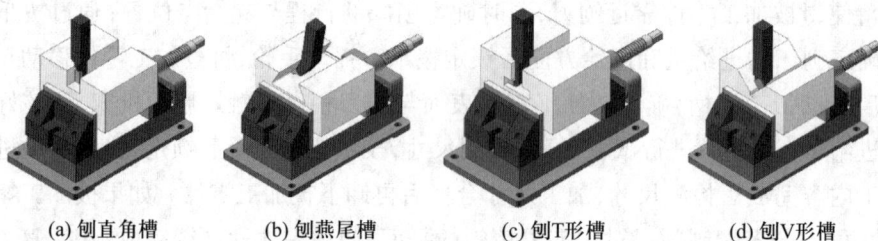

| (a) 刨直角槽 | (b) 刨燕尾槽 | (c) 刨T形槽 | (d) 刨V形槽 |

图 9-5   刨削沟槽

4. 刨削台阶面

图9-6所示为台阶面的刨削,其加工方法和平面刨削一样,进给运动可以是工作台横向进给运动,也可以是刨刀垂直进给运动。

5. 刨削成形面

图9-7所示为成形面的刨削,通常在被加工零件的侧面划线,然后根据划线分别移动刨刀作垂直进给运动和移动工作台作水平进给运动来完成刨削加工,也可以

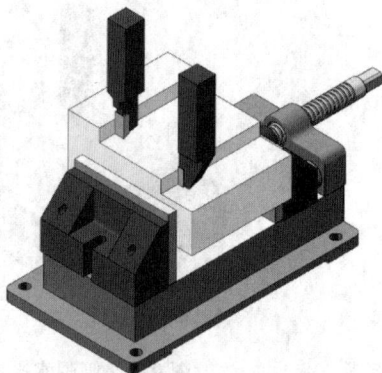

图 9-6   刨削台阶面

利用成形刨刀按照平面刨削的方式进行刨削加工。

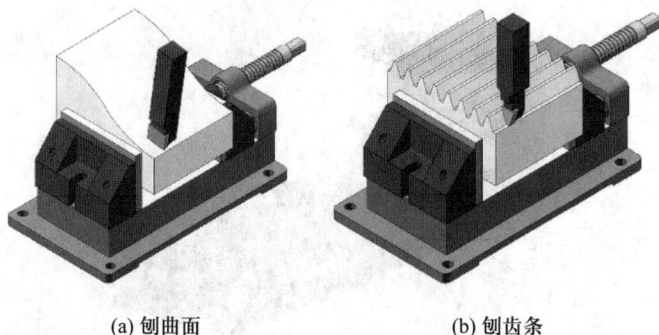

(a) 刨曲面   (b) 刨齿条

图 9-7   刨削成形面

9.2   刨床与刨削加工刀具及夹具

9.2.1   刨床

刨削机床主要有牛头刨床和龙门刨床。

图 9-8 所示的 B6065 牛头刨床,主要由工作台、刀架、滑枕、床身、变速机构、滑枕行程调节机构、横向进给机构、横梁等核心部分组成。牛头刨床主要通过主运动和进给运动完成刨削加工,主运动是指滑枕带着安装在刀架上的刨刀作往复直线运动进行切削,而进给运动是指工作台沿着横梁作间歇直线运动实现进给加工。需要说明的是,切削只在滑枕前进方向进行,滑枕后退时不切削被加工零件。除此之外,牛头刨床的工作台还可连同横梁沿着床身垂直方向上的导轨进行上下移动,刀架连同刨刀进行垂直上下移动,刀架可通过转盘进行偏转。

图 9-8   B6065 牛头刨床

1—工作台;2—刀架;3—滑枕;4—床身;5—变速机构;
6—滑枕行程调节机构;7—横向进给机构;8—横梁

图 9-9 所示的龙门刨床主要由床身、工作台、顶梁、立柱、垂直刀架、横梁、侧刀架等核心部分组成。与牛头刨床不同,龙门刨床的工作台带着被加工零件作直线往复运动是主运动,而刀架带着刨刀沿着横梁进行间歇式移动是进给运动。同样,龙门刨床的刀架可以通过转盘偏转一定的角度来刨削斜面。龙门刨床的横梁可以沿着立柱上下移动,且可以通过侧刀架直接刨削垂直面。龙门刨床的工作台刚性好,适合加工大型工件;由于龙门刨床上可布置

多个刨刀,故其还可以同时进行多个工件的刨削加工。

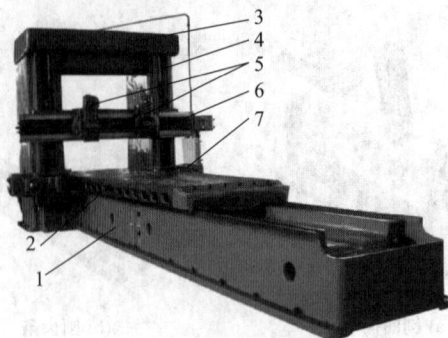

图 9-9　龙门刨床
1—床身; 2—工作台; 3—顶梁; 4—立柱;
5—垂直刀架; 6—横梁; 7—侧刀架

9.2.2　刨刀及其安装

图 9-10 所示的各种刨刀用于加工不同形式的表面。图 9-10(a)所示的平面刨刀用于水平面的刨削,可分为直头刨刀和弯头刨刀。图 9-10(b)所示的偏刀可用来刨削外斜面、垂直面和台阶面。图 9-10(c)所示的角度偏刀可以用来刨削内斜面和燕尾槽等表面。图 9-10(d)所示的切刀可用来刨削直角槽或者切断工件等。图 9-10(e)所示的弯切刀可用来加工 T 形槽和侧面槽。

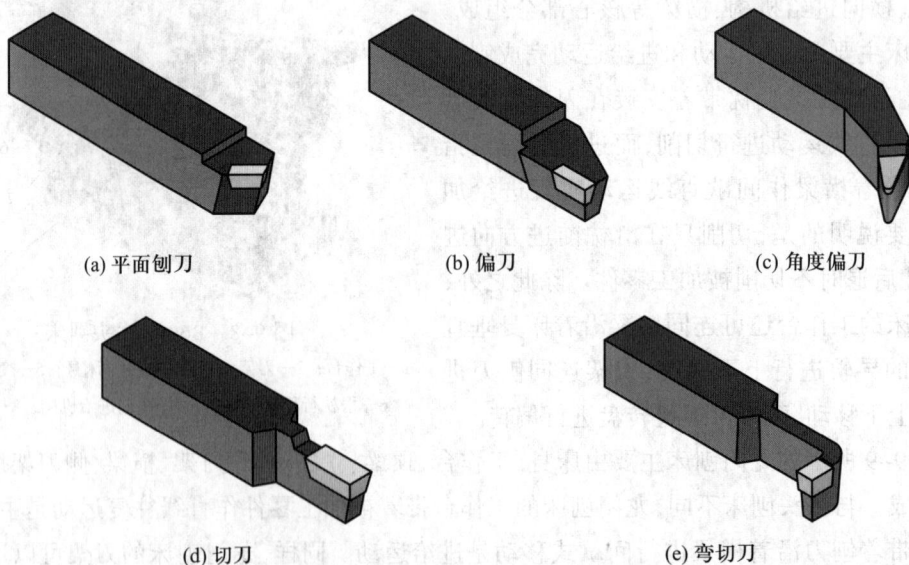

(a) 平面刨刀　　　　　　(b) 偏刀　　　　　　(c) 角度偏刀

(d) 切刀　　　　　　(e) 弯切刀

图 9-10　刨刀

牛头刨床刀架如图 9-11 所示,将刨刀插入刀夹槽内,拧紧锁紧螺柱,即可将刨刀锁在抬刀板上。另外,在锁紧刨刀之前,可将刨刀和刀夹一起偏转一定的角度。通常在安装刨刀之前,还需要松开转盘螺钉,将转盘对准零线,以便精确地控制刨削深度。

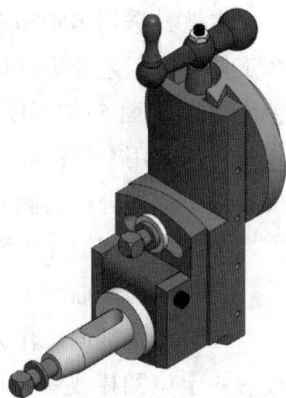

9.2.3 工件的安装

在刨削加工之前,必须将工件正确安装在工作台或者辅助夹具上,进行对正校核、夹紧等装夹过程,确保工件位于合理的位置和状态。

图 9-11 牛头刨床刀架

对于刨削加工,主要有以下两种安装形式。

(1)平口钳安装 平口钳安装被加工零件是刨削加工最主要的安装方式,如图 9-12 所示。通常先校正平口钳,并将其固定在刨床的工作台上。然后将被加工零件放入钳口内,贴紧固定钳口面,移动活动钳口面压紧被加工零件。当需要借助垫块、圆棒、撑块等辅助夹具时,也要保证工件与这些辅助夹具紧密贴合。

(2)压块安装 对于不适合用平口钳安装的工件(如工件的形状不规则或者工件尺寸超出平口钳的安装范围等),可将其通过压块、垫块和螺栓等夹具直接固定在工作台上,如图 9-13 所示。安装过程中需要注意的是,压块的位置要靠近刨削加工部位,便于受力;如果需要压紧内孔面,则可以采用插销压块。

图 9-12 平口钳安装方法

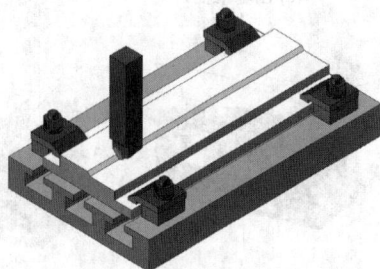

图 9-13 压块安装方法

9.3 刨削实训案例

正方体工件的刨削加工工艺流程具有代表性,包含水平面和垂直面刨削以及装夹、对刀、测量等关键步骤,因此本教材以正方体工件刨削加工作为示例。需要说明的是:平口钳的安装精度、垫块和圆棒的公差精度以及刨床的加工误差等决定着刨削加工质量。

　　本教材采用 B6050 牛头刨床精刨正方体工件（图 9-14）。根据对图 9-14 所示的正方体工件进行工艺分析，可以得出其共有 6 个加工面，分别为加工面 1、加工面 2、加工面 3、加工面 4、加工面 5、加工面 6，该零件的刨削加工步骤如下。

　　（1）利用平口钳和垫块等夹具安装正方体工件毛坯，并校正平口钳位置。

　　（2）选择合适的刨刀和刨削工艺参数，确定各表面加工余量。

　　（3）先粗刨被加工零件的各个加工表面，并留好精刨加工余量。

　　（4）刨出基准面 1，如图 9-14（a）所示。

　　（5）将基准面 1 作为定位面与平口钳的固定钳口面紧密贴合，同时在活动钳口面一侧放置一定位圆棒或者撑块，夹紧后刨削加工面 2。因为平口钳的固定钳口面与刨床工作台面垂直，所以加工面 2 和基准面 1 垂直，如图 9-14（b）所示。

　　（6）将基准面 1 再次作为定位面与平口钳的固定钳口面紧密贴合，在活动钳口面一侧放置定位圆棒或者撑块，同时在加工面 2 和平口钳底面之间放置平行垫块，夹紧后刨削加工面 3，这样的加工方法可以保证加工面 3 和加工面 2 是平行的，如图 9-14（c）所示。

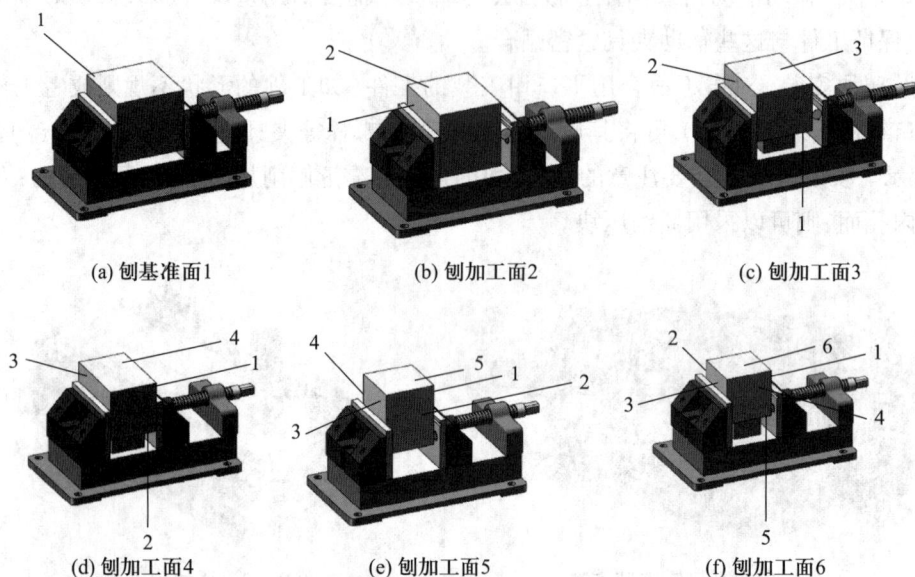

(a) 刨基准面 1　　　　　　(b) 刨加工面 2　　　　　　(c) 刨加工面 3

(d) 刨加工面 4　　　　　　(e) 刨加工面 5　　　　　　(f) 刨加工面 6

图 9-14　精刨正方体工件

　　（7）最后将基准面 1 与固定钳口面、加工面 4 与活动钳口面紧密贴合，夹紧后分别刨削加工面 4、加工面 5 和加工面 6，如图 9-14（d）、（e）、（f）所示。

思考和练习　　1. 刨削加工的范围是什么？

　　　　　　　　　2. 刨削加工的主运动和进给运动各是什么？

　　　　　　　　　3. 为什么刨削加工时刨削切削速度慢而退刀速度快？

　　　　　　　　　4. 为什么刨削加工生产效率低？

　　　　　　　　　5. 牛头刨床的主要组成部分有哪些？

6. 如何调整牛头刨床滑枕的往复速度?

7. 为什么常用弯头刨刀?

8. 刨削沟槽面时应该选用什么样的刨刀?

9. 常用安装附件有哪些?

10. 为保证正方体工件的刨削精度,在刨削工艺上应该采取哪些措施?

第10章
磨 削 加 工

10.1　磨削加工概述

10.1.1　磨削加工定义

磨削加工是在磨床上利用高速旋转的砂轮来切削被加工零件表面的加工方法,主要用于加工平面、外圆柱面和内圆柱面等。磨削是一种高精度、高速、高效的加工方法,加工精度可以达到 IT6 ~ IT5,表面粗糙度可以达到 $Ra0.8 ~ 0.2~\mu m$,镜面磨削的表面粗糙度可以达到 $Ra \leqslant 0.01~\mu m$,通常用于半精加工和精加工。

10.1.2　磨削工艺参数及选用原则

磨削工艺参数主要包括磨削速度 v_s、背吃刀量 a_p、工件圆周速度 v_w、工作台轴向进给速度 v_{fa}、工作台轴向进给量 f_a、工作台径向进给量 f_r。磨削加工示意图如图 10-1 所示。

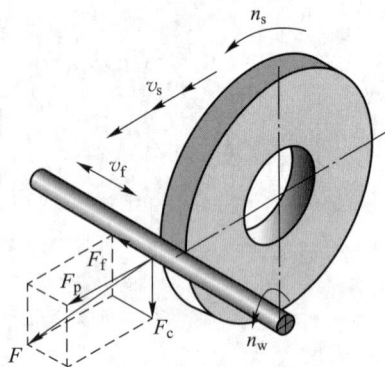

图 10-1　磨削加工示意图

（1）磨削速度 v_s　磨削速度是指砂轮最大直径处的线速度,单位为 m/s,可表示为:

$$v_s = \frac{\pi D_s n_s}{1\,000 \times 60} \tag{10.1}$$

式中: D_s——砂轮直径(单位为 mm); n_s——砂轮转速(单位为 r/min)。外圆柱面和平面磨削的磨削速度一般为 30 ~ 35 m/s,内圆柱面磨削的磨削速度一般为 20 ~ 30 m/s。由式(10.1)可知,当砂轮因为磨损而砂轮直径减小后,磨削速度也会降低,这会影响磨削加工质量和加工效率,因此,当砂轮直径减小到一定程度后,需要更换砂轮或者相应地提高砂轮转速,从而提高磨削速度,保证磨削质量。

（2）背吃刀量 a_p　背吃刀量是指进给前后砂轮磨削过程中切除的材料厚度,单位为 mm,对于外圆柱面磨削可以表示为:

$$a_p = (D-d)/2 \tag{10.2}$$

式中：D——进给前工件的直径（单位为 mm）；d——进给后工件的直径（单位为 mm）。

（3）工件圆周速度 v_w　在进行圆柱面磨削时，工件的圆周速度是工件回转运动过程中最大直径处的线速度，单位为 m/s，可表示为：

$$v_w = \frac{\pi D_w n_w}{1\,000 \times 60} \tag{10.3}$$

式中：D_w——工件的直径（单位为 mm）；n_w——工件的转速（单位为 r/min）。工件圆周速度一般为 10 ~ 30 m/s，进行高精度磨削加工时一般选择较低的工件圆周速度，进行低精度磨削加工时选择较高的工件圆周速度。在实际磨削加工过程中，一般先确定工件圆周速度，然后根据式（10.3）计算出工件转速，从而调节机床的转速。

（4）工作台轴向进给速度 v_{fa} 与工作台轴向进给量 f_a　工作台轴向进给速度是指工作台沿着砂轮轴线方向上的移动速度，单位为 mm/min，可表示为：

$$v_{fa} = n_w f_a \tag{10.4}$$

式中：f_a——工作台的轴向进给量，即工件每转动一圈，工作台相对于砂轮轴线方向的移动量，可表示为：

$$f_a = (0.2 \sim 0.8)B \tag{10.5}$$

式中：B——砂轮的宽度（单位为 mm）。

（5）工作台径向进给量 f_r　工作台径向进给量是指工作台每单（双）行程砂轮切入工件的深度，单位为 mm/d.str（d.str 表示双行程，单行程用 str 表示，即 mm/str），一般取 0.005 ~ 0.02 mm/d.str。

10.1.3　典型表面的磨削加工

1. 外圆磨削

外圆磨削共有三种常用方法。第一，纵磨法，如图 10-2（a）所示。磨削过程中，被加工零件作低速圆周运动并随同工作台沿着回转轴线进行往复移动，砂轮高速回转，当被加工零件完成单方向移动或者单次往复移动后，砂轮根据磨削深度进行径向进给，从而磨掉加工余量。该方法可以用同一砂轮磨削不同长度的细长零件，磨削后的表面质量较好，但是加工效率不高，适合单件、小批工件的加工。第二，横磨法，如图 10-2（b）所示。磨削过程中，被加工零件只作圆周回转运动，而砂轮高速回转且以较小的速度连续或者间断地提供径向进给，完成切入磨削而磨去加工余量。由于砂轮连续切入靠近工件，使得排屑困难而容易造成砂轮堵塞磨钝，降低被加工零件的表面质量，但是该方法加工效率高，适合批量加工。第三，深磨法，如图 10-2（c）所示。磨削过程中，被加工零件作圆周回转运动，并随着工作台沿着回转轴线进行单方向移动，提供轴向进给，砂轮高速回转且沿着回转轴线进行移动，提供径向进给，通过一次走刀磨去全部加工余量。该方法最大的特点是砂轮前端外圆柱面被修整成锥面或者阶梯面，用于粗磨，而砂轮后端圆柱面用于精磨和修光。深磨法加工效率非常高，适合大批生产。

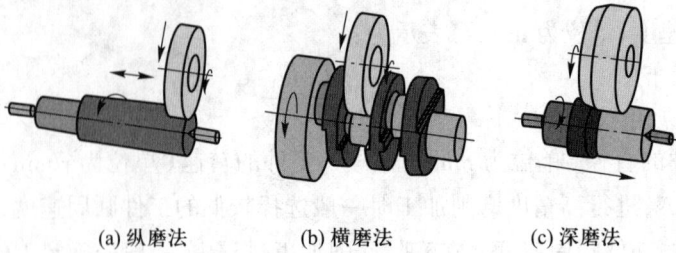

(a) 纵磨法   (b) 横磨法   (c) 深磨法

图 10-2　外圆磨削方法

2. 内圆磨削

内圆磨削方法主要有纵磨法和横磨法,用于圆柱孔及成形内表面等的磨削加工。内圆磨削的砂轮直径比外圆磨削要小,且安装砂轮的接长轴直径不大,其容易因为刚性差而在磨削过程中产生弯曲变形和振动,从而降低工件加工表面的质量和精度。另外,该方法的磨削用量也受到限制,因此加工效率不高。内圆磨削通常采用纵磨法,当内圆柱孔径较大且深度较小时,可以采用横磨法。

3. 平面磨削

平面磨削主要有周磨法和端磨法。周磨法,即砂轮高速回转且提供径向进给,砂轮的外圆柱面和工件相接触后磨去加工余量,如图 10-3(a)所示。磨削过程中,工件连同工作台进行横向往复运动。该方法排屑方便,发热量小,热变形小,加工的表面质量好。但是,由于周磨法的磨削力小且需要横向进给才能完成整个表面的加工,因此磨削效率较低,常用来精磨平面。端磨法是通过砂轮的端面和工件接触后磨去加工余量,如图 10-3(b)所示。砂轮高速回转,且沿着砂轮回转轴线进行进给运动,工件连同工作台进行横向往复移动。磨削过程中,砂轮端面和被加工零件表面接触面积大,排屑困难,容易发热产生热变形,工件表面加工质量比周磨法差。但是,端磨法中砂轮端面磨削时砂轮主要承受轴向力,主轴变形小,刚性好,可选择大一些的磨削用量,故生产效率高,常用来粗磨平面。

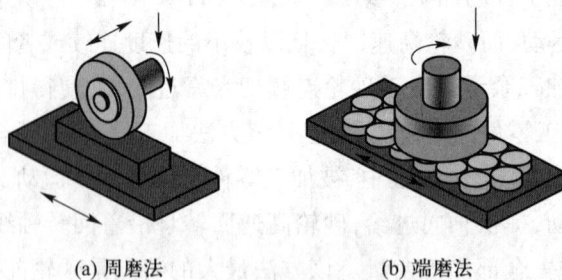

(a) 周磨法   (b) 端磨法

图 10-3　平面磨削方法

10.2 磨床与磨削加工刀具及夹具

10.2.1 磨床

1. 外圆磨床

外圆磨床有两类：普通外圆磨床和万能外圆磨床。普通外圆磨床主要用来加工外圆柱面、端面和有一定锥度的外圆锥面，其加工效率不高，适合小批单件生产。万能外圆磨床除了具有上述普通外圆磨床的加工能力之外，其头架和砂轮架可在水平面内转动一定的角度，且配有内圆磨头，还可以用来加工内圆柱面和内圆锥面。图 10-4 所示的M1450B 万能外圆磨床，主要由横向进给手柄、床身、头架、顶尖、砂轮、砂轮架、横向进给机构、尾座等组成。万能外圆磨床加工效率高，适合批量生产，应用范围比较广泛。外圆磨床在进行磨削过程中，主要有以下几种运动：一是砂轮的高速旋转运动，是磨削外圆的主运动；二是被加工零件随同工作台作纵向往复运动，是磨削外圆的纵向进给运动；三是被加工零件由头架主轴驱动而旋转，是磨削外圆的圆周进给运动；最后，砂轮作周期性的横向进给运动。

图 10-4 M1450B 万能外圆磨床

1—横向进给手柄；2—床身；3—头架；4—顶尖；5—砂轮；6—砂轮架；7—横向进给机构；8—尾座

2. 内圆磨床

内圆磨床常用来磨削内圆柱面、内圆锥面，在内圆磨床上安装专有磨头后还可以磨削孔内的内端面。图 10-5 所示的 M250A 普通内圆磨床，主要由头架、三角卡盘、砂轮、接长轴、砂轮架、床身、工作台、滑鞍等组成。内圆磨床磨削内圆时，砂轮架内的主轴带动接长轴和砂轮高速回转作主运动，同时工作台往复一次，砂轮架沿着滑鞍进行一次横向进给；工作台带动头架沿着床身上的导轨进行往复移动，作纵向进给运动；头架内的主轴带动工件低速回转，作圆周进给运动。

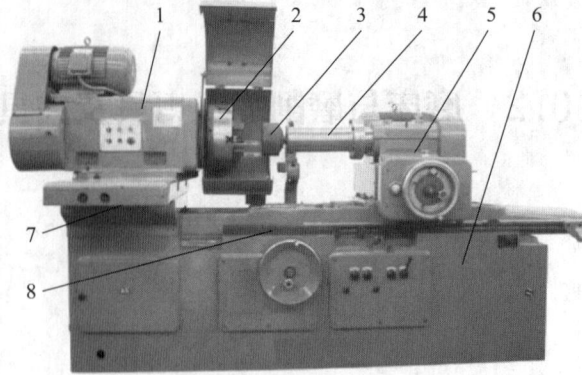

图 10-5　M250A 普通内圆磨床

1—头架；2—三角卡盘；3—砂轮；4—接长轴；5—砂轮架；6—床身；7—工作台；8—滑鞍

3. 平面磨床

平面磨床分为立式平面磨床和卧式平面磨床,工作台有矩形和圆形两种。图 10-6 所示的 M7130 普通平面磨床,主要由床身、工作台换向手柄、砂轮箱垂直进刀手柄、活塞杆、砂轮、砂轮箱、立柱、砂轮箱横向移动手柄、工作台等组成。普通平面磨床磨削时,砂轮的高速回转运动是主运动;工作台可沿着导轨纵向往复移动,提供纵向进给;砂轮箱可以通过转动横向移动手柄实现横向进给,转动砂轮箱垂直进刀手柄可实现垂直方向进给。

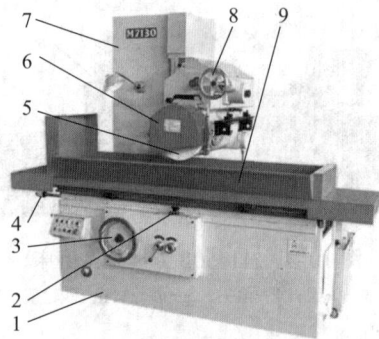

图 10-6　M7130 普通平面磨床

1—床身；2—工作台换向手柄；3—砂轮箱垂直进刀手柄；4—活塞杆；5—砂轮；
6—砂轮箱；7—立柱；8—砂轮箱横向移动手柄；9—工作台

4. 无心磨床

无心磨床就是无需对工件的轴心进行定位,一般通过砂轮来磨削的磨床。无心磨床的加工原理是砂轮高速旋转进行磨削,同时导轮以较慢速度同向旋转,从而带动工件旋转,作圆周进给。贯穿磨削时通过调整导轮轴线的倾斜角完成轴向进给,切入磨削时通过导轮架或砂轮架的移动完成径向进给。图 10-7 所示的 M1040 无心磨床由床身、砂轮修整器、托板、砂轮架、导轮架、导轮修整器和进给手轮组成。托板和导轮架定位比一般外圆磨床、中心架等的支承刚性好,切削量可以较大,并有利于细长轴类工件的加工,易于完成高速磨削和强力磨削。无心磨床的特点是可以连续加工,无需退刀,装夹工件时间短,不需打中心孔,且易于实现上、下料自动化,生产率高,适用范围广。

图 10-7　M1040 无心磨床

1—床身；2—砂轮修整器；3—托板；4—砂轮架；5—导轮架；6—导轮修整器；7—进给手轮

10.2.2　砂轮的选择及安装

砂轮的选择不但影响工件的加工精度和表面质量,而且还影响砂轮的损耗、使用寿命,磨削的生产效率和生产成本。合理选择砂轮应遵守以下几项基本原则:砂轮的磨料应具有较好的磨削性能;砂轮在磨削时应具有合适的"自锐性";砂轮不宜磨钝,有较长的使用寿命;磨削时产生较小的磨削力;磨削时产生较小的磨削热;能达到较高的加工精度;加工表面能达到较小的表面粗糙度值;工件表面不产生烧伤和裂纹。在选择砂轮时,通常从磨料、粒度、硬度、结合剂、组织及形状与尺寸等六个特性综合考虑,选用合理的砂轮。

(1)外圆磨削　磨料的选择要与被加工零件的材料和热处理方法相适应。磨料中以棕刚玉和白刚玉最常用。精磨时应选择较细的磨料粒度;粗磨时则相反。磨削容易变形的工件时,磨料粒度也要选得粗些。选择外圆磨削砂轮时,磨削导热性能差的金属材料及树脂、橡胶等有机材料时,应该选择低硬度砂轮,而高速、高精密磨削时应选择高硬度砂轮。自动进给磨削比手动进给磨削、湿磨比干磨、树脂结合剂砂轮比陶瓷结合剂砂轮的磨料硬度要高一些。外圆磨削大部分都选择陶瓷结合剂,且砂轮组织均较为疏松。一般根据磨床结构和工件尺寸选择砂轮的形状和尺寸,应该尽可能选择直径大一些的砂轮,以提高磨削速度。

(2)内圆磨削　一般根据工件的材料特性和加工要求选择磨料。为了避免被加工零件表面被烧伤和提高砂轮的磨削能力,一般选择较粗的磨料粒度,一般内圆磨削的磨料粒度比外圆磨削的磨料粒度低 1 ~ 2 号。通常内圆磨削的砂轮要比外圆磨削的砂轮硬度低 1 ~ 2 级,如果内圆直径较小时,要适当提高砂轮的硬度。内圆磨削一般选择陶瓷结合剂,且砂轮组织要比外圆磨削疏松 1 ~ 2 号。为了保证内圆磨削的加工效果,砂轮直径与工件内孔直径比值一般为 0.5 ~ 0.9,当工件内孔直径较小时,可选择较大比值的砂轮,当工件内孔直径较大时,可选择较小比值的砂轮。在砂轮接长轴刚性和机床功率允许的范围内,砂轮宽度应选择大一些。

（3）平面磨削　磨削平面时,磨料的选择和内外圆磨削的选择依据一样。在满足工件表面粗糙度要求的前提下,应尽量选择粗粒度的砂轮。磨削软材料的工件应选用较硬的砂轮,而磨削软且韧性大的有色金属,应选用较软的砂轮。端面磨削比圆周磨削的砂轮硬度应软 1 ~ 2 级;在同等条件下,树脂结合剂砂轮比陶瓷结合剂砂轮、湿磨比干磨的砂轮硬度应硬 1 ~ 2 级。结合剂可根据磨削方法、砂轮转速以及表面加工质量要求综合考虑。通常粗磨和磨削较软金属材料时,应选择组织较紧密的砂轮,磨削机床导轨和硬质合金工具时,应选择组织较疏松的砂轮。砂轮的形状和尺寸应该根据磨床的加工条件及工件结构确定,在条件允许的情况下,一般选择直径和宽度较大的砂轮,以便提高生产效率和表面加工质量。

外圆磨削和平面磨削的砂轮安装方法相同。首先将已安装好砂轮并经过静平衡的砂轮卡盘装夹到头架的主轴上,用力推紧;再装上专用垫圈,将紧固螺母套在主轴上;利用专用套筒并配合扳手,通过榔头逆时针方向敲打扳手,直至砂轮完全紧固在头架主轴上。

内圆磨削的砂轮安装主要有螺纹紧固和黏结剂紧固两种方法。螺纹紧固法主要通过螺钉将砂轮固定在接长轴的一端,接长轴与砂轮内孔采用间隙配合,最大间隙不要超过 0.2 mm,如果间隙过大,可以在接长轴上套上垫纸或者铜皮,且砂轮两个端面需要装上黄纸片等软性衬垫,厚度最好为 0.2 ~ 0.3 mm,可保证砂轮受力均匀,紧固可靠。紧固螺钉的螺纹旋向要与砂轮工作时的旋转方向相反。磨削小孔径圆柱面时,通常用黏结剂将砂轮黏结在接长轴上,如果接长轴和砂轮内孔间隙偏大,可将接长轴外圆滚压成网纹状以提高结合强度,黏结剂应均匀填满整个间隙,待自然干燥或者烘干后,冷却 5 min 即可使用。

10.2.3　砂轮的静平衡和修整

由于砂轮在制造过程中可能出现密度不均匀、两个端面不平行、内外圆不同轴等情况,当砂轮重心与回转轴线不重合时,容易造成其在法兰盘上产生偏心而不平衡,而不平衡的砂轮高速旋转时会引起机床振动,使被加工零件表面出现振痕或烧伤,甚至直接使砂轮碎裂,因此,对于直径在 125 mm 以上的砂轮都应该进行平衡实验。

砂轮平衡实验主要包括静平衡实验和动平衡实验,磨削过程中,一般进行静平衡检测,如图 10-8 所示。砂轮的静平衡实验主要分为如下几个步骤:首先,将平衡架通过水平仪进行水平平衡,把砂轮装在安装套上,并穿过平衡砂轮专用轴放置在平衡架上;其次,将安装套上的平衡块全部取下,等待砂轮停止转动,并在砂轮最高点做好标记;再次,重新转动砂轮,等待砂轮再次静止,观察最高点是否还是原来的最高点,如果是则在最高点位置的安装套里面放置一个平衡块;最后,依次重复上述操作,直至砂轮可以停留在任意位置。

砂轮使用一段时间后通常会出现钝化,从而降低磨削能力,或者使砂轮不具备正确的几何形状,而砂轮工作表面的磨料是否锋利以及砂轮轮廓形状是否失真,会直接影响到磨削效率和被加工零件的表面质量和精度。因此,及时正确地修整砂轮是提高磨削效率和保证磨削质量的关键步骤。通常可以利用修整工具将砂轮修整成形,或者修去磨钝砂轮的表层,以恢复砂轮工作表面的磨削性能和正确的几何形状。砂轮修整方法一般有车削法、滚压法和磨削法。车削法修整砂轮一般利用金刚石作为工具,修整速度等于砂轮的回转速度,如图10-9所示。

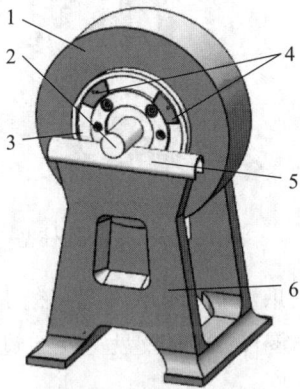

图 10-8　砂轮的静平衡实验

1—砂轮；2—心轴；3—法兰盘；
4—平衡块；5—平衡轨道；6—平衡架

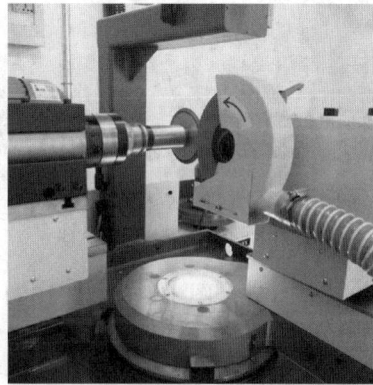

图 10-9　金刚石砂轮修整机

10.2.4　夹具附件

图 10-10 和图 10-11 所示的顶尖和鸡心夹头为磨削最常用且精度较高的核心夹具,两者通常配合使用,用于磨削各类轴类零件。顶尖有高速钢顶尖和镶硬质合金顶尖,前者常用于磨削一般硬度的工件,后者用于磨削淬火后的工件。在单件生产中常用鸡心夹头装夹,而在批量生产中一般根据工件被夹持的部分设计出专用夹头,以保证安装精度,提高生产效率。

图 10-10　顶尖

图 10-11　鸡心夹头

　　图 10-12 和图 10-13 所示为锥度心轴和中心孔柱塞。前者常用于以孔或者孔端面为基准的盘类和套筒类工件装夹,确保被加工零件外圆与内孔的同轴度和外圆、内孔与端面的垂直度;后者用在两端空心的轴类工件上,装上中心孔柱塞后配合顶尖装夹,磨削外圆或者端面。

图 10-12　锥度心轴　　　　　　　　图 10-13　中心孔柱塞

　　图 10-14、图 10-15、图 10-16、图 10-17 所示的三爪卡盘、四爪卡盘、磁力吸盘和磁力过渡垫块,均为磨床常用夹具,卡盘主要用来装夹轴类零件,磁力吸盘主要通过强磁力吸附工件,常用在平面磨床上。

图 10-14　三爪卡盘　　　　　　　　图 10-15　四爪卡盘

图 10-16　磁力吸盘　　　　　　　　图 10-17　磁力过渡垫块

10.2.5　工件的安装

（1）外圆磨削　在外圆磨床上，工件一般采用前后顶尖装夹，也可以利用三爪卡盘、四爪卡盘和心轴装夹。顶尖装夹如图 10-18 所示，其安装方法和车削中所采用的方法基本一样，但是磨床上的顶尖是固定的，不会随同被加工零件旋转，且尾座顶尖依靠弹簧推紧力夹紧工件，可以充分保证安装精度，提高磨削加工精度。图 10-19 所示为三爪卡盘装夹，其装夹方法和车削中的装夹方法基本一样。

图 10-18　顶尖装夹

图 10-19　三爪卡盘装夹

（2）内圆磨削　在内圆磨床上被加工零件一般采用三爪卡盘装夹，对于形状非常复杂的被加工零件可以采用四爪卡盘或者花盘装夹。另外，对于比较长的套类零件可以利用卡盘和中心架装夹，上述装夹方法与车削中的装夹方法基本一样。

（3）平面磨削　平面磨床工作台上装有磁力吸盘，接通电源后磁力吸盘可以吸附各种导磁材料工件（如钢材、铸铁等工件可以直接安装在工作台上），如图 10-20 所示。工件磨削完毕后，只要切断电源，即可卸下工件。而铜、铝等没有导磁性的材料工件可以通过精密平口钳装夹在工作台上。

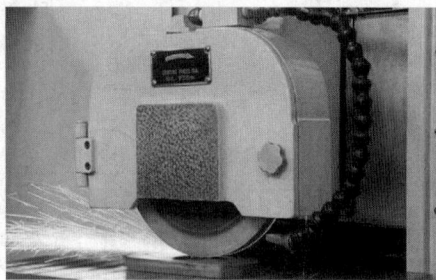

图 10-20　磁力吸盘装夹

俗话说："刀若不磨要生锈，人若不学要落后"。中国工程院院士、山东大学终身教授艾兴是我国著名的机械工程专家、切削加工研究领域的开拓者，他秉承终身学习的理念，始终站在技术攻关的最前线，以严谨的治学精神和朴素的家国情怀永远激励着后人。为了保证纺织机械的生产质量，需要电锭在 7 800 r/min 的转速下与锭杆不产生振动。而当时国外制造电锭基本使用的是磨削技术，要达到这个要求，需要在电锭的制造过程中将误差控制在 0.01 mm ~ 0.02 mm，这在当时对按照正常思路使用磨削技术的纺织厂而言是无法达到的标准。几经转折，这个难题到了艾兴院士手里。艾兴院士经过分析得出：利用磨削技术确实达不到该项技术指标，于是他提出了用"铰削"技术的解决方法。后来，艾兴院士针对国营青岛纺织机械厂（现青岛纺织机械股份有限公司）的问题又成功研制了专用铰刀和切削液，解决了重大关键技术难题，保证了产品及时出口，受到原纺织部的嘉奖。作为新时代的一名大学生，要学习艾兴院士的奋斗精神，为真正实现由"中国制造"到"中国创造"而努力学习。

10.3 磨削实训案例

本教材以 V 形支架磨削作为磨削实训示例。其材料是 20Cr,热处理方式为渗碳淬火,硬度约为 59 HRC,形状及尺寸如图 10-21 所示。其磨削流程如下。

(1)以 1 面为基准磨削 2 面,翻转后磨削 2 面至尺寸(80±0.02)mm,且保证平行度,平行度公差为 0.01。

(2)以 1 面为基准,校核 3 面,磨削 3 面,保证垂直度,垂直度公差 0.02,利用精密角铁定位。

(3)以 1 面为基准,校核 5 面,磨削 5 面,用精密角铁定位。

(4)以 5 面为基准,磨削 6 面至尺寸(80±0.02)mm。

(5)以 3 面为基准,磨削 4 面至尺寸(100±0.02)mm,同时保证平行度,平行度公差为 0.02。

(6)以 2 面为基准,校核 2 面与工作台的纵向平行,切入磨削至尺寸 $20^{+0.10}_{+0.005}$ mm,再分别磨削两内侧面至尺寸(40±0.04)mm。

(7)最后以 1 面和 5 面为基准,磨削 90° 两个斜面,保证对称度,对称度公差为 0.05,用导磁 V 形块定位。

(8)检测各加工尺寸和表面质量。

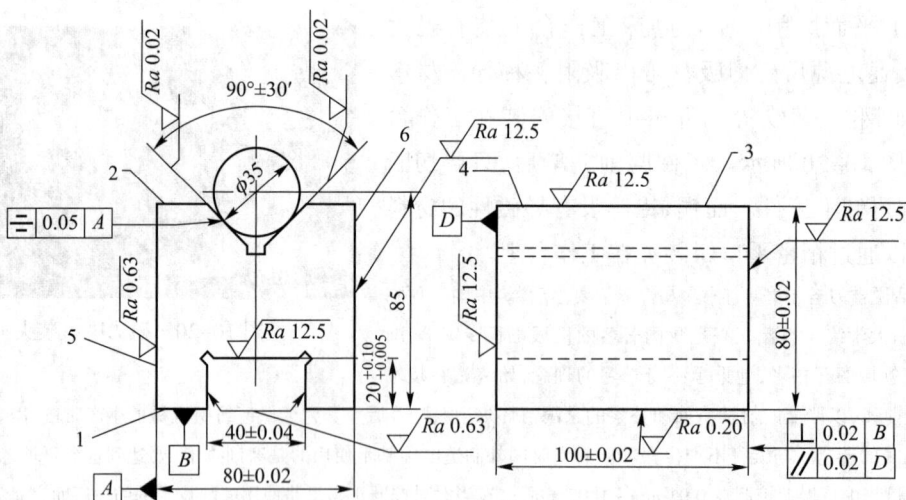

图 10-21 V 形支架

思考和练习

1. 磨削加工可达到的表面粗糙度是多少?
2. 磨削加工工艺参数有哪些?
3. 外圆磨削有哪几种常见加工方式?
4. 外圆磨床的主要组成部分有哪些?
5. 常用磨削平面的方法有哪几种? 优缺点各是什么?
6. 为什么要进行砂轮静平衡实验?
7. 砂轮钝化后如何处理?
8. 常用的磨削夹具安装附件有哪些?
9. 磨削外圆时装夹工件的方式是否与车削一样?
10. 磁力吸盘能否用于内圆磨削?

第11章
现代加工技术

11.1 数控机床概述

11.1.1 数控机床的工作原理、组成和加工特点

1. 数控机床的工作原理

根据加工图样所规定的几何形状、尺寸、精度及技术要求等,编制数控加工程序,程序输入数控装置,被翻译成机器能够识别的控制指令,最后由伺服系统将控制指令变换和放大后驱动机床上的电动机(包括主轴电动机和进给伺服电动机)转动,并带动工件与刀具之间产生相对运动,同时辅助控制机构控制机床的辅助动作(包括自动换刀,冷却液开、关等),从而实现零件的自动加工。数控机床工作原理如图 11-1 所示。

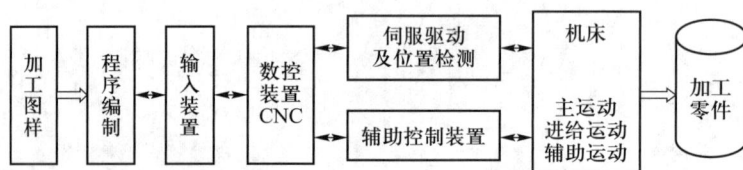

图 11-1 数控机床工作原理

2. 数控机床的组成

数控机床一般由输入输出装置,数控装置,伺服系统,位置检测装置和辅助控制装置和受控设备等四部分组成,基本结构如图 11-2 所示。

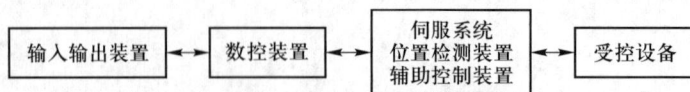

图 11-2 数控机床组成

(1)输入输出装置

输入输出装置主要用于数控程序的编译、存储、打印和显示等。输入装置有穿孔纸带、

磁盘、MDI 手动数据输入、RS232 接口等,输出装置为显示器。

（2）数控装置

数控装置是数控机床的核心部分,根据输入的程序或数据,进行译码、运算和逻辑处理后,输出各种信号和指令。

（3）伺服系统、位置检测装置和辅助控制装置

伺服系统根据数控装置发来的速度和位移指令,控制执行部件的进给速度、方向和位移。

位置检测装置由测量部件和相应的测量电路组成,间接或直接测量执行部件的实际位移和速度,并发送反馈信号与指令信号相比较,将其误差转换放大后控制执行部件的运动,以提高加工精度。一些精度要求不高的开环控制数控机床没有位置检测装置。

辅助控制装置是介于数控装置和受控设备的机械、液压部件之间的强电控制装置。

（4）受控设备

受控设备是数控机床的实体,是完成实际切削加工的机械部分,主要包括以下部件。

主运动系统:包括主轴电动机、主运动传动机构等,产生机床的主运动。

进给运动系统:包括进给伺服电动机、进给运动传动机构、工作台等,产生机床的副运动。

配套装置:包括自动换刀装置,润滑、冷却、排屑、防护、液压气动装置等。

支承件:包括床身、立柱、底座等,是组成机床本体的基本骨架。

3. 数控机床的加工特点

数控机床是一种灵活、通用、高效能自动化加工设备,能完成普通机床无法实现的许多复杂曲线和曲面的加工,具有工序集中、自动化程度高、加工精度高、加工质量稳定、适应性强、生产效率高、劳动强度较低和经济效益良好等诸多优点,便于实现制造和生产管理的自动化、柔性化。

11.1.2 数控机床分类

数控技术的功能强大,目前数控机床品种规格繁多,按其工艺用途可分为如下四类。

（1）金属切削类 金属切削类数控机床包括数控车床、数控铣床、数控磨床、数控钻床、数控镗床等。但这类数控机床自动化程度还不够完善,仍需人工来更换刀具。随着数控技术的不断发展,在这类数控机床的基础上又产生了具有多轴、带有刀库和自动换刀装置的高档数控机床,即数控加工中心。通过编程,可在这类数控机床上实现对零件一次装夹,自动完成"车、铣、镗、钻、铰、攻螺纹"等多种工序的连续加工。由于减少了多次装夹造成的定位误差,因此,数控加工中心具有更高的工作效率和加工精度。数控加工中心主要有数控铣削加工中心和数控车削加工中心。

（2）金属成形类 金属成形类数控机床是指采用"挤、压、冲、拉"等成形工艺的数控机

床,常用的有数控折弯机、数控弯管机、数控冲床和数控压力机等。

（3）数控特种加工类　数控特种加工机床包括数控线切割机床、数控电火花成形加工机床、数控激光加工机床、数控淬火机床等。这类机床属于数控技术与特种加工技术（包括超声波、激光、电能、电化学能特种加工技术）相结合的数控机床。

（4）其他类　无法归类为以上三种形式的机床主要有数控绘图机、数控测量机、机器人等。

11.1.3　数控机床的坐标系

为了简化数控编程,确保数控机床运行和操作的规范化、标准化,按照等效于 ISO841 的我国标准 JB/T 3051—1999,对数控机床的标准坐标系及其坐标轴方向做了统一规定。

1. 机床坐标系、机床原点、机床参考点

（1）机床坐标系

机床坐标系是机床上固有的基本坐标系,采用右手笛卡儿直角坐标系,三个基本坐标轴分别为 X、Y 和 Z 轴。如图 11-3 所示,右手拇指为 X 轴,食指为 Y 轴,中指为 Z 轴,其正方向为各手指的指向,并分别用 $+X$、$+Y$、$+Z$ 表示。分别绕 X、Y、Z 轴回转的旋转轴为 A、B、C 轴,其正方向相应地在 X、Y、Z 坐标正方向上用右手螺旋定则判定,分别用 $+A$、$+B$、$+C$ 表示。对于工件运动而不是刀具运动的机床,则分别用 $+A'$、$+B'$、$+C'$ 表示。

规定:不论数控机床的具体结构是工件静止、刀具运动,还是工件运动、刀具静止,数控机床的运动原则一律假定工件不动,刀具相对于工件运动。

判定机床坐标系时,一般先确定 Z 轴,再确定 X 轴,最后根据右手笛卡儿直角坐标系确定 Y 轴。各坐标轴运动方向的判定方法如下。

Z 轴:与机床主运动轴线平行的方向为坐标 Z 轴,正方向为刀具远离工件的方向。

数控车床:机床主运动是主轴夹持工件产生的旋转运动,如图 11-4 所示。

数控立式铣床、卧式铣床:机床主运动是主轴夹持刀具产生的旋转运动,如图 11-5、图 11-6 所示。

X 轴:垂直于 Z 轴且平行于工作台面的方向为坐标 X 轴,对于工件旋转的机床（如数控车床）,X 轴正方向是远离工件旋转中心的方向。

数控卧式车床（前置刀架）:X 轴的正方向朝向操作者,如图 11-4 所示。

数控立式铣床:从机床的主轴朝立柱方向看过去,朝右为 X 轴正方向,如图 11-5 所示。

数控卧式铣床:从机床主轴朝工件方向看过去,X 轴正方向朝右,如图 11-6 所示。

Y 轴:Y 轴及其正方向根据已经确定好的 X 轴和 Z 轴,再按右手笛卡儿直角坐标系来确定。

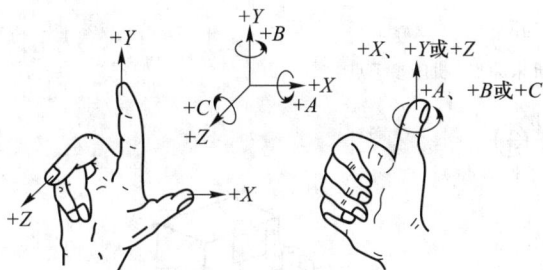

图 11-3 笛卡儿直角坐标系

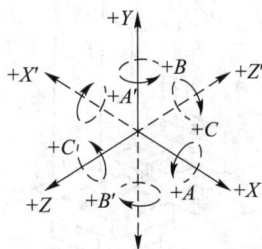

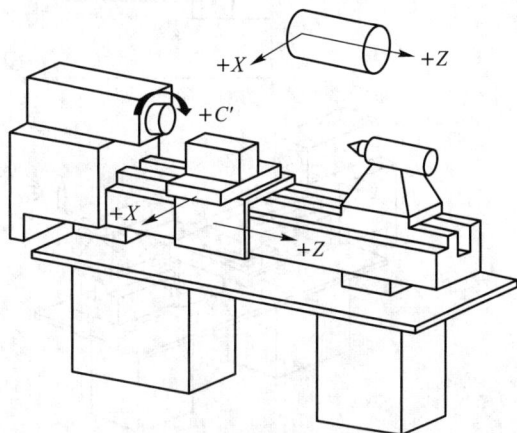

图 11-4 数控车床坐标系

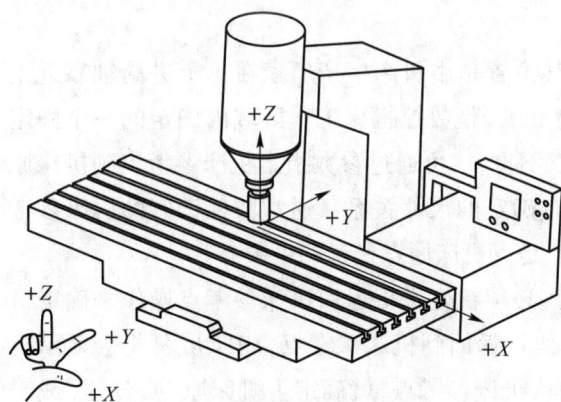

图 11-5 数控立式铣床坐标系

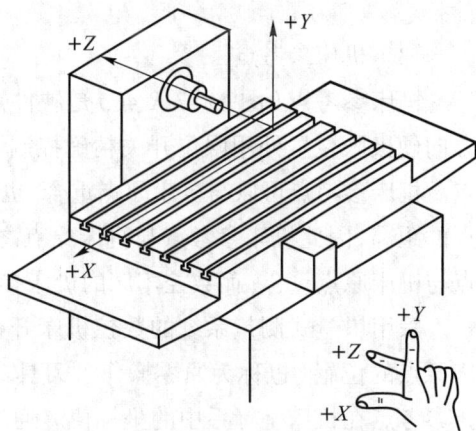

图 11-6 数控卧式铣床坐标系

（2）机床原点

机床原点即机床坐标系原点，也称为机械原点（图 11-7 中的 M 点）。机床原点是机床制造厂家在机床制造、装配、调试时设置好的一个固定点，通常不允许用户改变，是用来建立其他坐标系和设定机床参考点的基准点，也是数控机床进行加工时运动的基准参考点。机床原点不是一个硬件点，而是一个定义点。

各机床制造厂家在设置机床原点位置时可能不尽相同，操作机床时应参照机床操作手册。通常数控铣床的机床原点设置在 X、Y、Z 坐标轴靠近正方向硬极限位置处；数控车床的机床原点一般设置在卡盘后端面与主轴旋转中心的交点处，同时，通过设置参数的方法，也可将数控车床原点设定在 X、Z 坐标轴靠近正方向硬极限位置处，如图 11-7 所示。

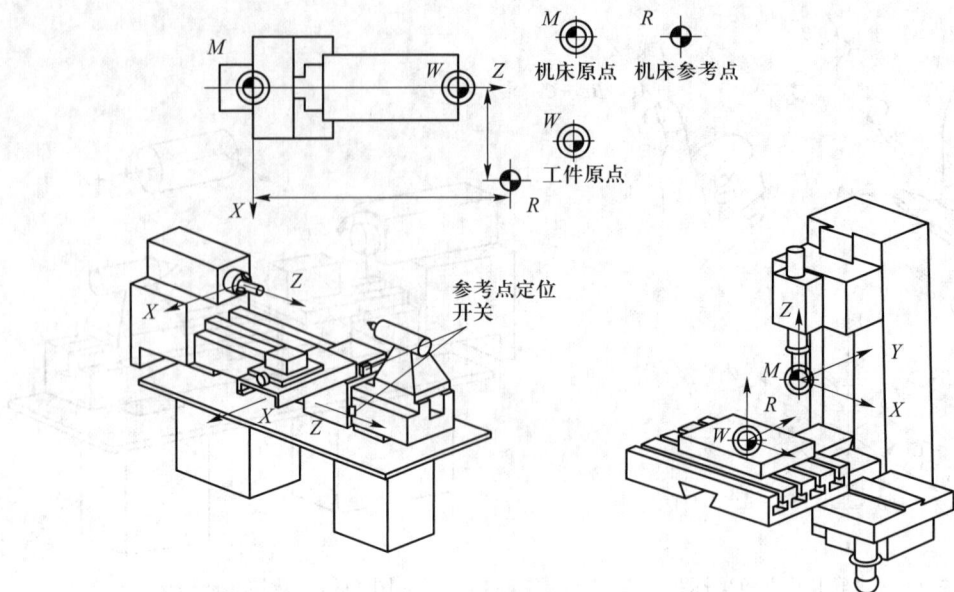

图 11-7 机床坐标系原点及参考点

（3）机床参考点

机床参考点（图 11-7 *R* 点）是硬件点，其位置是由机床生产厂家在每个进给轴靠近正方向硬极限位置处用限位开关精确控制调整好的，是数控机床工作区域内确定的一个固定点。机床参考点可以与机床原点重合，也可以不重合，可通过参数指定机床参考点到机床原点的距离，因此机床参考点与机床原点之间有确定的尺寸关系。通常数控铣床的机床参考点与机床原点重合；而数控车床的机床参考点是离机床原点最远的极限点。

采用增量式测量系统的数控机床开机后，必须首先进行返回机床参考点操作来确定机床原点的位置（也称为回零操作），刀具或工作台返回到机床参考点，CRT 屏幕将会显示机床参考点在机床坐标系中的坐标值。通过确认机床参考点，就确定了机床原点，刀具（或工作台）的移动才有基准。

2. 工件坐标系、工件原点

（1）工件坐标系

工件坐标系是进行数控编程时设定的坐标系，以机床坐标系为基础。为了方便编程，编程人员根据图样上零件的几何形状、尺寸、精度及加工工艺等在工件上建立坐标系，使零件图样上所有的几何元素在坐标系中都有确定的位置，为编程提供坐标数据。工件坐标系的坐标轴及运动方向与机床坐标系保持一致。

（2）工件原点

工件坐标系的原点也称为工件原点或编程原点，其位置由编程人员根据具体情况自行设定，一般应选择在零件的设计基准或工艺基准处。例如：回转件或对称零件的工件原点应设在回转中心线或对称中心线上，Z 轴方向的工件原点应设在零件的某一个表面或端面位置(如图 11-7 中的 W 点)。编程时,以零件图样上所选择的点为原点建立工件坐标系,然后按工件坐标系中的各点坐标值进行编程。工件坐标系一旦建立就一直有效,直到被新的工件坐标系取代为止。

工件一旦被装夹在机床上,工件原点与机床原点之间就存在了确定的位置关系,即两坐标系原点的偏差不变,因此要测量工件原点与机床原点之间的距离,可以由机床操作者通过"对刀"操作测得。该偏置值可以预存在数控系统内或编写在加工程序中,在加工时就可以确定工件坐标系原点在机床坐标系中的位置,从而实现零件的加工。图 11-8 为数控车床上工件坐标系与机床坐标系之间的位置关系示意图,其中 G53 代表机床坐标系,G54 代表工件坐标系,ΔX、ΔZ 为工件原点与机床原点之间的距离,也叫零点偏置。

3. 绝对坐标编程和增量坐标编程

数控程序中几何点的坐标位置有两种表达方式,一种是绝对坐标,另一种是增量坐标。

绝对坐标方式:所有的坐标点均以工件原点为基准来表示坐标位置。如图 11-9 所示,从 A 点移动到 B 点,B 点的绝对坐标为:X90,Y60。

增量坐标方式:以运动终点相对于运动起点位置坐标尺寸的增量来表示当前坐标点的位置。如图 11-9 所示,从 A 点移动到 B 点,B 点的增量坐标为:X60,Y30。

在数控编程中,可采用绝对坐标编程,也可用增量坐标编程,车削编程还可同时用两种方式混合编程。通常在铣削编程中绝对坐标编程用 G90 指令设定,增量坐标编程用 G91 指令设定,在车削编程中采用 X、Z 表示绝对坐标,用 U、W 表示增量坐标。

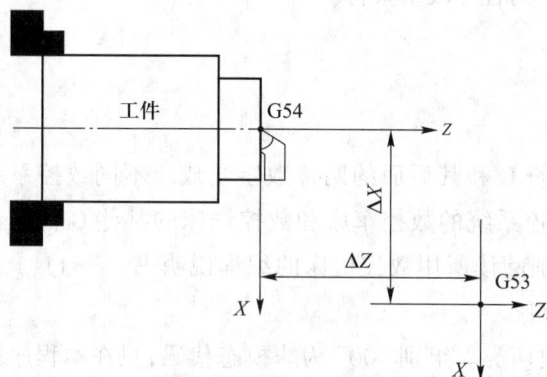

图 11-8 工件坐标系与机床坐标系之间的位置关系示意图

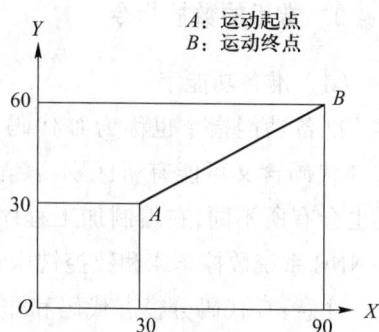

图 11-9 绝对坐标编程和增量坐标编程

11.1.4 数控程序编制基础

1. 数控程序编制的内容

数控程序编制是指根据零件图样编制零件加工程序和制作控制介质的全部过程,可分为手工编程和自动编程两类。

手工编程根据加工图样提供的零件尺寸、形状、精度及技术要求等信息,结合加工工艺(包括机床、刀具、夹具、加工参数、工序等),按照数控编程规定的指令和格式编写程序,然后通过机床操作面板手工输入数控装置中,进行程序模拟、校验。手工编程只适用于几何形状不太复杂的简单零件,其计算简单,程序段较少。而对于复杂型面或程序量很大的零件,必须采用专用编程软件进行自动编程。目前,常用的自动数控编程软件有 UG、Master CAM、Creo 等。

2. 数控程序格式

（1）程序结构

一个完整的零件加工程序由程序号、程序主体和程序结束三部分组成。程序号的作用是便于程序检索,其第一位字符为地址符,因不同的数控系统而有所不同,比如 FANUC 系统用大写英文字母“O”表示,华中数控系统用“%”表示,后跟数字符号。程序主体表示数控机床要完成的全部动作,由若干个程序段所构成,每个程序段又由若干个代码字组成,每个代码字则由地址符（字母）和数字（有些数字还带有符号,包括小数点、“+”“-”）组成。程序结束以辅助功能指令（M02 或 M30）来结束整个零件加工过程。

（2）程序段格式

目前国内外使用较多的程序段格式是地址符可变程序段格式:

N__ G__ X__ Y__ Z__ F__ S__ T__ M__ ;

其中 N 为程序号;G 为准备功能字;X、Y、Z 为坐标功能字;F 为进给功能字;S 为主轴功能字;T 为刀具功能字;M 为辅助功能字;“ ; ”为程序段结束符。

3. 常用的数控指令

（1）准备功能字

准备功能指令也称为 G 代码,由地址符 G 和其后面的两位数字组成。不同数控系统的 G 代码含义可能有所区别,甚至同一数控系统的数控车床和数控铣床的某些 G 代码含义也会有所不同,在编制加工程序时需仔细阅读所用数控机床的编程说明书。表 11-1 为 FANUC 系统数控车床和数控铣床常用 G 指令。

注意:G 代码分模态代码和非模态代码两类。组别“00”为非模态代码,只在本程序段中才有效。其他组别为模态代码,又称为续效代码,在程序中经一次指定后一直有效,直到出现同组的其他 G 代码时才失效。

（2）坐标功能字

坐标功能字也称为尺寸字,用来设定机床各坐标点的位移量,由地址符和一串数字（包括小数点、“+”“-”）组成。

（3）进给功能字

进给功能字用来指定刀具相对工件运动的速度,由地址符 F 和后面的数字表示,其单位一般为 mm/min。当进给速度与主轴转速有关时（如车螺纹或者攻螺纹等）,使用的单位为 mm/r。

表 11-1　FANUC 系统数控车床和数控铣床常用 G 指令

G 代码	数控车削系统			数控铣削系统		
	组别	含义		组别	含义	
G00		快速点定位			快速点定位	
G01	01	直线插补		01	直线插补	
G02		顺时针圆弧插补			顺时针圆弧插补	
G03		逆时针圆弧插补			逆时针圆弧插补	
G04	00	暂停		00	暂停	
G17		XY 平面选择			XY 平面选择	
G18	16	XZ 平面选择		02	XZ 平面选择	
G19		YZ 平面选择			YZ 平面选择	
G20		英制单位输入			英制单位输入	
G21	06	公制单位输入		06	公制单位输入	
G27		返回机床参考点检查			返回机床参考点检查	
G28	00	返回机床参考点		00	返回机床参考点	
G40		刀尖半径补偿取消			刀具半径补偿取消	
G41	07	刀尖半径左补偿		07	刀具半径左补偿	
G42		刀尖半径右补偿			刀具半径右补偿	
G43	—	—			刀具长度正补偿	
G44	—	—		08	刀具长度负补偿	
G49	—	—			刀具长度补偿取消	
G50	00	工件坐标系设定 或最大主轴转速设定		22	比例缩放取消	
G54~G59	14	工件坐标系设定		14	工件坐标系设定	
G70		精加工循环		—	—	
G71		外、内圆粗车复合循环		—	—	
G72	00	端面粗车复合循环		—	—	
G76		螺纹车削复合循环		09	精镗循环	
G90	01	内、外圆车削单一固定循环			绝对坐标编程	
G91	—	—		03	增量坐标编程	
G92		螺纹车削单一固定循环		00	工件坐标系设定	
G94	01	端面车削单一固定循环			每分钟进给	
G95	—	—		05	每转进给	
G98		每分钟进给			固定循环返回起始点	
G99	05	每转进给			固定循环返回机床参考点	

（4）主轴功能字

主轴功能字用来指定主轴的速度，由地址符 S 和后面的数字表示，单位为 r/min。

（5）刀具功能字

当系统具有换刀功能时，刀具功能字用来选择更换的刀具。刀具功能字由地址符 T 和后面的两位或者四位数字表示（前两位表示刀具号，后两位表示该刀具的刀具补偿号。如后两位为"00"，则表示取消该刀具的刀具补偿）。

以上 F 功能、T 功能、S 功能均为模态代码。

（6）辅助功能字

辅助功能字 M 代码是用于控制数控机床辅助功能操作的指令，如切削液的开、关，主轴的正、反、停转，工件的夹紧、松开，换刀，程序结束等。在 FANUC 系统中，一个程序段只能使用一个 M 指令，若指定了两个或两个以上 M 指令，则最后指定的 M 指令有效。FANUC 系统常用辅助功能 M 指令如表 11-2 所示。

表 11-2   FANUC 系统常用辅助功能 M 指令

代码	功能	附注	代码	功能	附注
M00	程序停止	非模态	M07	切削液开	模态
M01	选择停止	非模态	M08	切削液开	模态
M02	程序结束	非模态	M09	切削液关	模态
M03	主轴正转（CW）	模态	M30	程序结束并回到程序头	非模态
M04	主轴反转（CCW）	模态	M98	调用子程序	模态
M05	主轴停止	模态	M99	返回主程序	模态
M06	换刀	非模态			

11.2   数 控 车 床

11.2.1   数控车床的加工对象

数控车床主要用于加工轴类、盘类和环形类等回转体零件，能够实现对这类零件的内、外圆柱面、圆锥面、端面、圆弧面和螺纹等的切削加工，并能进行切槽、钻孔、扩孔和铰孔等加工。

随着当今数控技术的快速发展，对数控车床的功能提出了更高的要求，其工艺和工序将更加复合化和集中化，即把各种工序（如"车、铣、钻"等）都集中在一台数控车床上来完成，这就出现了数控车削加工中心。数控车削加工中心可以通过一次装夹工件完成全部或者大部分加工工序,从而大大缩短了产品制造工艺链,显著提高了生产效率以及加工质量。

11.2.2 FANUC 系统数控车床操作方法

尽管不同的数控系统和数控车床功能有所差异,数控操作面板也有一些差别,但其基本功能和操作面板的基本设置大同小异。下面以 CK6132A 型数控车床配 BEIJING-FANUC 0i Mate-TB 数控车削系统为例进行介绍。

1. CRT-MDI 面板的按钮及功能

FANUC 0i Mate 数控车削系统的 CRT-MDI 面板由 CRT 显示屏、MDI 键盘组成,如图 11-10 所示。

图 11-10 FANUC 0i Mate 数控车削系统的 CRT-MDI 面板

（1）CRT 显示屏

CRT 显示屏主要用来显示各功能的画面信息,在不同的功能状态下,其显示的内容也不相同。在显示屏下方有一排功能软键,通过这些软键可在不同的功能画面之间切换,显示用户所需要的信息。

（2）MDI 键盘

MDI 键盘面板如图 11-11 所示,各按键及功能如表 11-3 所示。

表 11-3 MDI 键盘各按键功能

名称	功能
地址 / 数字键区	用于输入字母、数字以及其他字符,EOB 为程序段结束符
POS	位置显示键,显示刀具的坐标位置
PROG	程序显示键
OFFSET/SETTING	偏置 / 设置显示键,设定并显示刀具补偿值、工件坐标系等
SYSTEM	系统显示键,系统参数设定与显示

续表

名称	功能
MESSAGE	信息显示键,显示报警信息
CUSTOM/GRAPH	用户宏 / 图形显示键,显示刀具轨迹等图形
光标移动键	可以使光标在屏幕上实现上、下、左、右移动
PAGE ↑ / ↓（翻页键）	用于将屏幕画面朝前或朝后翻一页
SHIFT（换挡键）	当要输入地址 / 数字键中右下角字符时先按此键切换
CAN（取消键）	按此键可清除已输入至缓冲器中的最后一个字符
INPUT（输入键）	当要把输入至缓冲器中的数据设定到寄存器时,按此键
ALTER（替换键）	替换光标所在位置字符
INSERT（插入键）	在光标所在位置后面插入字符
DELETE（删除键）	删除光标所在位置字符
HELP（帮助键）	按此键可提供与系统相关的帮助信息
RESET（复位键）	按此键可使 CNC 复位,所有操作停止或解除报警等

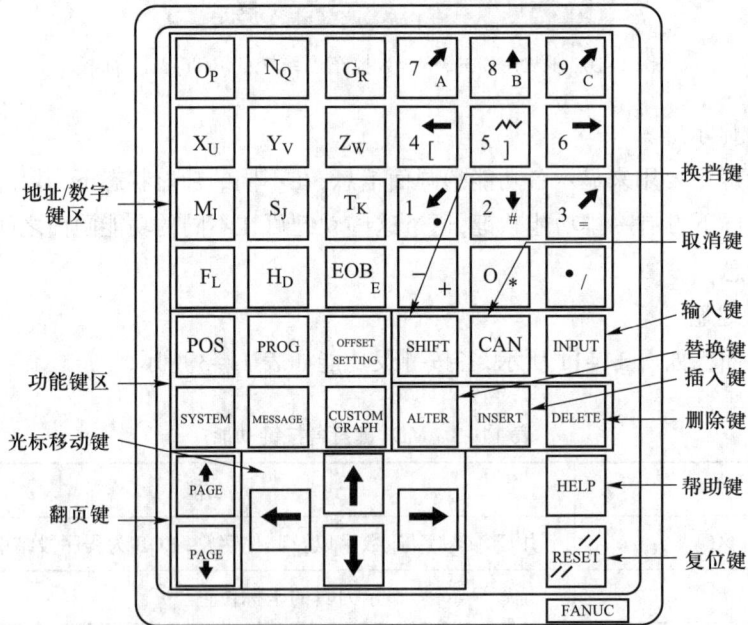

图 11-11 MDI 键盘面板

2. 数控机床操作面板的按键及其功能

CK6132A 型数控车床的操作面板如图 11-12 所示,部分按键功能如表 11-4 所示。

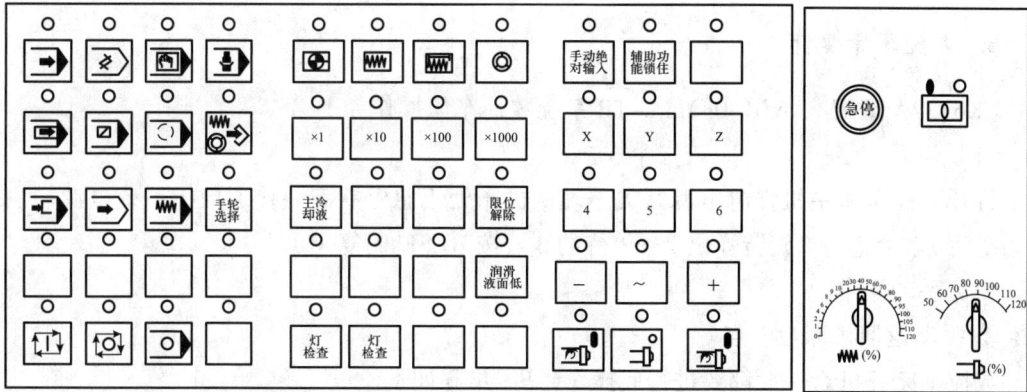

图 11-12　CK6132A 型数控车床的操作面板

表 11-4　CK6132A 型数控车床操作面板部分按键功能

按键	功能	按键	功能	按键	功能
➡	AUTO 自动运行方式	✎	EDIT 程序编辑方式	⊡	MDI 手动数据输入
⬇	DNC 运行方式	◉	REF 回机床参考点	⬒	JOG 手动运行方式
▥	手动增量方式	◎	手轮方式	➡	程序单段
▨	跳选程序段	◲	M01 选择停止	⬙	手轮示教方式
X	X 轴	Z	Z 轴	⬕	程序再启动
➡	进给锁住	⬒	空运行	手轮选择	手轮方式选择
−	坐标轴负向	∼	快速进给	+	坐标轴正向
↻	循环启动	▣	进给保持	▢	M00 程序停止
⬚	主轴正转	⬚	主轴停	⬚	主轴反转
急停	机床急停	▣	程序保护锁	⟳	主轴转速修调
⟳	进给修调				

3. 数控车床操作

CK6132A 型配 FANUC 0i Mate–TB 系统数控车床操作如下。

（1）开机

打开数控车床主机强电电源开关→确认机床处于急停状态→接通数控系统电源→（进入系统后）解除急停（旋转弹出）→等待约 3 s，按 RESET（复位）。

（2）手动操作

① 手动返回机床参考点

数控车床开机后一般都要进行此操作，具体步骤如下。

a. 在 MDI 面板上选择 POS 功能键，再按"综合"软功能键（在 CRT 显示屏下方）；

b. 按机床操作面板上的"回参考点"工作方式键；

c. 选坐标轴 X，按方向键"+"，等待 CRT 屏幕上"机械坐标"中的 X 坐标值显示为 0，对应的 LED 灯闪烁，X 轴即返回机床参考点；

d. 选坐标轴 Z，按方向键"+"，等待 CRT 屏幕上"机械坐标"中的 Z 坐标值显示为 0，对应的 LED 灯闪烁，Z 轴即返回机床参考点。

注意：返回机床参考点时，必须确认机床尾架处在机床尾部，并且必须先回 X 轴，后回 Z 轴，以避免刀架可能与机床尾架发生干涉。

② 手动连续进给

a. 在机床操作面板上选择"手动"工作方式，调整"进给修调"开关，选择合理的进给速度；

b. 选择需要移动的坐标轴（X 或 Z），按住方向键"+"或"–"不放，可实现所选坐标轴在对应方向上产生连续移动；若在按住"+"或"–"同时，按下"快速进给"键，即可实现所选坐标轴在对应方向上的快速移动。

③ 手动增量进给

a. 在机床操作面板上选择"手动增量方式"，选取所需的增量倍率 ×1、×10、×100 或 ×1000；

b. 选择移动的坐标轴（X 或 Z），每按一下方向键"+"或"–"，可实现所选坐标轴在对应方向上产生一个增量位移，位移量为 0.001 mm × 所选增量倍率，即分别为 0.001 mm、0.01 mm、0.1 mm 或 1 mm。

④ 手轮进给

a. 在机床操作面板上选择"手轮方式"，再按下"手轮选择"键；

b. 在手轮进给盒上选择需要移动的坐标轴（X 或 Z）；

c. 在手轮进给盒上选取增量倍率（×1、×10、×100）；

d. 旋转手轮，则每转动一个刻度，将在所选坐标轴上移动 0.001 mm、0.01 mm、0.1mm。顺时针旋转手轮，将沿坐标轴正方向移动，逆时针旋转手轮，则沿坐标轴负方向移动。

说明：当机床操作面板上的"手轮选择"接通时，轴向和倍率将以手轮进给盒上的选择为准;"手轮选择"断开时,轴向和倍率将以机床操作面板上的选择为准。

（3）程序编辑

① 程序输入

在机床操作面板上选择"程序编辑"方式→按 PROG 功能键→输入新程序文件名（O××××）→按 INSERT（插入键）→通过 MDI 面板手工将程序输入存储器中,也可通过 DNC 通信接收计算机上的程序。

② 程序调用

选择"程序编辑"方式→按 PROG 功能键→输入程序文件名（O××××）→按"O 检索"软键（屏幕下方）→ CRT 显示屏上将显示程序内容,且光标位于程序头。

③ 程序修改

选择"程序编辑"方式→按 PROG 功能键→将光标移至要修改的字符处→通过程序编辑键"ALTER""INSERT""DELETE"可对程序内容分别进行"替代""插入"或"删除"等操作。

④ 程序删除

选择"程序编辑"方式→按 PROG 功能键→输入要删除的程序文件名（O××××）→按"DELETE"键,即可完成程序删除。

（4）自动运行

① 程序校验

新编制的程序在自动加工之前都必须进行程序校验,以确保程序准确无误。程序校验的具体操作如下。

调用程序→选择"自动运行"方式→根据需要选择"程序单段""进给锁住""空运行""辅助功能锁住"等功能→ GRAPH 功能键→"图形"软键→按下"循环启动"键,进行程序校验,观察刀具相对于工件的运动轨迹是否正确,刀具及加工参数选择是否合适,若有错误则进行修改、调整,再进行校验,直至程序无误。

注意:

a."程序单段""进给锁住""空运行""辅助功能锁住"可根据需要单独选取,也可同时选取,校验完毕后,需及时解除"进给锁住""空运行""辅助功能锁住"键。

b. 选择"程序单段",每按一次"循环启动"键,机床只执行一个程序段后就会暂停,需反复按"循环启动"键才能实现连续加工。采用这种方法可随时检查程序及操作。

c. 在校验过程中必须确保刀架处在安全位置,以避免刀具与工件及尾座发生干涉。

d. 在校验过程中若使用"进给锁住",校验结束后要进行坐标复位,方法是依次按 POS 功能键→"绝对"软键→"操作"软键→▷软键→"WRK-CD"软键→"全轴"软键。

② 自动加工

通过校验确认程序准确无误后调用程序,并确保光标位于程序头→选择"自动运行"方式→选择所需的显示方式（PROG、POS 或 GRAPH）→选择合适的主轴转速挡位→选择合适的进给修调挡位→按"循环启动"键,即进行自动加工。

自动加工过程需注意：

a. 加工暂停：按"进给保持"键暂停执行程序→选择"手动运行"方式→按"主轴停"可停主轴。

b. 加工恢复：在"手动运行"方式下按"主轴正转"键→将工作方式重新切换到"自动运行"→按"循环启动"键即可恢复自动加工。

c. 加工取消：加工时若想取消加工，可按"RESET（复位键）"即可停止加工。

d. 自动运行中一旦发现异常情况，应立即按下"急停"按钮，终止机床所有运动和操作。待故障排除后，方可重新操作机床及执行程序。出现机床报警时，应根据报警号查明原因，并作相应处理。

（5）MDI 运行

MDI 为手动数据输入。选择"MDI"方式→按 PROG 功能键→在 MDI 面板上手工输入若干个程序段（不能超过 10 段，每一个程序段以 EOB"；"结束）→按 INSERT 键→光标移至程序头→按"循环启动"键，即可执行 MDI 程序。MDI 程序执行完成后自行消除，不能保存。

（6）DNC 运行

DNC 加工也叫在线加工，对于较大型的程序一般采用此方式运行。将机床与计算机联机→选择"DNC"运行方式→按 PROG 功能键→"进给修调"旋钮设置为"0"→按"循环启动"键，显示"标头"，CNC 准备好→在计算机中通过软件将加工程序传输给 CNC→调整"进给修调"旋钮至合适挡位进行加工。

（7）工件坐标系的建立（零点偏置的设置）

以 G54 指令为例（图 11-13），将工件右端面的圆心点 O 设为 G54 坐标原点，操作方法如下。

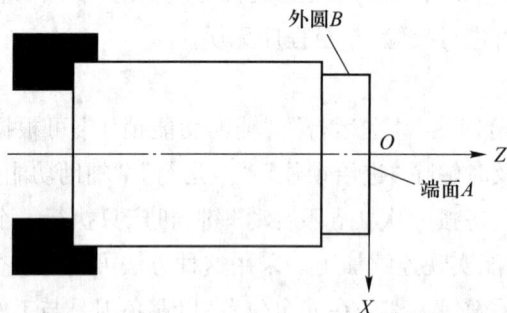

图 11-13　G54 坐标原点的设置

① 选择"MDI"工作方式，调用基准（外圆）刀；

② 选择手轮方式车端面 A："手轮方式"→接通"手轮选择"→摇动手轮车削端面 A（Z 向吃刀 1~2mm，手轮倍率开关拨至 ×10，手轮始终保持连续匀速进给，刀尖不要越过端面圆心）→沿 $+X$ 方向退刀（倍率开关可拨至 ×100，注意不要移动 Z 轴）；

③ 设置 G54"Z"向零点偏置：依次按"OFFSET/SETTING"功能键→"坐标系"软键→

光标移至"G54"零点偏置设置栏内→在 MDI 键盘上输入"Z0"→按"测量"软键,将基准刀此时的 Z 向机械坐标值设为 G54 的"Z"向零点偏置;

④ 选择手轮方式车外圆 B:摇动手轮车削外圆 B(手轮倍率开关拨至 ×10,X 方向吃刀 1~2 mm),长约 10 mm →沿 +Z 方向退刀至安全位置(刀架在此处能安全换刀,倍率开关可拨至 ×100,注意不要移动 X 轴);

⑤ 测量直径:选择手动方式→按"主轴停"(或直接按 RESET 复位键)→用游标卡尺测量外圆 B 的直径;

⑥ 设置 G54"X"向零点偏置:依次按"OFFSET/SETTING"功能键→"坐标系"软键→光标移至"G54"零点偏置设置栏内→在 MDI 键盘上输入"X 测量值"→按"测量"软键,将工件中心线位置的 X 轴坐标值设为 G54 的"X"向零点偏置。

通过上述步骤可将图 11-13 中工件右端面的圆心点 O 设为 G54 工件坐标系的原点。

（8）刀具偏值测量

假设数控车床刀架为 4 工位刀架,1# 刀位上安装外圆、端面刀,2# 刀位上安装外圆切槽、切断刀,3# 刀位上安装外螺纹车刀,4# 刀位上安装外圆弧车刀,各刀具外形如图 11-14 所示。

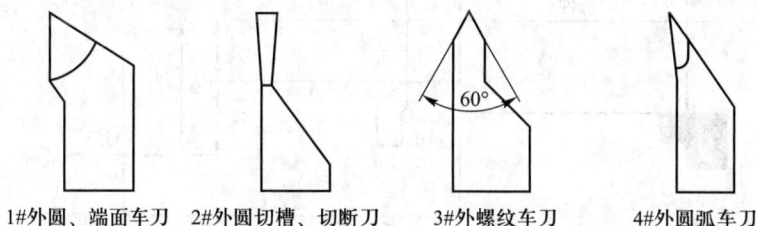

| 1#外圆、端面车刀 | 2#外圆切槽、切断刀 | 3#外螺纹车刀 | 4#外圆弧车刀 |

图 11-14　刀具外形图

① 测量 1# 刀 Z 轴方向刀具偏值

a. 在"手轮方式"下,用 1# 刀车削工件端面,沿 +X 方向退出,不要移动 Z 轴;

b. 输入 1# 刀 Z 向刀具偏置:在 MDI 操作面板上依次选择"SETTING"→补正→形状"G"→光标移至"G01"栏内的"Z"上→输入"Z0"→按"测量"软键(屏幕下方)。

② 测量 1# 刀 X 轴方向刀具偏值

a. 在"手轮方式"下,用 1# 刀车削工件外圆,沿 +Z 方向退出,不要移动 X 轴;

b. 测量工件外径;

c. 输入 1# 刀 X 向刀具偏置:在 MDI 操作面板上依次选择"SETTING"→补正→形状"G"→光标移至"G01"栏内的"X"上→输入"X 测量值"→按"测量"软键(屏幕下方)。

③ 测量 2# 刀 Z 轴方向刀具偏值

a. 在"手轮方式"下,用 2# 刀左刀尖接触工件端面(以刀尖刚好接触端面,产生一点点切屑为准);

b. 输入 2# 刀 Z 向刀具偏置,方法同上。

④ 测量 2# 刀 X 轴方向刀具偏值

a. 在手动方式下,用 2# 刀刀尖接触工件外圆(以刀尖刚好接触外圆,产生一点点切屑

为准);

b. 输入 2# 刀 X 向刀具偏置, 方法同上。

⑤ 测量 3# 刀 X 轴方向刀具偏值

方法与 2# 刀 X 轴方向刀具偏值测量方法相同。

⑥ 测量 3# 刀 Z 轴方向刀具偏值

a. 在 "手轮方式" 下, 将 3# 刀刀尖角的角平分线定位到与工件端面重合的位置;

b. 输入 3# 刀 Z 轴方向刀具偏置, 方法同上。

⑦ 测量 4# 刀 X 轴方向和 Z 轴方向刀具偏值

测量方法与 2# 刀相同。

图 11-15、图 11-16、图 11-17、图 11-18 分别为 1#、2#、3#、4# 刀的刀具偏值测量示意图。

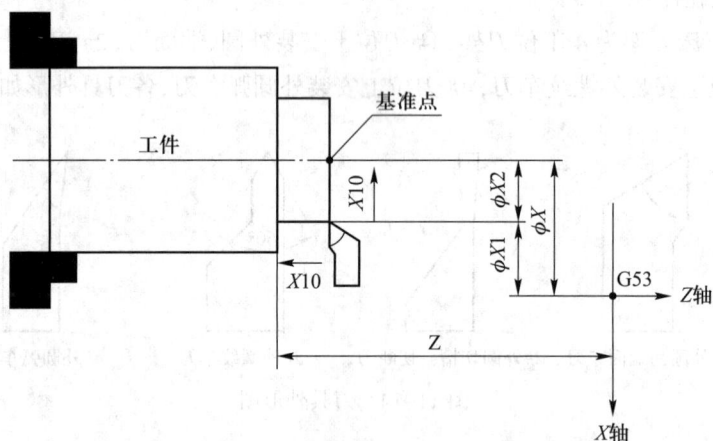

手轮方式下车削工件端面, 将G53中Z值设定为4#基准刀Z向刀具偏置;
手轮方式下车削工件外圆, 将G53中X值设定为4#基准刀X向刀具偏置, 其中$X=X1+X2$

图 11-15   1# 刀的刀具偏值测量示意图

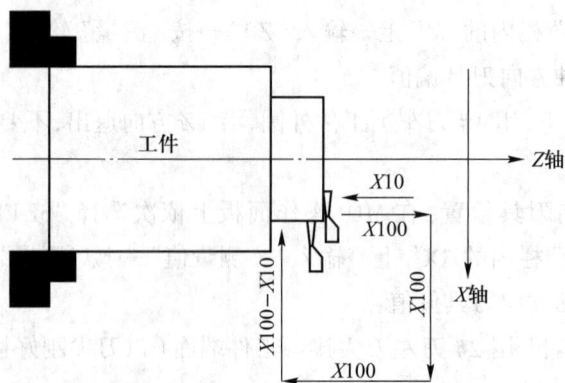

手轮方式操作: X轴方向以刀尖刚好接触工件外圆为准;
Z轴方向以刀尖刚好接触工件端面为准。

图 11-16   2# 刀的刀具偏值测量示意图

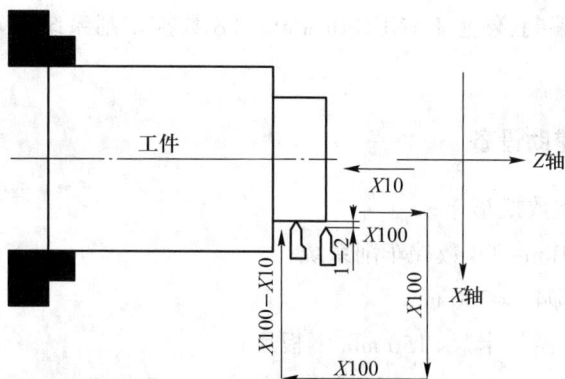

手轮方式操作：X轴方向以刀尖刚好接触工件外圆为准；
Z轴方向以刀尖刚好接触工件端面为准。

图 11-17　3# 刀的刀具偏值测量示意图

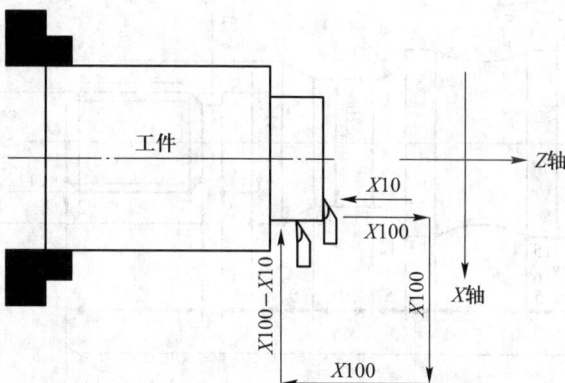

手轮方式操作：X轴方向以刀尖刚好接触工件外圆为准；
Z轴方向以刀尖刚好接触工件端面为准。

图 11-18　4# 刀的刀具偏值测量示意图

（9）超程解除

在数控机床的操作过程中，如果刀具超出机床行程，将会出现超程报警，机床将停止工作。超程报警分为软极限报警和硬极限报警。软极限报警可通过手动或选择"手轮方式"沿超程方向相反的方向退出即可解除；硬极限报警则必须在"手轮方式"下，按住机床操作面板上的"限位解除"键不放，通过手轮从与超程相反的方向退出方可解除。

（10）机床关机

确认机床处在未加工状态，所有外接设备都已关闭→将刀架及尾架移至安全位置→按下"急停"按钮→关闭数控系统电源→关闭机床主机电源。

11.2.3　数控车床实训案例

1. 实习目的

通过对典型零件（图 11-19）的加工，了解数控车床加工工艺的制定及工序选择，掌握数控车床加工程序的编制,熟悉 FANUC 0i Mate-TB 数控车削系统及 CK6132A 型数控车床的基本操作。

2. 实习设备及辅助设备

设备:CK6132A 型数控车床;

系统:FANUC 0i Mate-TB 数控车削系统;

材料:45 钢棒材,$\phi42 \times 200$ mm;

量具:0 ~ 125 mm 游标卡尺、150 mm 钢板尺;

刀具:外圆、端面车刀(1#),外圆切槽、切断刀(2#,刀尖宽 3 mm),外螺纹车刀(3#),外圆弧车刀(4#),刀具外形如图 11-14 所示。

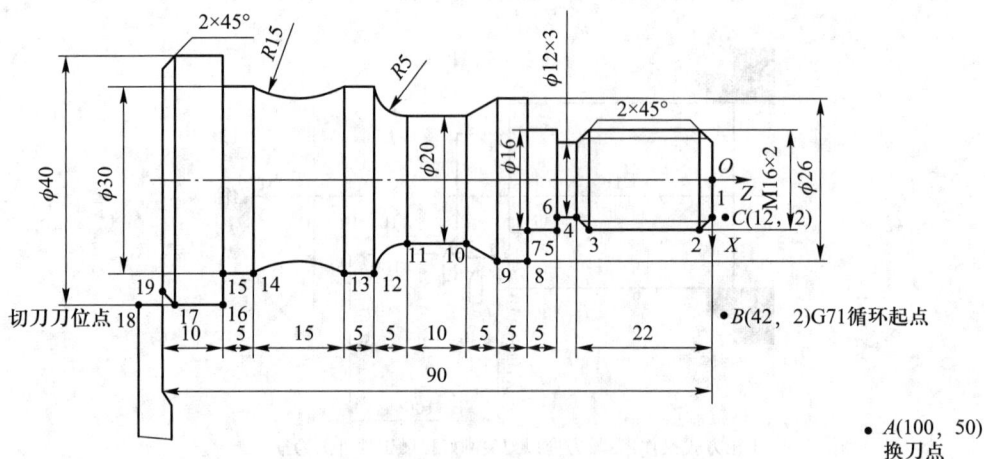

图 11-19 数控车床加工实例零件

3. 制定加工工艺

（1）确定工件坐标系原点位置

以工件右端面圆心 O 为原点建立工件坐标系,将安全换刀点设在 A 点。各几何点坐标如下:

$A(100,50)$ $B(42,2)$ $C(12,2)$ $O(0,0)$ $1(12,0)$ $2(16,-2)$

$3(16,-20)$ $4(12,-22)$ $5(16,-25)$ $6(12,-25)$ $7(16,-30)$ $8(26,-30)$

$9(26,-35)$ $10(20,-40)$ $11(20,-50)$ $12(30,-55)$ $13(30,-60)$ $14(30,-75)$

$15(30,-80)$ $16(40,-80)$ $17(40,-88)$ $18(40,-93)$ $19(36,-90)$

注意:X 方向采用直径值编程。

（2）确定加工工序

根据图样及加工工艺要求,确定加工分为 5 个工步 [如图 11-20 中（a）→（b）→（c）→（d）→（e）所示]进行。

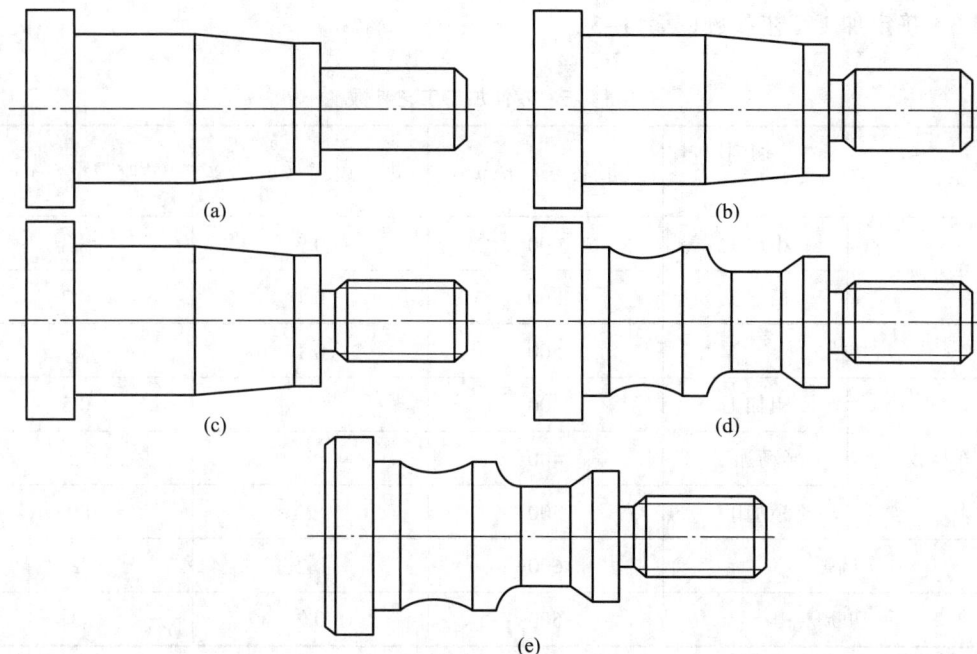

图 11-20 零件加工工序

① 车削工件外轮廓及端面。选用外圆、端面车刀(1#),沿工件轮廓 O → 1 → 2 → 7 →
8 → 9 → 12 → 15 → 16 → 18 加工,零件右边径向切削余量较多,可选用 G71 指令进行外径
粗车复合循环加工,再用 G70 精加工。粗加工时,为了尽快去除加工余量,可选用较大的吃
刀量和较快的走刀速度,同时考虑刀具的耐用度,选用较低的切削速度;精加工时,为了保证
加工精度和表面质量,选用较小的吃刀量,较慢的进给速度和较快的切削速度。零件加工完
如图 11-20(a)所示。

② 切螺纹退刀槽及螺纹左端倒角。选用外圆切槽、切断刀(2#,刀尖宽 3mm,刀位点为
左刀尖),因切刀强度较差,且切槽时工件径向受力,力臂较长,工件会产生径向跳动,应选用
较慢的进给速度和切削速度。为了保证退刀槽底径的精度,可增加一个延时指令 G04。零件加工完
件加工完如图 11-20(b)所示。

③ 车 M16 × 2 外螺纹。选用外螺纹车刀(3#),采用螺纹单一固定循环指令 G92 加工。
因螺纹车刀刀尖强度较差,且螺距较大,应选用较低的切削速度及较小的吃刀量,分粗、半
精、精加工完成螺纹加工。同时 Z 向的起刀和终点都要考虑进行螺距补偿,零件加工完如图
11-20(c)所示。

④ 车削外轮廓 9 → 10 → 11 → 12 及 R15 内圆弧。选用外圆弧车刀(4#)加工,可通过
调用子程序分多刀加工,零件加工完如图 11-20(d)所示。

⑤ 零件左端面倒角及切断。选用 2# 刀,以左刀尖为刀位点计算坐标值,零件加工完成
如图 11-20(e)所示。

（3）确定加工工艺参数（表 11-5）

表 11-5   零件加工工艺参数

加工工步	切削用量	主轴转速 /（r/min）	进给速度 /（mm/r）	背吃刀量 /（mm）
车外圆	粗加工	600	0.2	1
	精加工	800	0.1	0.2
切槽		500	0.1	3
车螺纹	粗加工	400	2	0.5
	半精加工	400	2	0.25
	精加工	400	2	0.05
车圆弧		600	0.2	2
切断		500	0.2	3

4. 编制加工程序

参照以上加工工艺分析及加工工艺参数选择，编制程序（表 11-6）。

表 11-6   程序代码及注释

程序	注释
O2002；	主程序文件名
N10 G00 G54 X100 Z50；	刀具快速定位到工件坐标系中 A（100，50）点（安全换刀点）
N20 T0101；	调 1# 外圆、端面车刀
N30 M32；	主轴转速高挡位
N40 M03 S600；	主轴正转，转速 600 r/min
N50 G00 X42 Z0；	1# 刀快速定位至端面加工起点
N60 G01 X0 Z0 G99 F0.2；	车削工件右端面
N70 G00 X42 Z2；	快速定位到 G71 循环起刀点（B 点）
N80 G71 U1 R0.5；	外径粗车循环，X 轴单次进刀量 1 mm，退刀量 0.5 mm（半径）
N90 G71 P100 Q190 U0.4 W0.2 F0.2；	G71 粗加工循环，进给量 0.2 mm/r，粗加工循环程序段号 N100 到 N190，X 轴留精加工余量 0.4 mm（直径），Z 轴留精加工余量 0.2 mm
N100 G00 X12；	由 B 点快速定位到 C 点
N110 G01 X12 Z0 ；	直线插补到 1 点

续表

程序	注释
N120 X16 Z–2 F0.1;	直线插补到 2 点,精加工进给量 0.1 mm/r
N130 X16 Z–30;	直线插补到 7 点
N140 X26 Z–30;	直线插补到 8 点
N150 X26 Z–35;	直线插补到 9 点
N160 X30 Z–55;	直线插补到 12 点
N170 X30 Z–80;	直线插补到 15 点
N180 X40 Z–80;	直线插补到 16 点
N190 X40 Z–93;	直线插补到 18 点
N200 G70 P100 Q190 S800;	G70 外径精加工,循环程序段号 N100 到 N190,转速 800 r/min
N210 G00 X100 Z50;	回换刀点 A
N220 T0100 ;	取消 1# 刀具补偿值
N230 T0202 S500;	调 2# 切槽刀,转速 500 r/min
N240 G00 X17 Z–25;	快速定位到切槽起点
N250 G01 X12 F0.1;	直线插补到 6 点,进给量 0.1 mm/r
N260 G04 X2;	暂停 2 s
N270 G00 X18;	X 方向退刀至安全位置
N280 G01 X16 Z–23;	刀具右刀尖定位到 3 点,准备倒角
N290 X12 Z–25;	右刀尖到 4 点,完成倒角
N300 G00 X30;	X 方向退刀至安全位置
N310 X100 Z50;	回换刀点
N320 T0200;	取消 2# 刀具补偿值
N330 T0303 S400;	调 3# 外螺纹车刀
N340 G00 X20 Z2;	螺纹单一固定循环起刀点
N350 G92 X15 Z–23.5 F2;	G92 螺纹单一固定循环,第一刀到 X15 mm,螺纹导程 2 mm
N360 G92 X14 Z–23.5 F2;	第二刀到 X14 mm,螺纹导程 2 mm
N370 G92 X13.5 Z–23.5 F2;	第三刀到 X13.5 mm,螺纹导程 2 mm
N380 G92 X13.4 Z–23.5 F2;	第四刀到 X13.4 mm,螺纹导程 2 mm
N390 G00 X100 Z50;	回换刀点
N400 T0300;	取消 3# 刀具补偿值

程序	注释
N410 T0404 S600;	调 4# 圆弧刀,转速 600 r/min
N420 G00 X32 Z-35;	快速定位到子程序起刀点
N430 M98 P60001;	调子程序 "O0001" 6 次,每次 X 轴进刀量 1 mm
N440 G00 X100 Z50;	回换刀点
N450 T0400;	取消 4# 刀具补偿值
N460 T0202 S500;	调 2# 切槽刀,转速 500 r/min
N470 G00 X41 Z-93;	左刀尖快速定位到切断起刀点 18
N480 G01 X36 Z-93 F0.2;	右刀尖到 19 点,先完成切槽
N490 G00 X41;	X 方向退刀至安全位置
N500 G01 X40 Z-91;	右刀尖到 17 点,准备倒角
N510 X36 Z-93;	右刀尖到 19 点,完成倒角
N520 X0;	零件切断
N530 G00 X100 Z50;	回换刀点
N540 T0200;	取消 2# 刀具补偿值
N550 M05;	停主轴
N560 M30;	程序结束返回程序头
O0001;	子程序文件名
N10 G01 U-1 W0 F0.2;	X 轴直线插补 1 mm,采用增量坐标编程
N20 G01 U-6 W-5;	直线插补
N30 G01 U0 W-10;	直线插补
N40 G02 U10 W-5 R5;	顺圆插补,半径 5 mm(用右手直角坐标系找 Y 轴,从其正方向往负方向看)
N50 G00 U1 W0;	X 轴快速退刀
N60 G00 U0 W-5;	Z 轴快速走刀
N70 G01 U-1 W0;	直线插补
N80 G02 U0 W-15 R15;	顺圆插补,半径 15 mm
N90 G00 U1 W0;	X 轴快速退刀
N100 G00 U0 W40;	Z 轴正方向增量 40 mm
N110 G00 U-5W0;	X 轴进刀量 5 mm
N120 M99;	返回主程序

5. 加工步骤（详细操作可参见 11.2.2 节）

（1）机床开机：合上机床主机电源，启动数控系统，系统复位。

（2）回机床参考点：手动返回机床参考点。注意预防刀架与尾座发生干涉。

（3）手动返回：手动操作下将刀架沿 X 轴、Z 轴负方向移至机床安全位置。

（4）装夹工件：根据零件长度确定装夹长度，长度为 110～120 mm。

（5）安装刀具并测量刀具偏值。

（6）设置 G54 零点偏置：将工件右端面中心点设置成 G54 坐标原点。

（7）输入零件程序：在编辑方式下输入零件程序（若程序已输入则直接调用程序）。

（8）校验程序：在自动运行方式下锁定机床进行程序校验，校验完成后解除锁定，并进行坐标复位。

（9）自动加工：在编辑方式下确认程序文件名是否正确、光标是否处在程序头；选择合适的加工参数，在自动方式下运行程序。

注意：在自动加工操作过程中，负责操作的学员要始终观察加工过程，若发现刀具与卡盘、尾座、工件发生干涉等异常情况，应立即按下"RESET"或"急停"按钮，在老师的指导下解决。

（10）测量零件：用测量工具检查零件的加工精度是否达到图样要求。

（11）关机：按下"急停"按钮，关闭数控系统，关闭主机，清理现场，并作好工作记录。

11.3　数　控　铣　床

11.3.1　数控铣床简介

数控铣床是最早被研制和使用的数控机床，在制造业中具有举足轻重的地位，目前使用越来越多的加工中心也是在数控铣床的基础上产生和发展起来的。

1. 数控铣床的工作原理

利用数控铣床加工工件时，要根据被加工零件的形状、尺寸、精度和表面粗糙度等技术要求制定加工工艺，选择合理的加工参数。用规定的代码和程序格式编写程序，将编好的加工程序输入数控机床的数控装置中。数控系统对程序代码进行翻译、运算和逻辑处理后，向机床各个坐标的伺服驱动机构和辅助控制装置发出信号，驱动伺服电动机带动各轴运动，同时检测装置测量实际位移，并进行反馈控制，使刀具和工件及其他辅助运动装置严格按照要求运动，从而在机床上加工出合格的零件。

2. 数控铣床的加工对象

数控铣床可用于加工黑色金属、有色金属及非金属等各种材料,能够完成基本的铣削、镗削、钻削、攻螺纹加工及自动工作循环等,可加工各种平面轮廓零件、空间曲面零件,可进行各种孔加工及螺纹加工,广泛应用在汽车、航空航天、军工、模具等领域。

3. 刀具半径补偿值

（1）刀具半径补偿功能

在数控铣床上进行轮廓加工时,由于程序所控制的刀具刀位点（刀具中心）的轨迹和实际刀具切削刃口切削出的工件轮廓并不重合,它们在尺寸上存在一个刀具半径差,为此就需要根据实际加工的形状尺寸计算出刀具刀位点的轨迹坐标,据此来控制加工。而采用数控系统的刀具半径补偿功能,编程时则不需要考虑刀具的实际尺寸,只需按照零件的轮廓计算坐标数值,有效简化了数控加工程序的编制。在运行程序前,通过控制面板上的键盘（CRT/MDI）人工输入刀具半径补偿值,在程序的执行过程中,数控系统根据加工程序调用已输入的补偿值,便能自动计算出实际的刀具中心运动轨迹,使刀具偏离工件轮廓一个刀具半径值,即进行刀具半径补偿。如图 11-21 所示,使用了刀具半径补偿指令后,数控系统会控制刀具中心自动按图中的点画线进行加工走刀。

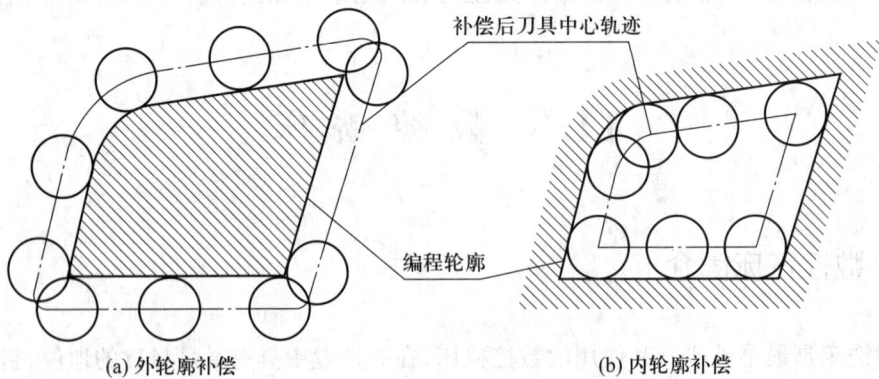

(a) 外轮廓补偿　　　　　　　　　　　　　　(b) 内轮廓补偿

图 11-21　刀具半径补偿

数控加工程序编制好后,可以灵活利用刀具半径补偿值来适应加工中出现的各种情况。一般情况下,刀具半径补偿值是刀具的实际尺寸。如果需要在工件的轮廓方向留余量,就可以在现有的刀具半径补偿值基础上加上余量作为新的刀具半径补偿值输入,重新执行程序即可。此外,由于机床精度等原因,加工出来的零件尺寸与理论尺寸存在偏差,可以通过修改刀具半径补偿值,使加工出来的零件达到图样所要求的尺寸精度。

（2）刀具半径补偿指令（G41、G42、G40）

G41 为刀具半径左补偿指令（左刀补）,即顺着刀具前进方向看（假定工件不动）,刀具位于工件轮廓的左边,称为左刀补。

G42 为刀具半径右补偿指令(右刀补),即顺着刀具前进方向看(假定工件不动),刀具位于工件轮廓的右边,称为右刀补。

G40 为取消刀具半径补偿指令。

11.3.2 FANUC 系统数控铣床操作方法

数控铣床配置的数控系统不同,其操作面板的形式也有所差异,但各种开关、按键的功能及操作方法基本大同小异。下面以加工型数控铣床 XK5025/4 配备 FANUC 0i Mate-TB 数控铣削系统为例进行介绍。

FANUC 0i Mate-TB 数控铣削系统的 CRT-MDI 面板外形、基本功能与数控车削系统相同,参见 11.2.2 节。XK5025/4 数控铣床的操作面板如图 11-22 所示,部分按键、旋钮功能见表 11-7。

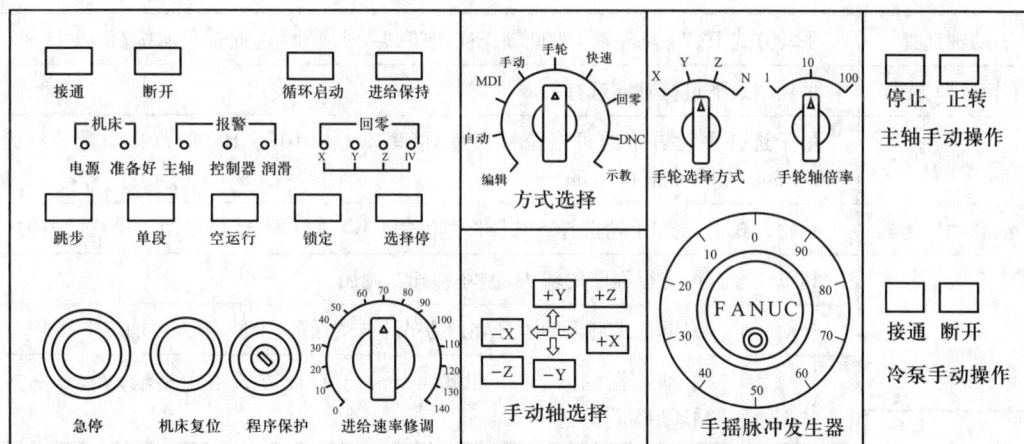

图 11-22　XK5025/4 数控铣床操作面板

表 11-7　XK5025/4 操作面板部分按键、旋钮功能

按键或旋钮	功能
接通	NC 接通
断开	NC 断开
循环启动	自动操作方式时,选择所要执行的程序,按下此按钮自动操作开始,自动操作执行期间,按钮内指示灯点亮
进给保持	自动执行程序期间按下此按钮,机床运动轴即减速停止
跳步	自动操作时此按钮接通,程序中有"\"的程序段将不执行
单段	自动操作执行程序时,每按一下"循环启动"按钮,只执行一个程序段
空运行	自动或 MDI 方式时,此按钮接通,机床按空运行方式执行程序

续表

按键或旋钮	功能
锁定	自动、MDI 方式或手动操作时,此按钮接通,禁止所有轴向运动(已进给的轴将减速停止),但位置显示仍将更新,M、S、T 功能不受影响
选择停	此按钮接通,所执行的程序在遇到 M01 指令处自动停止执行
急停	机床操作过程中,在紧急情况下按下该按钮,伺服进给及主轴运行立即停止,CNC 进入急停状态
机床复位	机床通电后,释放"急停"按钮。如机床正常运行的条件均已具备,按下此按钮,强电复位并接通伺服系统
程序保护	此开关处于"0"的位置可保护内存程序及参数不被修改,需要执行存入或修改操作时,此开关应调至"1"
进给速率修调	以给定的 F 指令进给时,可在 0~150% 的范围内修改进给速率。手动方式时,亦可用其改变速率
手动轴选择	手动方式下,"+ 对应轴"为此轴正向按钮,"- 对应轴"为此轴负向按钮
手轮选择方式	手轮方式下进行轴向选择
手轮轴倍率	用于选择手轮进给的每格位移当量,倍率 ×1、×10、×100 的位移当量分别为 0.001 mm、0.01 mm、0.1 mm
手摇脉冲发生器	手轮方式下,与"手轮选择方式""手轮轴倍率"旋钮配合,可以用手轮移动各轴

	编辑	可进行程序的输入、删除、修改、调用
	自动	编辑方式输入的程序在此方式下按"循环启动"键方可加工
	MDI	手动数据输入(manual data input),在此方式下手动输入程序后按"循环启动"键执行
	手动	处于手动方式,机床通过"手动轴选择"按键,可连续移动
方式选择	手轮	处于手轮方式,选择轴向,按"手轮轴倍率"选择当量,机床通过转动"手摇脉冲发生器"移动
	快速	配合"手动轴选择"按键,以 G00 速度快速移动刀具或工件
	回零	配合"手动轴选择"按键,机床回零
	DNC	DNC 运行,也称为在线加工
	示教	示教编程方式

11.3.3 数控铣床实训案例

1. 实习目的

通过对典型平面轮廓零件(图 11-23)的加工,了解该加工工艺的制定过程,熟悉和掌握 XK5025/4 数控铣床配备 FANUC 0i Mate-TB 数控铣削系统的程序编制以及基本操作方法。

2. 实习设备及辅助设备

设备：XK5025/4 数控立式升降台铣床；

系统：FANUC 0i Mate-TB 数控铣削系统；

材料：80 mm × 80 mm × 6 mm 聚氯乙烯板；

量具：0 ~ 125mm 游标卡尺、150 mm 钢板尺；

刀具：ϕ10 mm 高速钢螺旋立铣刀。

3. 工艺分析

经图样分析可知，该零件采用 ϕ12 孔中心作为定位基准，加工方法为外形铣削。

（1）确定工件坐标系原点位置

以零件左右、前后对称中心与工件上表面的交点 O 点为工件原点建立工件坐标系。A、B、C、D、E、F、G、H 各几何点的坐标如下：

图 11-23 数控铣床加工案例零件

$A(0, 35)$ $B(-20, 35)$ $C(-30, 25)$ $D(-30, -25)$

$E(-20, -35)$ $F(20, -35)$ $G(30, -25)$ $H(30, 5)$

（2）下刀点及提刀点

从 A 点开始切入加工，综合考虑毛坯的尺寸、刀具形状与规格等，设置进刀线长 10 mm，同时进行刀具半径补偿，进刀圆弧为 $R10$，退刀圆弧为 $R10$，则下刀点坐标为（10, 55），提刀点坐标为（-10, 45）。采用逆铣，进行刀具半径右补偿，下刀深度为 Z-8 mm，采用 G01 直线切削指令。

（3）加工工艺参数

主轴转速挡位调至 S 为 565 r/min、进给速度 F 设为 200 mm/min。

4. 编制加工程序（表 11-8）

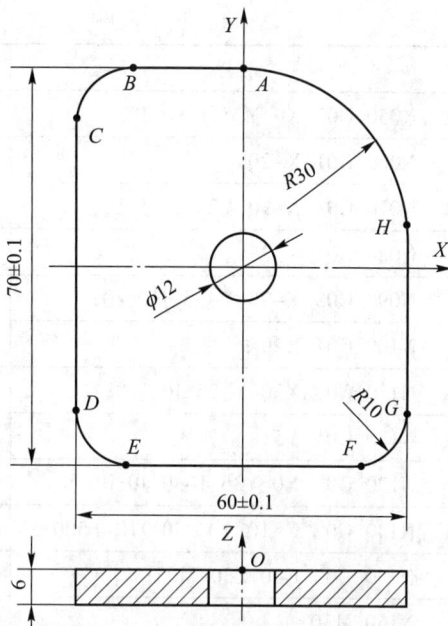

表 11-8　程序代码及注释

程序	注释
O5005；	主程序文件名
N010 G90 G54 G17 G00 Z30；	选择工件坐标系；刀具提刀至 Z30 安全高度
N020 X10 Y55 M03；	转主轴；走到下刀点
N030 G01 Z-8 F300；	下刀
N040 G42 D1 Y45 F200；	走进刀直线，同时刀具半径右补偿

续表

程序	注释
N050 G02 X0 Y35 I-10 J0 ;	进刀圆弧切入工件至 A 点；I、J 可用 "R10" 代替
N060 G01 X-20 ;	切削 AB 直线；
N070 G03 X-30 Y25 I0 J-10 ;	切削 BC 圆弧；I、J 可用 "R10" 代替
N080 G01 Y-25 ;	切削 CD 直线
N090 G03 X-20 Y-35 I10 J0 ;	切削 DE 圆弧；I、J 可用 "R10" 代替
N100 G01 X20 ;	切削 EF 直线
N110 G03 X30 Y-25 I0 J10 ;	切削 FG 圆弧；I、J 可用 "R10" 代替
N120 G01 Y5 ;	切削 GH 直线
N130 G03 X0 Y35 I-30 J0 ;	切削 HA 圆弧；I、J 可用 "R30" 代替
N140 G02 X-10 Y45 I0 J10 F500 ;	走退刀圆弧至提刀点
N150 G00 G40 Z30 M05 ;	Z 向提刀至安全高度，同时取消刀具半径补偿；停主轴
N160 M30 ;	程序结束

5. 加工步骤

（1）机床开机

强电控制柜电源顺时针转到 ON →确认机床处于急停状态→按 "NC 接通"，引导系统上电，CRT 显示屏显示 POS 位置→解除 "急停" →持续按住 "机床复位" 键大约 5 s，直至系统解除报警→按 "RESET" 键系统复位。

（2）机床回零（返回机床参考点）

① 工作方式选择 "回零"；

② 选择 "POS" 位置功能键→按 "综合" 软键查看机械坐标，各坐标值小于 -20；

③ 按住 "手动轴选择" "+Z" 不动，直至 CRT 显示屏显示机械坐标："Z0"（同时操作面板对应的 LED 灯亮）松手，即 Z 轴回到零点位置。

④ 分别按住 "+X" 或 "+Y"，直至回到相应零点位置。

注意：

不能在机床零点及机床零点附近位置回零；

为防止刀具和工件、夹具发生干涉，回零必须先回 Z 轴，然后再回另外两轴。

（3）装夹工件

使用合适的专用夹具（图 11-24），将工件毛坯固定在机床工作台上，并保证毛坯端面与坐标轴向平行。

（4）零点偏置设置

以 G54 指令为例，根据现有条件和加工精度选

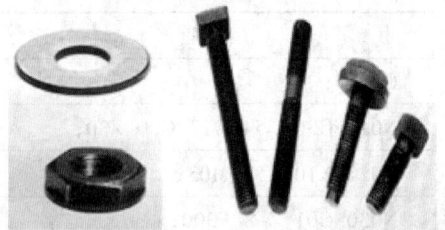

图 11-24   紧固件

择试切法对刀。

① X 向零点偏置设置（图 11-25）

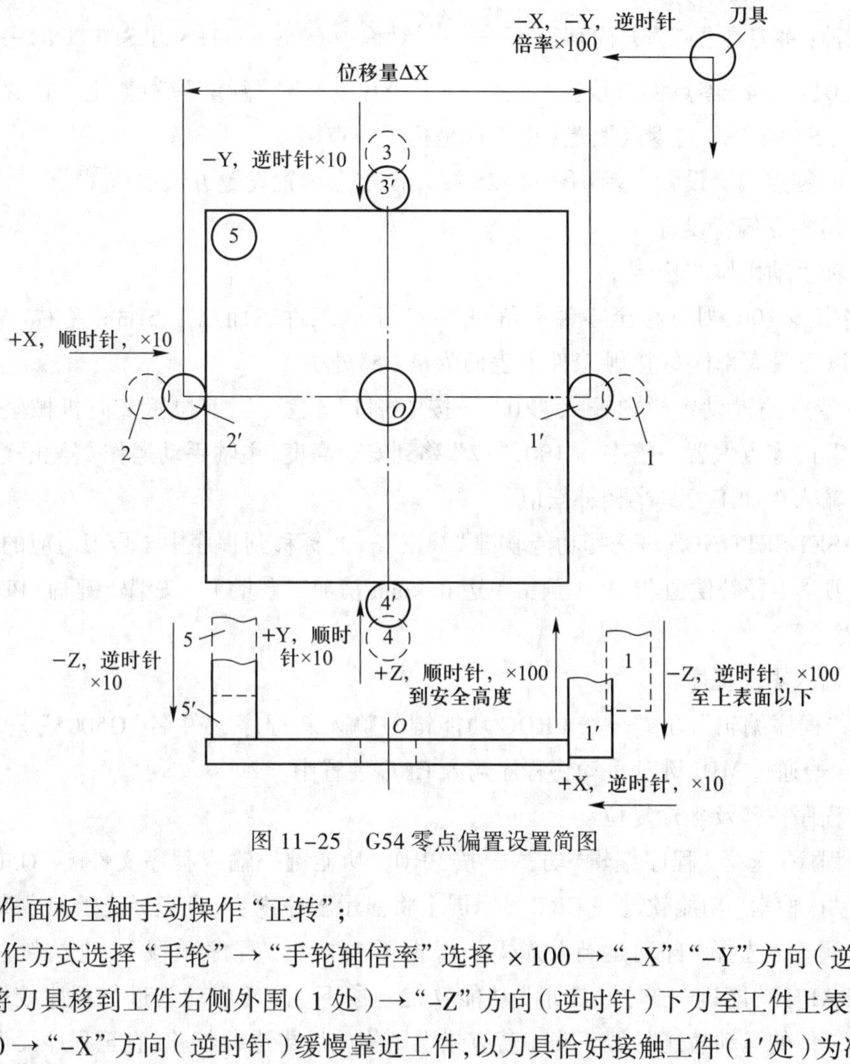

图 11-25　G54 零点偏置设置简图

a. 操作面板主轴手动操作"正转"；

b. 工作方式选择"手轮"→"手轮轴倍率"选择 ×100→"-X""-Y"方向（逆时针）旋转手轮,将刀具移到工件右侧外围（1 处）→"-Z"方向（逆时针）下刀至工件上表面以下→倍率 ×10→"-X"方向（逆时针）缓慢靠近工件,以刀具恰好接触工件（1′处）为准（观察,看切痕及切屑,只要出现一种情况即可）；

c. "POS"位置功能键→选择软功能键"相对"→"操作"→"起源"→"全轴",显示屏上各轴相对坐标值清零；

d. 倍率 ×100,"+Z"（顺时针）将刀具移至安全高度（高于工件和夹具,勿超程）；

e. 刀具"-X"移至工件左侧外围（2 处）→"-Z"下刀至工件上表面以下→倍率 ×10,"+X"（顺时针）方向进刀,直至刀具恰好接触工件（2′处）→倍率 ×100 ,"+Z"移至安全高度（注意此时不能移动 X 轴）→从显示屏中记录相对位移量 ΔX 值；

f. 零点偏置有以下两种设置方法：

第一种："OFFSET SETTING"偏置 / 设置功能键→坐标系→光标移至 01（G54）零点偏

置设置栏内→输入"X$\dfrac{位移量\Delta X}{2}$"（注意正负）→按"测量"软键,工件对称中心线位置的 X 轴机床坐标值设为 G54 的"X"向零点偏置（即工件坐标系原点）。

第二种:将刀具"+X"方向移至$\dfrac{位移量\Delta X}{2}$对称中心处→ OFFSET SETTING →坐标系→光标移至 01（G54）零点偏置设置栏内→输入"X0"→ 按"测量"软键,把当前 X 轴机床坐标值设为 G54 的"X"向零点偏置（即工件坐标系原点）。

② Y 向零点偏置设置（参考图 11-25 按 X 向零点偏置设置方法操作）

③ Z 向零点偏置设置

a. 主轴手动操作"正转";

b. 倍率 ×100,刀具移至零件一角→"-Z"下到工件表面以上 5 mm 左右（5 处）→倍率 ×10,以刀具底部刚好接触工件上表面为准（5' 处）;

c. 在零点偏置设置栏内输入"Z0"→按"测量"软键,当前位置 Z 向机械坐标值设为 G54 的"Z"向零点偏置→倍率 ×100,"+Z"移到安全高度,主轴手动操作"停止"。

（5）输入粗加工刀具半径补偿值

"OFFSET/SETTING"→选择功能软键"补正"→光标移到程序中 1 号刀对应的 D 处→输入粗加工刀具半径补偿值"5.3"（预留单边 0.3 mm 精加工余量）→按编辑键"INPUT"（或功能软键"输入"）。

（6）输入零件程序

选择"程序编辑"方式→按 PROG 功能键→输入新程序文件名"O5005"→按编辑键"INSERT"→通过 MDI 键盘手动将程序输入 CNC 装置中。

（7）程序校验及坐标复位

调用程序:选择"程序编辑"方式→按 PROG 功能键→输入程序文件名"O5005"→按屏幕下方"O 检索"功能软键→ CRT 显示屏上将显示程序内容,且光标位于程序头。

校验程序:选择"自动运行"方式→根据需要按下"程序单段""进给锁住""空运行"→ GRAPH 功能键→选择"图形"功能软键→按下"循环启动",进行程序校验,观察刀具相对于工件的运动轨迹是否正确。若有错误则修改后再进行校验,直至程序无误。

坐标复位:按 PROG 程序功能键→按"绝对"软键→选择"操作"软键→按"▷"软键→"WRK-CD"软键→"全轴"软键。

（8）自动加工

确认程序准确无误后调用程序,并确保光标位于程序头→选择"自动运行"方式→加工过程选择所需的显示方式（PROG、POS 或 GRAPH）→按"循环启动"键,即进行自动加工。

注意:在加工过程中,严禁负责操作的学员离开操作区域或干其他工作,要始终观察加工过程,若出现刀具碰撞工件或夹具等异常情况,应立即按下"RESET"或"急停"按钮。

（9）加工完毕,等主轴停止转动后,再检测零件尺寸,计算并输入精加工刀具半径补偿值。

（10）自动加工

按 PROG 程序功能键→确认光标位于程序头→按"循环启动"键。

（11）测量及拆卸工件。

（12）关机,并且进行机床维护,打扫卫生。

按下"急停"按钮→NC 断开→机箱控制柜电源转到 OFF →清理现场,完成工作记录。

思考和练习

1. 简述数控机床的组成及各个部分的功能。

2. 简述数控机床坐标轴及运动方向的规定。

3. 什么是机床坐标系、工件坐标系?机床原点和工件原点之间的位置关系是如何确定的?

4. 部分数控机床开机后为什么要进行回机床参考点操作?

5. 简述工件坐标系设定指令 G92（G50）和工件坐标系选择指令 G54 ~ G59 之间的区别。

6. 数控车床的主要加工对象是什么?

7. 什么是刀具半径补偿?在什么移动指令下才能建立和取消刀具半径补偿功能?

第12章
特 种 加 工

12.1　特种加工简介

利用化学能、电能、声能、热能、光能等能量或多种能量组合,实现去除或添加材料的加工方法统称为特种加工。近年来,随着航空航天、核能、电子、汽车、机械工业的迅速发展,各种新材料和复杂形状的精密零部件大量涌现,社会需求和技术进步共同促使特种加工技术实现了飞跃发展。

12.1.1　特种加工分类

特种加工的范围非常广,随着技术的进步,特种加工的方法也在不断增加,表12-1所示为目前几种常用的特种加工方法。

表 12-1　几种常用特种加工方法比较

加工方法	可加工工件材料	能量来源及形式	主要使用范围
电火花成形加工	任何导电的金属材料	电能、热能	型腔模、异形孔等
电火花线切割加工	任何导电的金属材料	电能、热能	样板、冲模、模具卸料板等
电解加工	任何导电的金属材料	电化学能	金属型孔、型面、型腔
电子束加工	任何材料	电能、热能	微孔、窄缝、焊接、蚀刻
离子束加工	任何材料	电能、动能	蚀刻、抛光
激光加工	任何材料	光能、热能	打孔、切割、焊接、热处理等
超声波加工	脆硬材料	声能、机械能	型孔、型腔

为了更好地应用和发挥各种特种加工方法的最佳功能及效果,必须依据工件材料、尺寸、形状、精度,生产率,经济性等实际情况具体分析,合理选择特种加工方法。

12.1.2 特种加工的特点

与常规的切削加工相比,特种加工有其独特之处。

(1)不用机械能或以机械能加工为辅,主要采用电能、化学能、光能、声能、热能等能量进行加工。

(2)属于非机械接触加工。刀具的硬度可低于被加工材料的硬度,加工过程中工具和工件之间不存在显著的机械切削力,工件不易变形。

(3)加工质量容易控制,可进行细小精密零件的加工。不仅可以加工尺寸微小的孔或狭缝,还能获得高精度、极低粗糙度的加工表面。

(4)可以组合两种或两种以上不同类型的能量,形成新的复合加工方法。

12.2 数控电火花线切割加工

12.2.1 数控电火花线切割加工概述

电火花线切割加工是电火花加工的一个分支,是一种直接利用电能和热能进行加工的工艺方法。电火花线切割加工用一根移动的金属丝(电极丝)作为工具电极,对工件进行切割,故称线切割加工。线切割加工中,工件和电极丝的相对运动是由数字控制实现的,故又称为数控电火花线切割加工(简称线切割加工)。

12.2.2 数控电火花线切割加工的特点

1. 非接触式加工

加工时工具电极丝与工件不接触,不存在显著的机械切削力,因此可以实现用较软的工具材料加工较硬的工件材料。

2. 加工稳定性好

线切割加工所产生的切缝较窄,金属蚀除量比较少,可获得较低的表面粗糙度,其残余应力、冷作硬化现象、热应力等影响程度较小,有利于工件尺寸的稳定。

3. 可以加工特殊零件、特殊材料

由于电极丝直径较小,利用电能和热能加工,无显著切削力,工件装夹方便,因此用该方

法可加工型面比较复杂,具有微细孔、任意曲线、窄槽、窄缝等特殊零件,或加工高熔点、高硬度、高黏度等稀有贵重金属材料。

4. 加工自动化程度高

线切割加工通过数控编程技术来进行,可对其加工参数进行精密调整,实现全自动化加工。

12.2.3   数控电火花线切割加工原理

数控电火花线切割加工原理如图 12-1 所示。

（1）火花放电产生热能

工具电极丝接脉冲电源负极,工件接脉冲电源正极,加工时,脉冲电源发出一连串的脉冲电流,当工件和电极丝之间慢慢逼近到一定的距离时（0.01 ~ 0.2 mm）,绝缘介质就会被击穿,产生火花放电,将电能转换成热能,形成局部瞬时高温,将工件材料熔化,甚至气化（电腐蚀）。

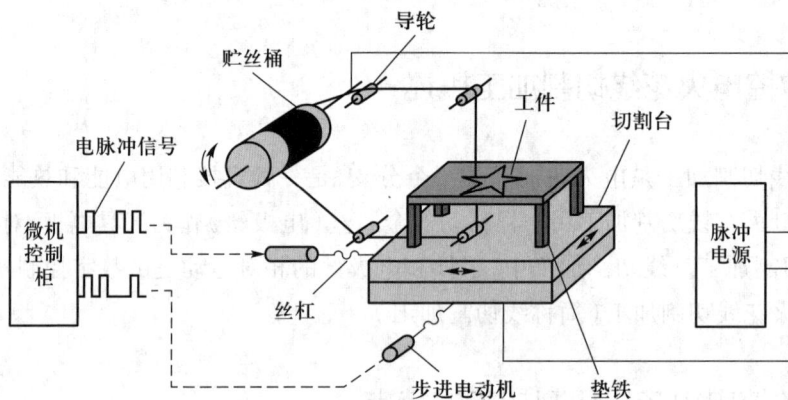

图 12-1   数控电火花线切割加工原理图

（2）坐标工作台作数控运动

事先根据零件的几何形状和尺寸参数编制好数控加工程序,将工件毛坯安装在工作台上,工作台在水平面内由伺服电动机驱动沿 X、Y 两个坐标轴方向带动工件产生数控运动,使电极丝沿零件轮廓进行切割加工。工作台的数控运动速度（跟踪速度）可通过调整电加工参数（加工电流、幅值电压、脉冲宽度、脉冲间隙）来确定,以达到稳定跟踪的目的。

（3）电极丝的走丝运动

线切割加工中,为了避免火花放电总在电极丝的局部位置发生而导致电极丝被烧断,影响加工质量和生产效率,加工时电极丝必须沿其轴向作走丝运动,使电极丝以一定速度连续不断通过切割区,其间要不断喷注工作液,对工件和电极丝进行冷却。

根据电极丝运动的速度,可分为快走丝、中走丝和慢走丝三种工艺。快走丝的走丝速度一般为 6～12 m/s,电极丝在工件上作往复直线运动,电极丝可重复使用,其加工精度差。慢走丝的走丝速度一般低于 0.2 m/s,电极丝作单向运动,其工作平稳、抖动小、加工精度高、加工表面质量好。中走丝是在快走丝线切割的基础上实现变频多次切割功能,是近几年发展起来的新工艺。

12.2.4 数控电火花线切割加工案例

1. 实训目的

通过对案例零件(图 12-2)的线切割加工,了解数控电火花线切割机床的工作原理及操作,掌握线切割程序的编制、电加工参数的合理选择,熟悉工装夹具安装、定位、对刀等基本操作。

2. 实验设备及辅助设备

DK7725E 型线切割机床;

电极丝:$\phi0.2$ mm 钼丝 500 m;

材料:100 mm×60 mm×5 mm 钢板 1 片;

量 具:0～125 mm 游 标 卡 尺、150 mm 钢板尺;

通用工装夹具:磁铁、螺杆、压板等。

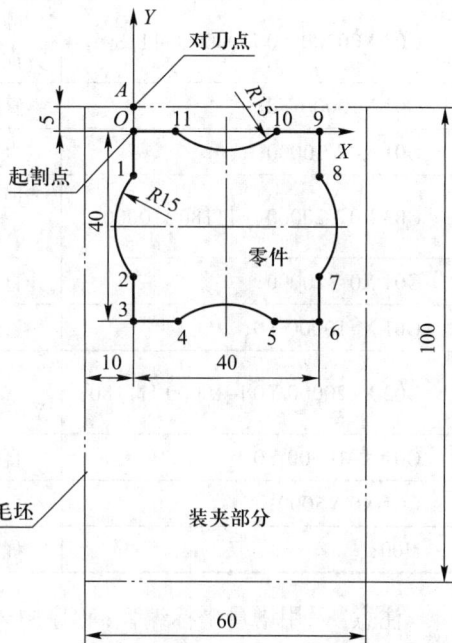

图 12-2 线切割加工零件

3. 实验步骤

① 开机

开机床主机电源→开数控系统电源→加注润滑油→空载运行 2 min。

② 编程

加工图 12-2 所示零件外轮廓,坐标原点设在图中 O 点处,水平向右为"+X"方向,垂直向上为"+Y"方向,对刀点设在图中 A 点处,按逆时针方向 $O \to 1 \to 2 \to 3 \to 4 \to 5 \to 6 \to 7 \to 8 \to 9 \to 10 \to 11 \to O$ 顺序进行切割。采用机床自带的编程软件编制程序(表12-2),编程软件的使用参见机床操作说明书。

表 12-2 程序代码及注释

程序	注释
O0001;	程序文件名
G92 X0 Y5000;	以 O 点为原点建立工件坐标系,对刀点设在(0,5)处
G01 X0 Y-5000;	直线插补 $A \to O$ 点

续表

程序	注释
G01 X0 Y−10000;	直线插补 $O \to 1$ 点
G03 X0 Y−20000 I11180 J−10000;	逆圆插补 $1 \to 2$ 点,圆心相对于圆弧起点 X 方向增量 11.18,Y 方向增量 −10
G01 X0 Y−10000;	直线插补 $2 \to 3$ 点
G01 X10000 Y0;	直线插补 $3 \to 4$ 点
G02 X20000 Y0 I10000 J−11180;	顺圆插补 $4 \to 5$ 点,圆心相对于圆弧起点 X 方向增量 10,Y 方向增量 −11.18
G01 X10000 Y0;	直线插补 $5 \to 6$ 点
G01 X0 Y10000;	直线插补 $6 \to 7$ 点
G03 X0 Y20000 I−11180 J10000;	逆圆插补 $7 \to 8$ 点,圆心相对于圆弧起点 X 方向增量 −11.18,Y 方向增量 10
G01 X0 Y10000;	直线插补 $8 \to 9$ 点
G01 X−10000 Y0;	直线插补 $9 \to 10$ 点
G02 X−20000 Y0 I−10000 J11180;	顺圆插补 $10 \to 11$ 点,圆心相对于圆弧起点 X 方向增量 −10,Y 方向增量 11.18
G01 X−10000 Y0;	直线插补 $11 \to O$ 点
G01 X0 Y5000;	直线插补 $O \to$ A 点
M00;	程序结束

注意:采用增量坐标编程;程序中未考虑电极丝半径及放电间隙补偿。

③ 装夹工件、对刀

用螺杆、压板、磁铁等将工件毛坯(100 mm×60 mm×5 mm)固定在工作台上,找正毛坯的邻边分别平行于 X、Y 轴。毛坯伸出夹具长度应大于零件外形尺寸,以防切割时割到夹具。

通过手动或自动方式将电极丝定位到图中 A 点(对刀点)。

④ 选择电加工参数

电加工参数包括加工电流、幅值电压、脉冲宽度、脉冲间隙等。加工电流就是指通过加工区的电流平均值,单个脉冲能量大小主要由脉冲宽度、峰值电流、加工幅值电压决定。脉冲宽度是指脉冲放电时脉冲电流持续的时间,峰值电流指放电加工时脉冲电流的峰值,加工幅值电压指放电加工时脉冲电压的峰值。

正确选择电加工参数,可以提高加工工艺指标和加工的稳定性。其选择原则如下:粗加工时,应选用较大的加工电流和大的脉冲能量,可获得较高的材料去除率(即加工生产率);精加工时,应选用较小的加工电流和小的单个脉冲能量,可获得加工工件较低的表面粗糙度。

下列电加工规准(电加工参数选择)实例可供 DK7725E 型线切割机床使用时参考:

精加工:脉冲宽度选择最小挡,电压幅值选择低挡,幅值电压为 75 V 左右,接通 1～2

个功率管,调节变频电位器,加工电流控制在 0.8 ~ 1.2 A,加工表面粗糙度 $Ra \leqslant 2.5$ um。

最大材料去除率加工:脉冲宽度选择四 ~ 五挡,电压幅值选取高值,幅值电压为 100 V 左右,功率管全部接通,调节变频电位器,加工电流控制在 4 ~ 4.5 A,可获得 100 mm^2/min 左右的材料去除率(加工生产率)。(材料厚度为 40 ~ 60 mm)

大厚度工件加工(> 300 mm):电压幅值拨至高挡,脉冲宽度选五 ~ 六挡,功率管开 4 ~ 5 个,加工电流控制在 2.5 ~ 3 A,材料去除率 > 30 mm^2/min。

较大厚度工件加工(60 ~ 100 mm):电压幅值拨至高挡,脉冲宽度选取五挡,功率管开 4 个左右,加工电流调至 2.5 ~ 3 A,材料去除率为 50 ~ 60 mm^2/min。

薄工件加工:电压幅值选低挡,脉冲宽度选第一或第二挡,功率管开 2 ~ 3 个,加工电流调至 1 A 左右。

注意:改变电加工参数,必须关断脉冲电源输出(调整间隔电位器 RP1 除外),在加工过程中一般不应改变电加工参数,否则会造成加工表面粗糙度不一致。

⑤ 选择机械参数

对于普通的快走丝线切割机床,其走丝速度一般都是固定不变的,进给速度的调整主要是电极丝与工件之间的间隙调整。切割加工时进给速度和电蚀速度要协调好,不要欠跟踪或跟踪过紧(过跟踪)。进给速度的调整主要靠调节变频进给量,在某一具体加工条件下,只存在一个相应的最佳进给量,此时电极丝的进给速度恰好等于工件实际可能的最大蚀除速度。欠跟踪时使加工经常处于开路状态,降低了生产率,且电流不稳定,容易造成断丝;跟踪过紧时容易造成短路,也会降低材料去除率。一般调节变频进给量,使加工电流为短路电流的 0.85 倍左右(电流表指针略有晃动即可),就可保证为最佳工作状态,即此时的变频进给速度最合理、加工最稳定、切割速度最高。表 12-3 给出了根据进给状态调整变频的方法。

表 12-3　根据进给状态调整变频的方法

实频状态	进给状态	加工面状况	切割速度	电极丝	变频调整
过跟踪	慢而稳	焦褐色	低	略显焦色,老化快	应减慢进给速度
欠跟踪	忽慢忽快 不均匀	不光洁 易出深痕	较快	易烧丝,丝上 有白斑伤痕	应加快进给速度
欠佳跟踪	慢而稳	略显焦褐色,有条纹	低	焦色	应稍微增加进给速度
最佳跟踪	很稳	发白,光洁	快	发白,老化慢	不需再调整

⑥ 自动加工

按照机床操作说明书操作,进行自动切割加工。

⑦ 测量零件

用检测工具检查零件的加工精度是否达到图样要求。

⑧ 关机

按下"急停"按钮,关闭数控系统,关主机,清理现场,并做好工作记录。

12.3 电火花成形加工

12.3.1 电火花成形加工原理

电火花成形加工是利用工具电极和工件电极间脉冲火花的放电,对工件表面进行电蚀作用,将工件逐步加工成形的。

电火花成形加工的原理如图 12-3 所示。工件电极和工具电极分别与脉冲电源的两个不同极性输出端相连接,自动进给调节装置使工件电极和工具电极间保持一定的放电间隙。两极间加上脉冲电压后,在间隙最小处或绝缘强度最低处将工作液介质击穿,产生火花放电,如图 12-4(a)所示。放电区域产生的瞬时高温使两极表面材料熔化甚至气化,各自形成一个微小的放电凹坑,如图 12-4(b)所示。脉冲放电结束后,经过一段脉冲间隔时间,排出电蚀产物和工作液恢复绝缘后,再在两极间加上脉冲电压,当此过程以高频率反复进行时,工具电极不断地向工件进给,就可将其形状精确地"复制"在工件上,达到成形加工的目的,加工出所需要的零件。所以,从微观上看,整个加工表面由无数个小凹坑组成。

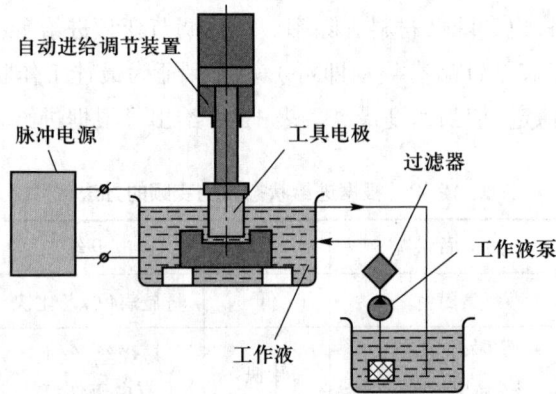

图 12-3 电火花成形加工原理图

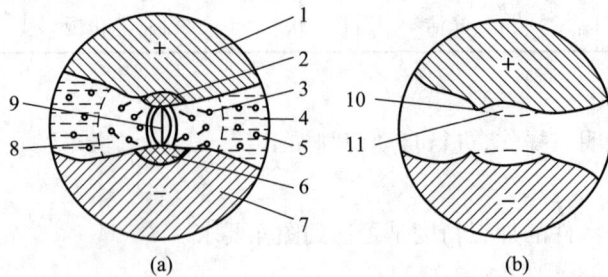

图 12-4 放电间隙状况示意图

1—阳极;2—阳极上抛出的区域;3—熔化的金属微粒;4—工作液;5—工作液中凝固的金属微粒;
6—阴极上抛出的区域;7—阴极;8—气泡;9—放电通道;10—翻边凸起;11—凹坑

12.3.2　电火花成形加工条件

（1）工具电极和工件电极之间要有适当的放电间隙（一般为 0.01 ~ 0.05 mm），并能维持这一间隙。

（2）必须在具有一定绝缘性能的液体介质中进行电火花成形加工（一般用煤油作为工作液）。

（3）火花放电必须是脉冲式瞬时放电，并具有足够的放电强度。

（4）脉冲放电需要多次进行，并且多次脉冲放电在时间上和空间上是分散的，避免发生局部烧伤。

（5）脉冲放电后的电蚀产物需及时从放电间隙中排出，使重复性脉冲放电顺利进行。

12.3.3　电火花成形加工过程

电火花成形加工过程如图 12-5 所示。

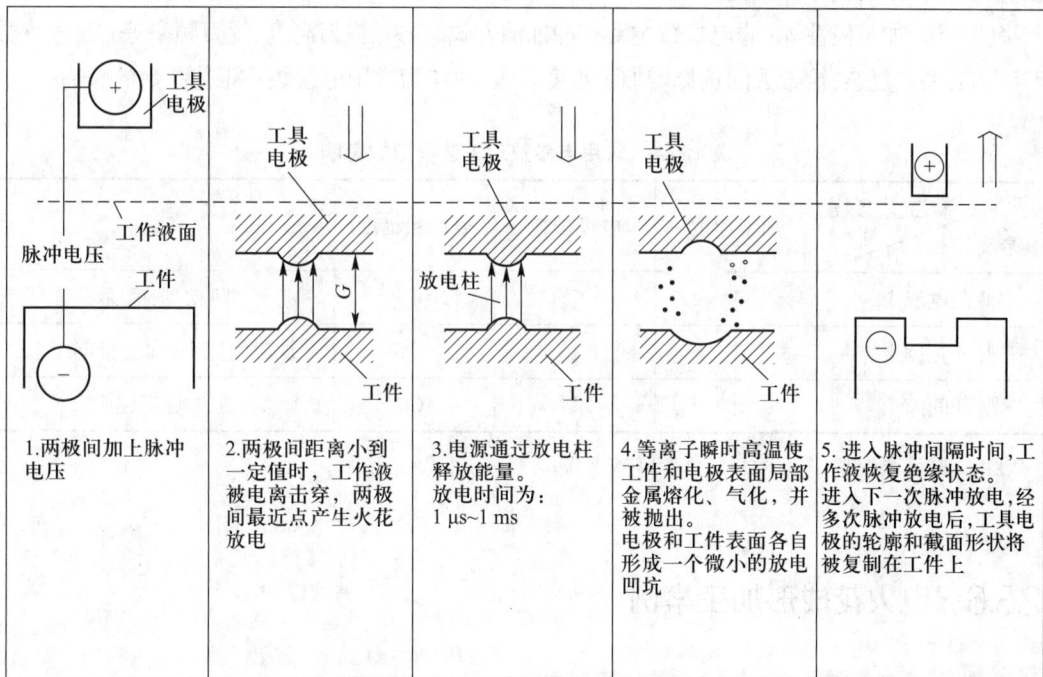

图 12-5　电火花成形加工过程示意图

12.3.4　电火花成形加工的特点

电火花成形加工是与机械加工完全不同的一种新工艺，其不靠切削力去除金属，而是直接利用电能和热能去除金属。相对于机械切削加工而言,电火花成形加工具有以下一些特点。

（1）电火花成形加工属于不接触加工,工具电极和工件之间并不直接接触,而是有一个火花放电间隙,间隙中充满工作液。

（2）电火花成形加工能实现以柔克刚。加工过程中工具电极与工件材料不接触,两者之间基本没有宏观机械作用力,加工工艺与工件材料的强度和硬度等关系不大,因此能用软的工具电极加工硬的工件,如用石墨、紫铜电极可加工淬火钢、硬质合金甚至金刚石。电极也极容易制作加工。

（3）电火花成形加工直接利用电能进行加工,便于实现加工过程的自动化。加工过程中的电参数易于实现数字控制、自适应控制、智能化控制,能方便地进行粗、半精、精加工工序,简化工艺过程,加工周期短,劳动强度低,使用维护方便。

12.3.5　电火花成形加工的主要工艺参数

数控电火花成形加工的主要工艺参数有加工速度、加工精度、表面粗糙度和电极损耗等。影响这些工艺参数的因素分为电参数和非电参数两大类。电参数包括脉冲宽度、脉冲间隙、峰值电压、峰值电流、加工极性等;非电参数主要有冲抽油方式、压力、提刀高度、提刀频率等。这些参数相互影响,关系复杂,给参数的选择增加了难度。表 12-4 为常用电参数对工艺参数的影响。

表 12-4　常用电参数对工艺参数的影响

工艺参数 电参数	加工速度	电极损耗	表面粗糙度	备注
峰值电流↑	↑	↑	↑	型腔加工锥度↑
脉冲宽度↑	↑	↓	↑	加工间隙↑,加工稳定性↑
脉冲间隙↑	↓	↑	○	加工稳定性↑

注:○表示影响较小, ↑表示增大,↓表示降低或减小。

12.3.6　电火花成形加工案例

（1）实验目的

通过对案例零件（图 12-6）的加工,掌握数控电火花成形机床的工作原理,了解电加工参数的合理选择方法,熟悉电火花成形机床的基本操作。

（2）实验设备及辅助设备

设备:DK7145NC 单轴数控电火花成形机床;

电极：紫铜，电极部分 $\phi28$ mm $\times$ 40 mm，夹持部分 $\phi12$ mm $\times$ 15 mm，电极极性为正极；

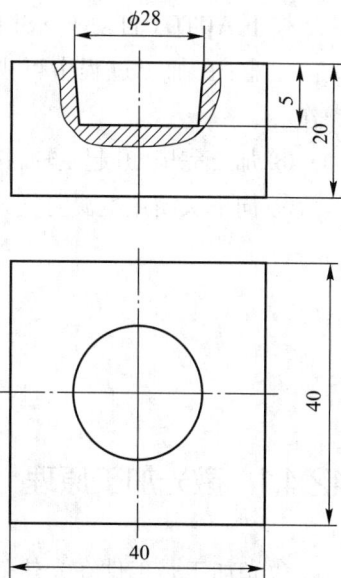

材料：40 mm $\times$ 40 mm $\times$ 20 mm，45 钢；

量具：0 ~ 125 mm 游标卡尺、150 mm 钢板尺；

通用工装夹具：螺杆、压板等。

（3）实验步骤

① 开机

检查机床电源线无误后，向上打开电源柜左侧三联主电源空气开关，松开"急停"按钮。系统进行自检，指示灯全亮。

② 将电极装夹在主轴头上

注意装夹电极、工件时，机床手控盒面板一定要置于对刀状态，以防触电。

③ 校正电极并调节主轴行程至合适位置

图 12-6　零件图

机床手控盒面板置于拉表状态，拉表找正电极，调节电极夹头上的调节螺钉，分别调节电极两个方向的倾斜和电极旋转，以找正电极。

④ 找正加工基准面和加工坐标

用螺杆、压板将工件固定在工作台上，找正工件的邻边（分别平行于 X、Y 轴）。再通过中心点位置显示键（1/2）寻找工件中心点，找正加工位置。

⑤ 设置电加工规准和各个电参数，按表 12-5 输入加工电参数。

⑥ 启动油泵，设置液位到合适位置。

⑦ 放电加工

表 12-5　电参数设置

电参数	粗加工	中加工	精加工
Ton（脉宽）	300	200	80
Toff（脉间）	150	120	200
LOW VOLF（低压功率管）	9	6	4
HIGN VOLF（高压功率管）	1	1	1
UP HIGH（提刀高度）	3	2	1
UP TIME（提刀时间）	4	2	2
F DOWN HIGH（快速下落高度）	1	1	1
CARBON PROOF（防积碳）	9	9	9
GAP（间隙电压）	4	6	8

按下 AUTO（自动）→ SLEEP（睡眠）→加工（WORK）键,进行自动加工。

注意:在加工过程中可视加工情况修改加工电参数,但需在指导教师的指导下进行操作。

⑧ 加工完毕,升起主轴,按下急停按钮。

⑨ 向下关闭主电源空气开关,清扫机床。

12.4　激光加工

12.4.1　激光加工原理

激光加工是工件在光热效应下高温熔融和以冲击波形式抛出的综合过程。图 12-7 为激光加工原理示意图。由于激光的发散角小和单色性好,通过光学系统可将激光束聚焦成直径仅几十微米到几微米的极小光斑,其焦点处的能量密度可达 $10^8 \sim 10^{10}$ W/cm^2,可产生 10 000 ℃以上的高温,使被加工材料迅速熔化和气化。工件表面不断吸收激光能量,凹坑处的金属蒸气迅速膨胀,压力猛然增大,熔化物以冲击波形式喷射出去,实现焊接、打孔和切割等加工。

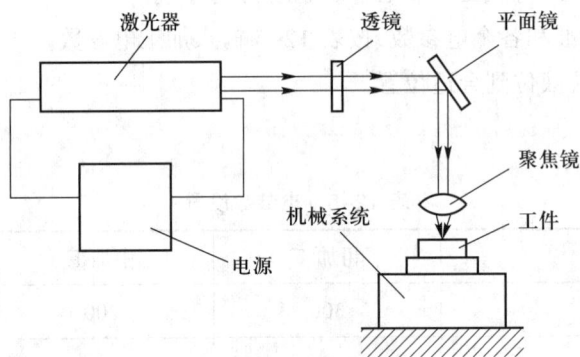

图 12-7　激光加工原理示意图

12.4.2　激光加工的特点

（1）激光加工可加工的材料范围广泛。它可以对多种金属、非金属进行加工,特别是可以加工高硬度、高脆性及高熔点的材料。

（2）激光加工属于无接触式加工,加工过程中无"刀具"磨损,工件无"切削力"。

（3）激光加工表面变形小,精度高。加工过程中,激光移动速度快,热影响的区域很小。

激光加工中对非激光照射部位几乎没有影响,因此热影响区小,工件热变形小,后续加工量小。

（4）激光加工的使用环境不受限制。激光可以通过透明介质对密闭容器内的工件进行各种加工;恶劣环境或人难以接近的区域也可采用机器人进行激光加工。

（5）激光加工可实现多种加工。激光束的能量和激光束的移动速度均可调节,因此激光加工可应用到不同层面和范围上。

12.4.3　激光加工的应用

激光加工可应用于激光打孔、激光切割、激光雕刻、激光焊接和激光表面处理等。其作为一种先进制造技术,现已广泛应用于汽车、电子、电器、航空、冶金以及机械制造等领域,对提高产品质量及生产效率,进行自动化加工、无污染加工等起到越来越重要的作用。

12.5　电　解　加　工

12.5.1　电解加工原理

电解加工是利用金属在电解液中的"电化学阳极溶解"来将工件成形的。

图 12-8（a）所示为电解加工初始状态,工件（阳极）和工具（阴极）之间接上 6～24 V 的直流电压,两极间保持较小的加工间隙（0.1～1 mm）。在加工间隙处通以 6～60 m/s 高速流动的电解液,形成极间导电通路,随着工具（阴极）持续向工件（阳极）进给,工件表面的金属材料不断溶解,其溶解的电解产物及时被高速流动的电解液冲走,阴、阳极间隙趋于一致,最终工具的形状"复制"到工件上,如图 12-8（b）所示。

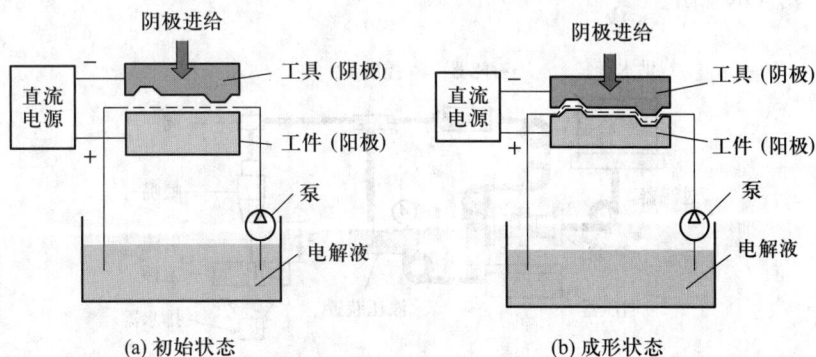

图 12-8　电解加工原理图

12.5.2 电解加工的特点

（1）电解加工的加工范围广，不受材料硬度、强度、韧性的限制，几乎能加工所有导电材料。

（2）电解加工的生产率高，其生产率为电火花加工的 5 ~ 10 倍，在某些情况下甚至可超过机械切削加工的生产率。

（3）电解加工的加工表面质量好。电解加工中不产生残余应力和变形层，且无毛刺和刀痕，正常情况下工件的表面粗糙度可达 0.2 ~ 1.25 μm。

（4）电解加工的阴极（工具）损耗小，基本上可长期使用。

12.5.3 电解加工的应用

电解加工广泛适用于深孔加工、叶片（型面）加工、锻模（型腔）加工、穿孔套料加工、炮筒膛线加工等，并常用于去毛刺、倒角、抛光以及刻印等。

12.6 水射流加工

12.6.1 水射流加工原理

水射流加工运用液体增压原理，将水或水中加添加剂的液体通过泵、增压器、蓄能器形成巨大的压力能再通过直径为 0.15 ~ 0.4 mm 的小孔喷嘴转变成动能，从而形成 300 ~ 900 m/s 的高速液体流，喷射到工件表面进行切割，达到去除材料的目的。图 12-9 为水射流加工装置示意图。

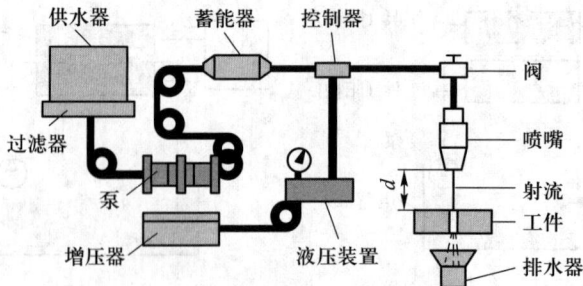

图 12-9 水射流加工装置示意图

12.6.2　水射流加工的特点

水射流加工使用水作为工作介质,是一种冷态切割新工艺,属于"绿色"加工范畴。它可以加工各种金属、非金属材料,各种硬、脆材料,具有独特的优势。

（1）水射流加工切割时工件材料不会受热变形,切口质量较好,平整无毛刺,且切缝窄,材料利用率高,使用水量也不多（液体可以循环利用）,可降低生产成本。

（2）水射流加工加工点温度很低,无热变形,无烟尘、渣土等,可用于易燃、易爆、有毒的多种危险场所作业,安全可靠。

（3）水射流加工使用水作为加工介质,作为"刀具"的高速水流不会变"钝",各个方向都有切削作用,切削过程稳定。

（4）水射流加工应用范围广,几乎可以加工所有材料。

12.7　增　材　制　造

增材制造是一种以数字模型文件为基础,将复杂的三维实体模型"切"成设定厚度的一系列片层,从而使其变为简单的二维图形,运用特殊蜡材、粉末状金属或塑料等可黏合材料,通过逐层打印的方式来制造三维物体的技术。

以下介绍增材制造的主流技术及其工艺流程。

12.7.1　熔融沉积成形（FDM）

FDM 工艺的材料一般是热塑性材料,如蜡材、ABS、PC、尼龙等,以丝状材料供料。塑料丝材的熔化温度一般为 170 ~ 230 ℃,材料在喷嘴内被加热熔化,喷嘴在 X-Y 平面沿零件截面轮廓和填充轨迹运动,同时将熔化的材料挤出,材料迅速固化,并与周围的材料黏结形成一个层面。然后将第二个层面用同样的方法制造出来,并与前一个层面熔结在一起,如此层层堆积而获得一个三维实体,如图 12-10 所示。随着堆积高度的增加,层片轮廓的面积和形状都会发生变化,当打印模型悬空时,会自动先形成支撑结构,对后续层提供定位和支撑,以保证成形过程的顺利实现,如图 12-11 所示。该工艺主要应用在塑料零件加工领域。

FDM 工艺的优点如下:

（1）该工艺不用激光,使用、维护简单,成本较低;

（2）该工艺采用塑料丝材,清洁,更换容易;

（3）该工艺后处理简单;

（4）该工艺成形速度较快;

（5）该工艺所用材料性能较好。在塑料零件加工领域，近期开发出 PC、PC/ABS、PPSF 等材料，其强度已经接近或超过普通注塑零件，可在某些特定场合（试用、维修、暂时替换等）直接使用。

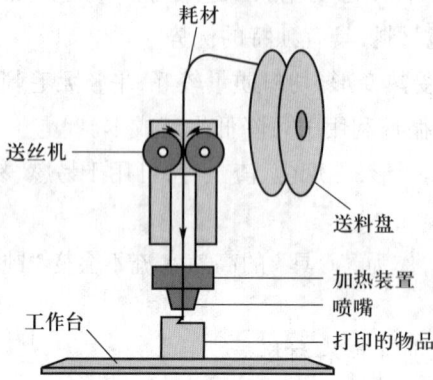

图 12-10   FDM 工艺原理图

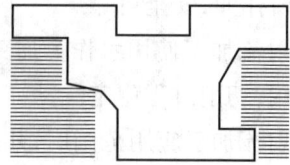

图 12-11   原型和支撑

12.7.2   光固化立体成形（SLA）

SLA 工艺是基于液态光敏树脂的光聚合原理工作的。液态光敏树脂在一定波长（325 nm 或 355 nm）和强度（10 ~ 400 mW）的紫外光照射下能迅速发生光聚合反应，分子量急剧增大，材料也就从液态转变成固态。

SLA 工艺流程如图 12-12 所示。

（1）平台降到液面下一定的高度；

（2）聚焦后的光斑在液面上按计算机的指令逐点扫描，即逐点固化；

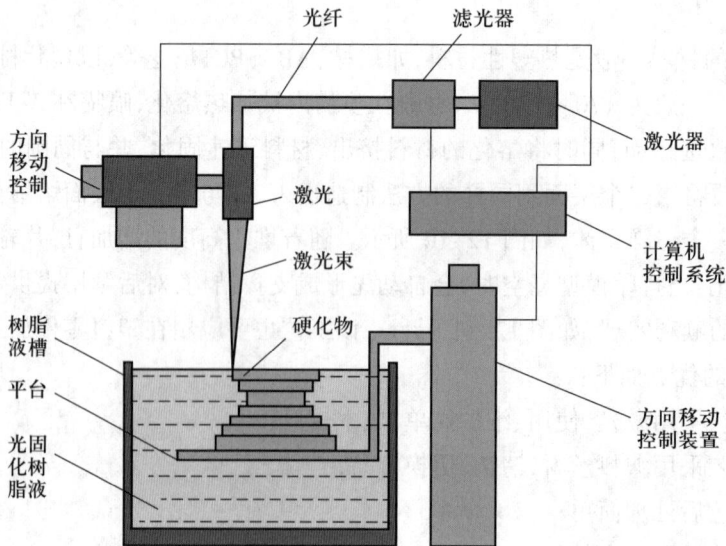

图 12-12   SLA 工艺流程图

（3）平台下降一层的高度；

（4）进行下一层的扫描,逐点固化,新固化的材料黏结在前一层材料上,该过程不断重复直至产品成形。

光固化立体成形工艺加工的工件能呈现较高的精度且表面光洁,该工艺还能制造形状特别复杂和精细的零件。光固化立体成形工艺的发展趋势是高速化、节能环保与微型化。不断提高的加工精度使之在生物、医药、微电子等领域有很好的发展前景。

12.7.3 选择性激光烧结（SLS）

SLS工艺加工的材料有石蜡、高分子、陶瓷粉末、金属和合金粉末等,其工艺流程如图12-13所示。先在工作台上均匀铺上一层很薄（亚毫米级）的原料粉末,激光束在计算机控制下通过扫描系统以一定的速度和能量密度,按照分层轮廓的二维数据进行扫描。激光扫描过的粉末烧结成一定厚度的实体片层,未扫描的地方仍然保持松散的粉末状。工作台再根据物体截层厚度下降一层,铺粉滚筒再次将粉末铺平,然后开始新一层的扫描。如此反复,直至产品成形。去掉多余粉末,再经过打磨、烘干等适当的后处理,即可获得零件产品。

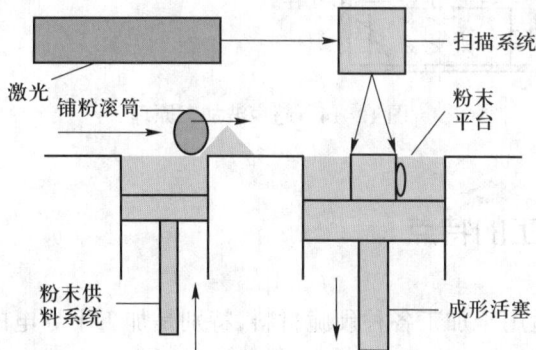

图 12-13　SLS工艺流程图

与其他增材制造技术相比,SLS工艺最突出的优点在于其所使用的成形材料十分广泛,特别是在金属和合金材料成形方面具有独特优点。

12.8 超声波加工

12.8.1 超声波加工原理

超声波加工是利用工具作超声频振动,通过磨料高速撞击与抛磨加工表面,使加工区域的工件材料逐渐破碎成细微颗粒,从而实现穿孔、切割和研磨等加工的方法。超声波加工的原理如图 12-14 所示,加工时在工具和工件之间注入液体(水或煤油等)和磨料混合的悬浮液,使工具对工件保持一定的进给压力,并将超声波发生器产生的超声频振动,通过换能器转换成超声频纵向振动,并借助变幅杆把振幅放大到 0.01 ~ 0.15 mm,驱动工具端面作高频振动。工作液中的悬浮磨料在工具端面超声振动的作用下,以极高的速度不断撞击、抛磨加工表面,使该表面材料在瞬时高压下局部碎裂。随着悬浮液的循环流动,磨料不断得到更新,并将加工粉碎的材料微粒排出加工区域。随着加工的不断进行,工具在恒定压力的作用下逐渐深入到工件材料中,最终工具的形状便"复制"在工件上。

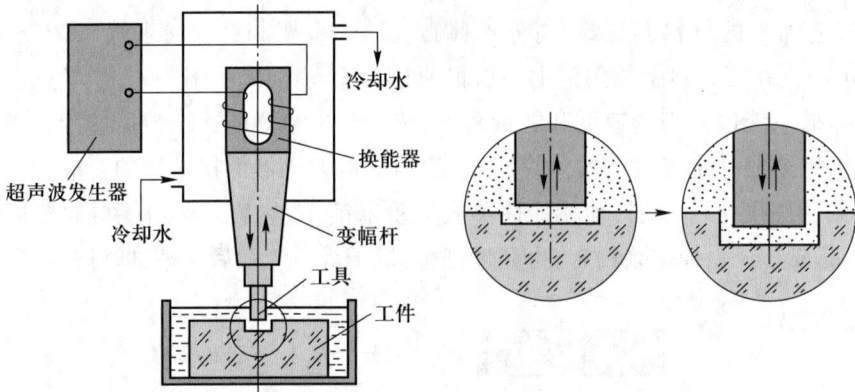

图 12-14　超声波加工原理

12.8.2　超声波加工的特点

(1)超声波加工适用于加工各种硬脆材料,特别是加工不导电的非金属材料和半导体材料,如玻璃、陶瓷、石英、硅、宝石、金刚石等。

(2)超声波加工的工具可用较软的材料做成较复杂的形状。

(3)超声波加工中,由于去除工件材料主要依靠磨粒瞬时局部的冲击作用,故工件表面的宏观切削力很小,切削热少,不会引起工件的变形及烧伤,工件加工精度与表面质量也较好,适用于加工薄壁、窄缝及低刚度工件。

(4)超声波加工机床结构比较简单,操作维修方便,但其加工面积小,生产效率较低,工具头磨损较大。

12.8.3　超声波加工的应用

超声波加工广泛应用于加工半导体和非导体的硬脆材料,如玻璃、石英、金刚石等。由于其加工精度和表面质量优于电火花加工和电解加工,因此电火花加工后的一些淬火钢、硬质合金零件,还常用超声波抛磨进行光整加工。超声波加工适用于型孔、型腔加工及切割、清洗等。

思考和练习

1. 什么是特种加工,其特点有哪些?
2. 简述数控电火花线切割加工的基本原理。
3. 简述电火花线切割电加工参数的选择原则。
4. 简述电火花成形加工的加工原理及加工特点。
5. 简述电火花成形加工常用电参数对工艺指标的影响。
6. 简述 FDM 的加工原理。

第三篇
创新能力与工程实践

第13章
创 新 教 育

创新是引领发展的第一动力,抓创新就是抓发展,谋创新就是谋未来。在飞速发展的当今社会,科技创新变得尤为重要,科技创新能力已成为国家综合实力的关键体现。一个国家创新能力强,就能在世界产业链中占据高端位置,从而激活国家经济新产业,引领社会的发展。

提高当代大学生的创新能力是时代的要求,也是加强大学生综合素质能力的重点工作。创新教育就是以培养人们的创新精神和创新能力为基本价值取向的教育,在全面实施素质教育的过程中,着重研究与解决在教育领域如何培养学生的创新意识、创新精神和创新能力的问题。创新教育的重点不是培养学生如何搞小制作、小发明,而是培养学生的发散思维能力,使其感知认识新事物、新知识、新思想,掌握其中蕴含的规律,培养学生的创新能力,为学生成为创新型人才打下坚实的基础。

13.1 创新的基础知识

13.1.1 创新的基本概念

创新是指在现有的资源条件和社会环境中提出一种从未有过的新思路与新思维,或者在原有的某种事物和方法的基础上进行改进与更新,创造出新的事物。创新一定是有所创造,且这种创造是崭新的、从未有过的。这种创造可能是思想方法的创新或是具体事物的创新。创新意味着人类的认识能力和实践能力的更新,是人类主观能动性的表现。

在中国,"创新"一词在《南史·后妃传上·宋世祖殷淑仪》就曾提到,"仲子非鲁惠公元嫡,尚得考别宫。今贵妃盖天秩之崇班,理应创新",这里的"创新"是创造或创立新的东西的意思。

"创新"的英文单词"innovation"源自拉丁语,在拉丁语中叫作 innovare,它的意思是学习。其原意有三层含义:第一为更新;第二为创造新的东西;第三为改变。创新的概念首先由美籍经济学家熊彼特在 1912 年出版的《经济发展概论》中提出,他指出:创新是指把一种新的生产要素和生产条件的"新结合"引入生产体系。其包括五种情况：引入一种新产品、引入一种新的生产方法、开辟一个新的市场、获得原材料或半成品的一种新的供应来源、形成新的组织形式。熊彼特的创新概念范围很广，涉及技术性变化的创新及非技术性变化的组织创新。

现代管理学之父——彼得·德鲁克的创新理论包括：任何改变现存物质财富创造潜力的方式都可以称为创新；创新是使人力和物质资源拥有最大的物质生产能力的活动；创新是创造一种资源。

马云认为，创新的作用已经超出知识的本身。因为知识是现存的，拿来用就可以了，而创新创造是无中生有的力量。

13.1.2 创新的内涵

创新是指以现有的思维模式提出有别于常规或常人思路的见解，利用现有的知识和物质，在特定的环境中本着理想化需要或满足社会需求的目标，改进或创造新的事物、方法、元素、路径、环境，并能获得一定有益效果的行为。实践是创新的根本所在，而创新的无限性在于物质世界的无限性。

自主创新的内涵包括以下三个方面（图13-1）。

（1）努力获得比较多的科学发现和技术发明，即原始创新。

（2）对现有技术进行有机融合，形成具有市场竞争力的产品和产业，即集成创新。

（3）在引进国外先进技术的基础上进行消化吸收和再创新，即学习创新。

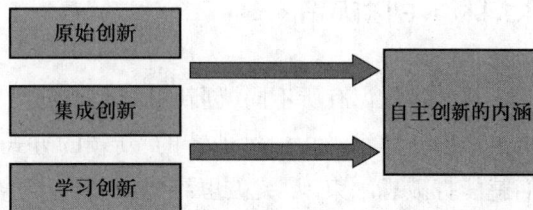

图13-1 自主创新的内涵示意图

13.1.3 创新要素

创新需要灵感、兴趣、预测这三个基本要素。从创造发明活动来看，创新的进程常常是从思考问题开始的，在思考的过程中，脑海中浮现一个又一个解决问题的方法。解决问题的方法或由以前的经验得出，或源自自己突然迸发的灵感。

13.1.4 创新体系

创新体系是融合创新主体、创新环境和创新机制于一体，促进全社会创新资源的合理配置和高效利用，促进创新机构之间相互协调和良性互动，充分体现创新意志和目标的系统。

13.1.5   创新意识

创新意识是指人们根据社会和个体生活发展的需要,引起创造前所未有的事物或观念的动机,并在创造活动中表现出来的意向、愿望和设想。创新意识是创造型人才所必须具备的,培养创造型人才的起点是创新意识的培养和开发。要求人们具有创新意识,实际上是要人们改变传统的思维方式,改变传统的提出问题、思考问题的方式。创新意识是人们进行创造活动的出发点和内在动力,是创造性思维和创造力产生的前提。

创新意识包括创造动机、创造兴趣、创造情感和创造意志。创造动机是创造性活动的动力因素,能推动和激励人们发动和维持创造性活动;创造兴趣能促进创新活动的成功,是促进人们积极寻求新奇事物的一种心理倾向;创造情感是引起、推进乃至完成创造的心理因素,只有具备正确的创造情感才能创造成功;创造意志是在创造中克服困难、冲破阻碍的顽强毅力和不屈不挠的精神,是心理因素,具有目的性、顽强性和克制性。

创新意识的开发和培养是培养创新型人才的起点,只有注意从人们小时候起就培养这种意识,才能为其以后成为创造型人才打下坚实的基础。一个具有创新意识的民族才有希望成为新知识经济时代的科技强国。

13.1.6   创新思维

与创新意识有所不同,创新思维是在创新意识之后产生的,创新思维是创新意识的必然结果。创新思维是指通过独特的、新颖的方式方法解决问题的思维过程,通过创新思维,人们就能打破思维束缚,突破思维局限,从反常规、超常规的角度去思考问题、解决问题,从而产生具有创新性的思维成果。人类思维有三种形式:逻辑思维、形象思维和创新思维。创新思维是建立在逻辑思维和形象思维基础之上的,它对逻辑思维的共性和形象思维的差异性进行了有效的辩证统一。

13.1.7   创新精神

创新精神是指要具有能够综合运用已有的知识、信息、技能和方法提出新方法、新观点的思维能力,和进行发明创造、改革、革新的意志、信心、勇气和智慧。

创新精神是科学精神的一个方面,与其他方面的科学精神不矛盾,而是相互统一的。例如:创新精神以敢于摒弃旧事物、旧思想,创立新事物、新思想为特征,同时创新精神又要以遵循客观规律为前提,只有当创新精神符合客观需要和客观规律时,才能顺利转化为创新成果,成为促进自然和社会发展的动力;创新精神提倡新颖、独特,同时又要受到一定的道德观、价值观、审美观的制约。

只有具有创新精神,人们才能在未来的发展中不断开辟新的天地。

13.1.8 创新能力

创新能力是指人们在顺利完成以原有知识经验为基础的创造新事物活动中表现出来的潜在的心理品质。创新能力具有综合独特性和结构优化性等特征。遗传素质是形成人类创新能力的生理基础和必要的物质前提,潜在决定了个体创新能力未来发展的类型、速度和水平。环境是提高创新能力的重要条件,恶劣的环境影响个体创新能力的发展。实践是人创新能力形成的唯一途径,实践也是检验创新能力水平和创新活动成果的尺度标准。

只要具备坚持不懈的精神和探索新事物的兴趣,创新能力在一定的知识积累条件下是可以训练出来的。人们可以在日常的学习工作中给自己一定的压力,设定一定的目标,让自己有紧迫感,往往在完成任务的时候,就潜移默化地提高了自己的创新能力。创新能力的培养关键在于人的自我解放,把自我的潜力激发出来。

13.2 培养大学生创新能力的途径和方法

在大学生工程实训中开展创新教育,符合高等教育对当代大学生综合素质的要求。除了硬件保障外,必须要有科学的创新教学体系和教学方法,营造良好的创新教育环境。培养大学生创新能力的途径,如图 13-2 所示。

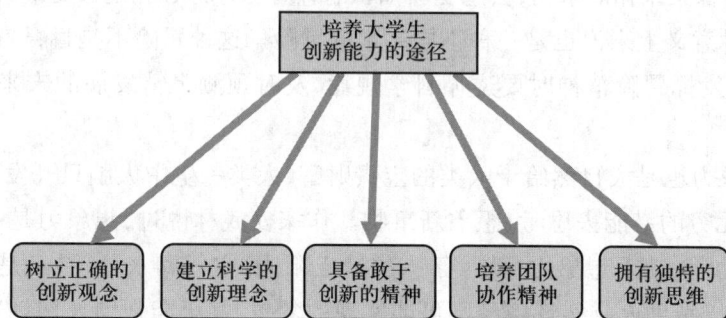

图 13-2　培养大学生创新能力途径示意图

13.2.1 树立正确的创新观念

大学生要有正确的创新观念,参加各种科技创新活动。参加各种大学生创新比赛,并不是单单为了获奖、"保研",也不是为了出风头,在同学面前有面子,而是去探索求知,在艰苦奋斗中不断超越自我。创造一件事物或提出一种思想就是把一件事物或一种思想理念从

"无"变为"有",这种看起来神奇有趣的事情其实并不容易,需要大量的时间"打磨"。例如写一篇科研论文,需要查阅大量的参考文献,学习相关的基础理论知识,提出自己的模型,做实验验证自己模型的可靠性。可能一篇好的论文需要花费几年时间才能完成,这需要勤奋来支撑。彼得·德鲁克总结的七大创新机会规律是:

(1)从实际和设想的不一致性中捕捉创新机会;

(2)从意外情况中捕捉创新机会;

(3)从过程的需要中捕捉创新机会;

(4)从人口状况的变化中捕捉创新机会;

(5)从行业和市场结构的变化中捕捉创新机会;

(6)从观念和认识的变化中捕捉创新机会;

(7)从新知识、新技术中捕捉创新机会。

勤奋是人们创造性工作的前提,而集中注意力又是勤奋工作的关键。注意力集中的程度决定思维的深度和广度。创新不一定需要智商超群的人,但创新工作离不开勤奋的人格。人人都有创新的潜质,只看这些潜质有没有被激活而已。

13.2.2   建立科学的创新理念

科学的创新理念包括创新活动的原动力和创新结果的现实性。任何创新活动的源泉都来自好奇心、冒险精神、丰富的想象力和挑战性。

创新意识的启蒙就是对事物的好奇心理,这是创新的原始激情。有了这种强大的动力,就会引导人们去探索未知的事物,去感受新知识的魅力。好奇心理是人类最大的财富之一。

创新在某种意义上来说也是一种不同寻常的冒险。这种冒险不是盲目冒险,而是理智的冒险,人们在发挥冒险精神时要遵循科学规律,及时预测事情发展的未来,降低失败的风险。

丰富的想象力也是大自然给予人类的宝贵财富,人类一生中大脑只开发了 10% 左右,所以人类拥有无穷的潜能去思考、想象新事物。作家安武林说过,想象力是一切创造性活动之中的主要力量,缺乏想象力,就等于人类缺乏阳光、空气和水分一样,是不可思议的。想象力丰富,可以帮助人类实现曾经不可能实现的梦想,甚至能帮助人们创造一个美丽的新世界。人类想象如何像鸟儿一样在天空中飞翔,于是有了飞机;人类想象如何像鱼儿在水中游泳,于是有了轮船、潜艇。社会的发展离不了人类的想象力,想象力是可以创造未来的。

挑战性意味着一种敢于向权威挑战,敢于发表自己的观点和意见的气魄,意味着一种努力追求成功,富有进取心的品质。在面对挑战的过程中,既要有无畏的精神,也要有勇于认错的品质。

创新结果的现实性要求创新必须满足三个条件:思想必须新颖、思想必须有意义、新的有意义的思想必须被人们接受。

创新首先是一种全新的创造或是在原有基础上进行的突破,这种新思想、新理念、新事物必须符合人类社会发展的要求,不能是谬论或违背人类伦理道德的事物,这样才会造福于人类。

13.2.3 具备敢于创新的精神

创新精神是一种勇于抛弃旧思想、旧事物、创立新思想、新事物的精神。例如:不满足已有认识(掌握的事实、建立的理论、总结的方法),不断追求新知识;不满足现有的生活生产方式、方法、工具、材料、物品,根据实际需要或新的情况不断进行改革和革新;不墨守成规(规则、方法、理论、说法、习惯),敢于打破原有条条框框,探索新的规律、新的方法;不迷信书本、权威;不盲目效仿别人的想法、说法、做法;不人云亦云,"唯书唯上",坚持独立思考,说自己的话,走自己的路;不喜欢一般化,追求新颖、独特、与众不同;不僵化、呆板,灵活地应用已有知识和能力解决问题。

13.2.4 培养团队协作精神

从科学技术和社会发展的历史来看,任何创新都是以群体为基础、以个体为突破的。据统计,诺贝尔奖前25年的获奖人当中,有41%的人是合作进行研究的;在第二个25年当中,这个比例增加到67%;而在第三个25年当中,这个比例已经达到79%。这说明科学研究中的大力协作呈增长趋势,合作研究已成为现代科学研究的主要方式。工程实训可以为本科教育提供组织学生协作进行实践创新的机会,三五个学生结成一个团队,完成一个项目,不仅培养学生的创新实践能力,也培养其团队协作精神。

13.2.5 拥有独特的创新思维

(1)用"求异"的思维去看待和思考事物

在学习工作和生活中,多去有意识地关注客观事物的不同性与特殊性。不拘泥于常规,不轻信权威,以怀疑和批判的态度对待一切事物和现象。

(2)有意识从常规思维的反方向去思考问题

如果把传统观念、常规经验、权威言论当作金科玉律,常常会阻碍人们创新思维活动的展开。因此,面对新的问题或长期解决不了的问题,不要习惯于沿着前辈或自己长久形成的、固有的思路去思考问题,而应从相反的方向寻找解决问题的办法。

(3)用发散性的思维看待和分析问题

发散性思维是创新思维的核心,其过程是从某一点出发,任意发散,既无一定方向,也无一定范围。发散性思维能够产生众多的可供选择的方案、办法及建议,能够提出一些别出心裁、出乎意料的见解,使一些似乎无法解决的问题迎刃而解。

（4）主动地、有效地运用联想

联想是在创新思考时经常使用的方法,也比较容易见到成效。人们常说的"由此及彼、举一反三、触类旁通"就是联想中的"经验联想"。任何事物之间都存在一定的联系,这是人们能够采用联想的客观基础,因此联想的最主要方法是积极寻找事物之间的关系,主动、积极、有意识地去思考它们之间的联系。

（5）学会整合,宏观地去看待问题

很多人擅长"就事论事",或者说看到什么就是什么,思维往往被局限在某个区域内。整合就是把对事物各个侧面、部分和属性的认识统一为一个整体,从而把握事物的本质和规律的一种思维方法。当然,整合不是把事物各个侧面、部分和属性的认识随意地、主观地拼凑在一起,也不是将其机械地相加,而是按它们内在的、必然的、本质的联系把整个事物在思维中再现出来。

思考和练习

1. 创新的内涵是什么?
2. 什么是创新思维?
3. 怎么提高创新能力?
4. 培养大学生创新能力的途径和方法有哪些?
5. 结合实际,谈谈如何培养创新思维?

第 14 章
工程综合能力实践

教育部为了提升大学生工程实践能力和创新设计意识,于 2009 年设立了全国大学生工程训练综合能力竞赛,旨在促进各高校提高工程实践和工程训练教学改革和教学水平,培养大学生的创新设计意识、综合工程应用能力与团队协作精神,促进学生基础知识与综合能力的培养、理论与实践的有机结合,形成良好的学风,为优秀人才脱颖而出创造条件。

全国大学生工程训练综合能力竞赛是教育部高等教育司发文举办的全国性大学生科技创新实践竞赛活动,是基于国内各高校综合性工程训练教学平台,为深化实验教学改革,提升大学生工程创新意识、实践能力和团队合作精神,促进创新人才培养而开展的一项公益性科技创新实践活动。

竞赛每两年举行一次,随着我国智能制造和数字化技术的快速发展,该项赛事已融合机械、电气、计算机、材料科学、飞行器、市场营销、管理学、会计学等多个学科,现已更名为中国大学生工程实践与创新能力大赛,目前已发展为拥有新能源、工程基础、智能 + 飞行器设计仿真、工程场景数字化、企业运营仿真和智能网联汽车设计等多个比赛项目的大型赛事。

新能源赛道主要面向机械类大学生,要求设计制作太阳能和生物质能驱动且能够走出特定轨迹的移动小车。学生需要进行创新设计,实施切削加工,然后组装调试下车,直至作品能够走出特定的轨迹路线。本教材以 2022 年第七届湖南省大学生工程实践与创新能力大赛为例,介绍两类小车在设计、制作和组装调试三个方面的成功经验。

14.1   太阳能驱动小车案例

14.1.1   竞赛规则

自主设计并制作一台具有方向控制功能的太阳能驱动小车,长宽尺寸不超过 350 mm × 350 mm,结构不作任何限制,但从节能方面考虑,应使结构轻量化,且必须具有外形包装(裸车不能参赛),并方便拆卸。太阳能驱动小车必须在规定时间内在指定竞赛场地上与地面接触运行,完成所有动作所用能量均由太阳能转换的电能提供,必须采用电源开关一键启动(按键方向不能与车辆前进方向相同,避免手动助车行走)。太阳能驱动小车只能有一个电动元器件,即只有一个能把电能转化为机械能的元器件;只能安装两个用于识别赛道上打卡点磁片的传感器(感应头截面直径≤ϕ18 mm),传感器的安装位置限定在小车后轮之间。储存能量的锂电池总额定电压≤7.4 V,总额定容量≤1 800 mAh,不得超过2S(双星)。转化能量的太阳能电池板/薄膜面积不超过0.1 m²,太阳能电池板/薄膜和锂电池必须独立安装在太阳能电动车上,而且太阳能电池板/薄膜的接口和锂电池必须方便快捷拆装,便于现场校核。太阳能电池板/薄膜和锂电池不允许在太阳能电动车行走过程中从太阳能电动车上掉落。

太阳能驱动小车(以下简称小车)场地是根据红军长征的路线设计的,场地控制在4 000 mm×4 000 mm正方形平面区域范围内,小车必须在规定的赛场内运行。赛场内的红色圆(ϕ25 mm)为红军长征经过的地标,也是小车的打卡位置及感应区,在红色圆/红五角星中心上放置一片直径为ϕ5 mm~ϕ25 mm、厚度为0.5 mm~3 mm的圆形磁片(初赛时是直径为ϕ25 mm、厚度为3 mm的圆形磁片,尺寸以现场提供为准);当小车从红色圆/红五角星上方经过时,小车底部的传感器感应到圆形磁片时,电动车上led灯亮(放在小车上醒目位置),则表示打卡成功(若小车没有到红色圆/红五角星上方时led灯点亮,则违规扣分);赛道是从红军长征的起点瑞金(红五角星)出发,到终点延安(红五角星)结束。

太阳能驱动小车发车时必须停在起点上方且led灯点亮,按长征路线方向运行直到终点延安,且led灯点亮。

太阳能驱动小车赛道在4 000 mm×4 000 mm正方形平面区域内,赛场边界距离赛道XY正负方向极限打卡点不超过500 mm,选用"瑞金""第三道封锁线""血战湘江""占领遵义""巧渡金沙江""飞夺泸定桥""爬雪山""过草地""大会师"和"延安"10个打卡点依顺序打卡,如图14-1所示,10个打卡点的坐标见表14-1。

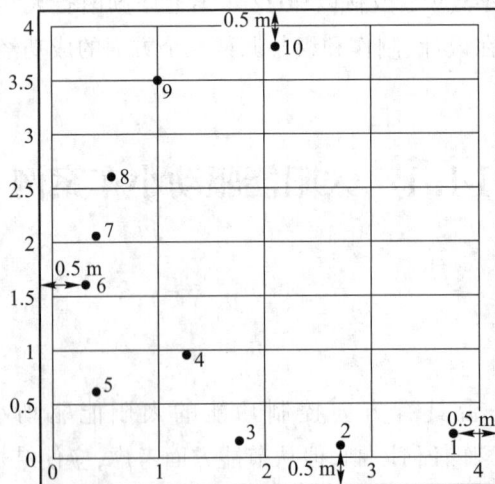

图14-1 太阳能驱动小车运行路线示意图

1—瑞金;2—第三道封锁线;3—血战湘江;4—占领遵义;5—巧渡金沙江;

6—飞夺泸定桥;7—爬雪山;8—过草地;9—大会师;10—延安

表 14-1 打卡点的坐标

序号	打卡点	坐标 X/mm	坐标 Y/mm
1	瑞金	3 750	200
2	第三道封锁线	2 700	100
3	血战湘江	1 750	150
4	占领遵义	1 250	950
5	巧渡金沙江	400	600
6	飞夺泸定桥	300	1 600
7	爬雪山	400	2 050
8	过草地	550	2 600
9	大会师	1 000	3 500
10	延安	2 100	3 800

14.1.2 设计过程

太阳能驱动小车主要由太阳能锂电电路系统、行走机构、转向机构和打卡机构组成,通过这些机构的配合完成"工训大赛"的打卡路线。以下对相关机构分别进行阐述。

太阳能锂电电路系统由太阳能光伏发电板、充电模块和 2S 锂电池组成,太阳能光伏发电板将光能转化为电能、通过充电模块储存在锂电池中,给小车提供运动的能量。

行走机构由减速电动机、U 形带轮、带、主动轮、从动轮组成,减速电动机输出转动动力,通过带轮将动力传递到主动轮轴上,从而使主动轮旋转,带动小车前进。

转向机构由减速齿轮组、凸轮、滚子、线轨和滑块、前叉、前轮等零件组成。减速齿轮组由两组 1∶5 的齿轮组组成,将后轮轴的转速降低到原来的 1/25,并将转动扭矩传递给凸轮,凸轮与滚子接触,将凸轮的推程通过线轨和滑块传递给前叉和前轮,从而改变前轮与车身的转角,达到小车转向的目的。只需要通过凸轮的计算,设计出一个合适的凸轮,就可以使小车的传感器沿着规划的路线进行打卡。

打卡机构由霍尔 NPN 磁性传感器、电池和指示灯组成,在小车行进的过程中,小车传感器到达打卡点圆形磁片上方,传感器感应到磁场,闭合指示灯电路,指示灯亮起,表示打卡成功。

图 14-2、图 14-3 分别为太阳能驱动小车三维模型和内部结构三维模型。

图 14-2 太阳能驱动小车三维模型

图 14-3 太阳能驱动小车内部结构三维模型

14.1.3 制造过程

为了满足"工训大赛"的比赛要求,对太阳能驱动小车进行轻量化和外观设计,采用 3D 打印技术制作支架,并进行镂空设计。3D 打印技术打印出的支架零件,既可以满足小车的设计要求,也可以随时快速修改不适配的零件,通过 sw 导出模型的 stl 文件进行打印制作,使制作效率得到提升,而且采用 3D 打印技术制作成本较低。

为了保证小车前轮的圆度精确,前轮采用了车削加工方法,通过车削圆棒,获得在圆度公差范围内的前轮。

后轮、底板、凸轮均采用激光切割的方法加工,激光切割可以保证零件的精度,而且加工成本低,加工方便。主动轮和从动轮采用铝合金,用激光切割加工,使其更加轻量化,底板和凸轮采用了亚克力板,用激光切割加工,使其符合设计要求。

在组装中,主要采用螺栓连接,螺栓连接可以保证零件连接牢固,保证连接的精度,而且成本低。轴连接采用了法兰盘和顶丝连接,在轴的径向方向还使用了锁止环和卡簧,保证零件在轴上的径向位置。

图 14-4、图 14-5 分别为太阳能驱动小车实物模型正面和实物模型侧面。

图 14-4 太阳能驱动小车实物模型正面

图 14-5 太阳能驱动小车实物模型侧面

14.2　生物质能驱动小车案例

14.2.1　竞赛规则

自主设计并制作一台具有方向控制功能的斯特林电动车或温差电动车,长宽尺寸应不超过 350 mm × 350 mm,必须具有外形包装(裸车不能参赛),并方便拆卸。该生物质能驱动小车必须在规定时间内在指定竞赛场地上与地面接触运行,且完成所有动作所用能量均由生物质能转换的电能提供。生物质能驱动小车必须采用电源开关一键启动(按键方向不能与车辆前进方向相同,避免手动助车行走)。生物质能通过燃烧液态乙醇(浓度 95%)获得,生物质能驱动小车只有一个电动元器件,即只有一个能把电能转化为机械能的元器件,而且只能安装两个用于识别赛道上打卡点磁片的传感器(感应头截面直径 ≤ ϕ18 mm),传感器的安装位置限定在小车后轮之间。不允许使用任何其他形式的能量,小车结构不作任何限制,但从节能方面考虑,应使其结构轻量化。每次生物质能驱动小车运行时,给每个参赛队配发 10 ml 的生物燃料(液态乙醇燃料),燃料放置在生物质能驱动小车的酒精燃具(酒精灯)中。酒精灯的结构不限,必须独立放置在生物质能驱动小车上并方便更换(所耗时间均计入调试时间)。酒精燃具必须带有方便的、安全的灭火装置(灯帽),不能出现酒精燃具内的酒精溢出现象。

生物质能驱动小车的运行路线和赛道与太阳能驱动小车一样,在此不再赘述。

14.2.2　设计过程

设计生物质能驱动小车时需要先调出凸轮,然后根据凸轮的参数设计小车的结构。最开始需要研究小车转向与自身参数之间的关系,然后通过凸轮计算公式进行计算,生成凸轮。设计凸轮时要考虑减速比(即小车主动轮的速度与凸轮速度之比),一般减速比为25∶1,主动轮走 25 圈对应凸轮走 1 圈。凸轮走一圈,小车即走完整个路程。生成凸轮之后,再选择合适的发动机驱动小车。由于比赛要求,需要用斯特林发动机或温差发电机发电,用电能使减速电动机驱动小车运动。由于温差发电机效率较低,因此暂不考虑温差发电机,而采用双缸斯特林发动机。双缸斯特林发动机又长又宽,因此采取横放的方式安放斯特林发动机。设计小车时需要考虑使小车的重心放低,小车不宜过窄,小车的结构要轻量化。为使小车的重心放低,凸轮和齿轮采取横放方式。为了使小车行驶准确,采取平推转向结构。

小车宜为三轮车,方便转向和设计。小车的后轮需分为主动轮和从动轮,这样小车转向时不会是摩擦转向,而是差速转向。针对本届大赛要求的特殊路线,小车的主动轮宜为左轮。左轮为主动轮行走时,从动轮是先减速、再加速、再减速,主动轮为右轮时,从动轮是先加速、再减速、再加速,经过两次加速会使路线不精确,因此选择左轮为主动轮。从动轮和主动轮宜同轴安放,采用在从动轮内添加轴承的方法使右轮变为从动轮。不宜采用断轴,因为断轴会使小车的精准度降低。设计小车上的孔时,要结合 3D 打印或者激光切割的特点设计孔的尺寸大小,例如采用 3D 打印技术时,孔需要大一些,以方便安装轴承。

将小车内部结构设置好后,宜在小车顶部放置发动机。比赛要求方便点火及熄火,因此将发动机放在小车顶部比较合适。如果斯特林发动机振动较大,需要加配重物或者将一边垫高,以减小发动机的振动。如果斯特林发动机带不动小车,可以采取减速的方式提高发动机的"力"。

图 14-6 为生物质能驱动小车三维模型。

图 14-6   生物质能驱动小车三维模型

14.2.3   制造过程

考虑到加工的方便性和节约成本,小车车身的制作采用 3D 打印和激光切割两种方案。3D 打印可以精确制作出所设计的结构,成本较低,材料具有足够的强度。而激光切割具有较高的加工精度,激光切割的亚克力成本低、强度高、准确度高。因此同时采用 3D 打印和激光切割亚克力,共同完成小车的制作。

对于轴、轴承和滑块,宜直接采用标准件安装,这样做省时省力,并且安装精度高。在制造小车时,要使标准件和打印、切割件相组合,共同完成小车的制作。小车的纵向宜采用 3D 打印件,这样可以在纵向的侧边打印孔,采用螺栓连接将纵向和横向结构固定下来。小车的轮子和轴之间宜采用固定环固定,两边卡住。小车的横向板宜采用亚克力激光切割件,亚克力强度高,使用亚克力件作横向板可以不用担心弯曲变形,而影响小车的精度。

小车的制作过程还会使用车床、铣床等机床。例如小车的前轮宜采用金属材料,用车床即可加工完成。一些特殊位置宜采用铣床进行加工。而减速电动机的连接线路宜采用锡焊的方法制作。

图 14-7 为生物质能驱动小车实物模型。

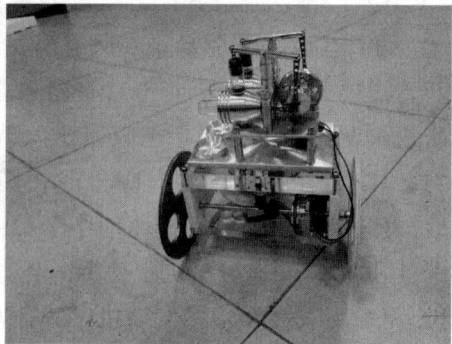

图 14-7   生物质能驱动小车实物模型

思考和练习   1. 凸轮是如何设计的?

2. 减速比是如何确定的?

3. 带传动的优缺点是什么?

4. 3D 打印的精度如何保证?

5. 激光切割是否会损坏被加工零件?

6. 如何保证小车的装配精度?

7. 如何保证小车的平衡性和稳定性?

8. 当小车轨迹出现误差时,可以从哪些方面进行调整?

9. 设计与实践题,设计要求如下:

(1)设计一台搬运物料的智能搬运机器人。

(2)机器人在指定的工业场景内行走与避障,并按加工顺序将物料搬运至指定地点并精准摆放。

(3)机械连续平稳运转。

(4)使用交流电供电。

(5)运行场地示意图如图 14-8 所示。

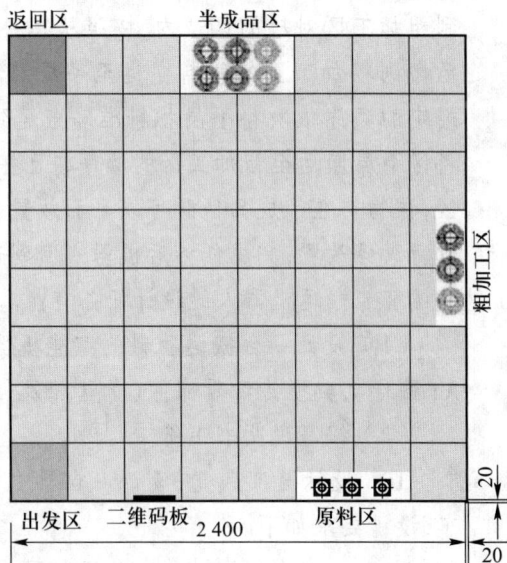

图 14-8　运行场地示意图

智能搬运机器人的运行要求如下。

(1)物料形状

机器人初赛时待搬运的物料是直径为 50 mm、高度为 70 mm、质量约为 50 g 的圆柱体(图 14-9),夹持部分的形状为球体,物料的材料为 3D 打印 ABS。

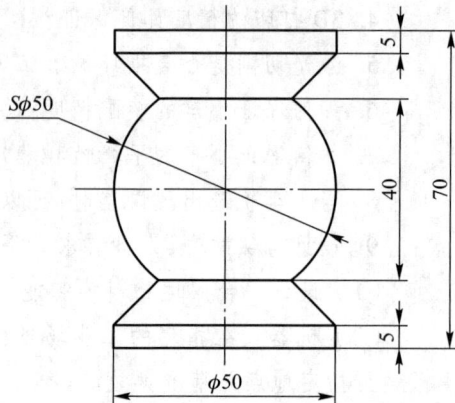

图 14-9　物料形状

（2）加工顺序

机器人移动到物料区,按任务规定的顺序依次将上层物料准确搬运到粗加工区对应的区域内,按照从物料区上层搬运至粗加工区的顺序将已搬到粗加工区的物料搬运至半成品区对应区域,返回原料区,按任务规定的顺序依次将下层物料准确搬运到粗加工区对应区域内,按照从物料区下层搬运至粗加工区的顺序将已搬到粗加工区的物料搬运至半成品区,该物料在半成品区既可以平面放置,也可以在原来已经放置的物料上进行码垛放置,完成任务后机器人回到返回区。

智能搬运机器人的设计任务有:

（1）设计一台搬运物料的智能机器人,完成机械装配图 1 张（A0 或 A1 图样）,典型传动零部件（如齿轮及轴类）零件图 2 张。

（2）编写说明书 1 份。

10. 设计与实践题,设计一台具有方向控制功能的自行走势能驱动车,设计要求如下。

（1）该车在行走过程中必须在图 14-10 所示指定运行场地上与地面接触运行,且完成所有动作所用能量均由重力势能转换而得,不允许使用任何其他形式的能量。

（2）重力势能通过自主设计制造 1 kg ± 10 g 重物下降 300 mm ± 2 mm 高度获得。

（3）在势能驱动车行走过程中,不允许重物从势能驱动车上掉落。重物的形状、结构、材料、下降方式不限。

（4）势能驱动车行驶轨迹为环形 S 轨迹路线（图 14-11）。

势能驱动车的设计任务有:

（1）设计一台具有方向控制功能的自行走势能驱动车,完成设计装置装配图一张（A0 或 A1 图样）,零件图 2 张。

（2）编写设计说明书一份。

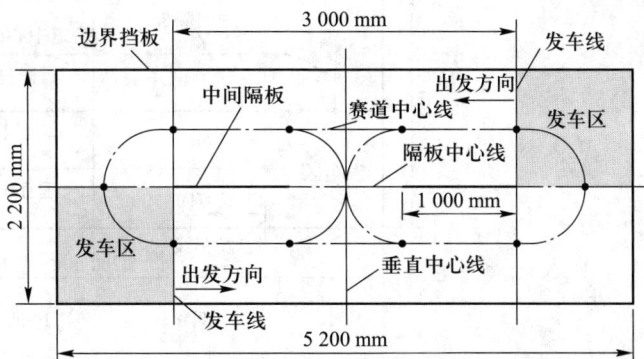

图 14-10　运行场地

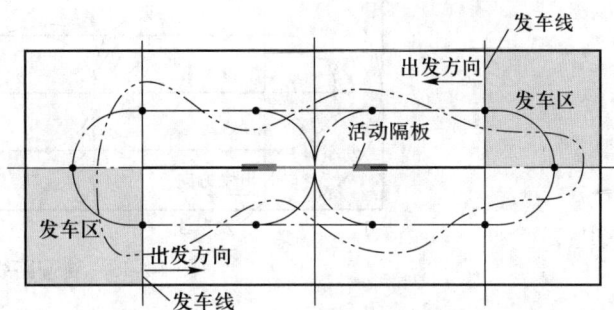

图 14-11　轨迹路线

11. 设计与实践题。设计一台具有方向控制功能的自行走热能驱动车，设计要求如下。

（1）该车在行走过程中必须在指定运行场地上与地面接触运行，且完成所有动作所用能量均由热能转换而得，不允许使用任何其他形式的能量。

（2）热能通过燃烧液态乙醇（浓度 95%）获得。乙醇燃料的容量为 10 ml，产生热能装置的结构不限，但必须保证安全。

（3）热能驱动车的行驶场地如图 14-12 所示，热能驱动车行驶轨迹为环形 8 字轨迹（图 14-13），材料、结构不限。

（4）所设计的热能驱动车不能出现运动干涉，必须能够按照要求行驶。

热能驱动车的设计任务如下：

（1）设计一台具有方向控制功能的自行走热能驱动车，完成设计装置装配图一张（A0 或 A1 图样），零件图 2 张。

（2）编写设计说明书一份。

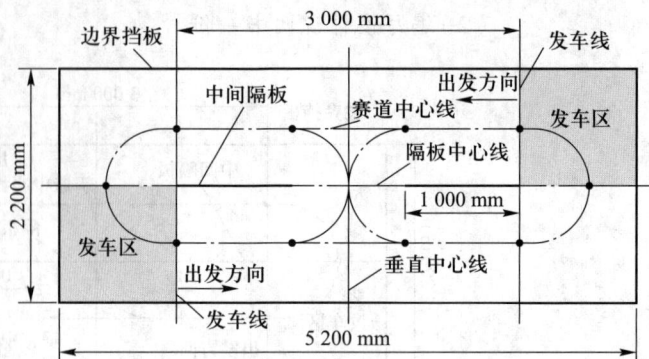

图 14–12   运行场地

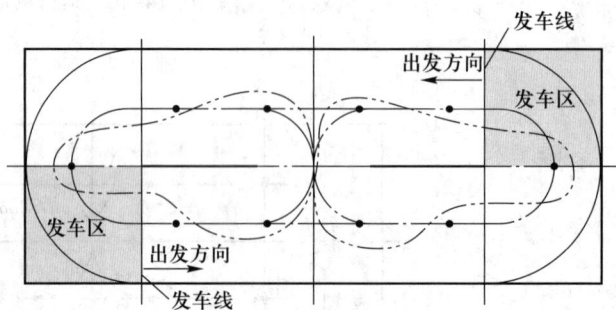

图 14–13   轨迹路线

第 15 章
机械创新实践

　　教育部为了提高机械类大学生的创新设计能力,于 2006 年设立了全国大学生机械创新设计大赛,由教育部高等学校机械学科教学指导委员会主办,机械基础课程教学指导分委员会、全国机械原理教学研究会、全国机械设计教学研究会、金工研究会等机构共同承办,面向大学生开展群众性科技活动。大赛的目的在于引导高等学校在教学中注重培养大学生的创新设计意识、综合设计能力与团队协作精神;加强学生动手能力的培养和工程实践的训练,提高学生针对实际需求通过创新思维,进行机械设计和工艺制作等的实践工作能力;吸引、鼓励广大学生踊跃参加课外科技活动,为优秀人才的脱颖而出创造条件。该项赛事每两年举办一次,每一次的竞赛主题都不一样。近年来,为了积极响应我国智能制造强国战略,大赛围绕机器人、生态修复机械、助老机械和智能家居机械等主题展开。

　　全国大学生机械创新设计大赛是一项公益性的大学生科技活动,将承担起一定的社会责任。大赛旨在加强教育与产业之间的联系,推进科学技术转化为生产力,促使更多青年学生积极投身我国机械设计与机械制造事业之中,在我国从制造大国走向制造强国的进程中发挥积极的作用。

　　2022 年第十届全国大学生机械创新设计大赛的主题为"自然·和谐"。比赛内容围绕两个类别开展设计与制作。类别一:模仿自然界动物的运动形态、功能特点的机械产品(简称仿生机械);类别二:用于修复自然生态的机械装置,包括防风固沙、植被修复和净化海洋污染物的机械装置(简称生态修复机械)。

　　2020 年初爆发的新冠疫情在当今人类世界造成了极其深刻的社会影响,人与自然和谐相处,了解大自然、热爱大自然和保护大自然成为人类的共识。目前,我国大学生对自然的认识还远远不够,本届大赛设置设计"仿生机械"的内容,就在于引导大学生主动认识大自然中的动物及其活动规律。参赛者设计"仿生机械",重点是针对动物的运动形态、身体结构和功能特点,用巧妙的机构和机械结构进行模仿。鼓励将"仿生机械"创新设计的成果,用于开展进一步的科学和应用研究,或开发成新型玩具产品。

　　本届大赛还设置设计"生态修复机械",主要是激发大学生热爱自然、保护自然的情怀。参赛者可结合当地或者自己家乡自然生态受人类活动等破坏的情况,设计和开发相应的修复机械,包括帮助人类在沙漠环境中开展人工植树和植被修复的小型机械、草方格沙障设置机械、便携灌溉机械等。净化海洋污染物的范围很广,包括但不限于净化油泄漏、微塑料等的机械装置,主要是针对海洋污染问题,提出解决方案,完成样机设计,实现功能。

本教材部分编写老师指导的作品"水面油污智能清洁机器人"荣获第十届全国大学生机械创新设计大赛全国二等奖,本章以该作品为例,详细介绍作品的设计和加工制造过程。

2020年第九届全国大学生机械创新设计大赛的主题为"智慧家居、幸福家庭"。比赛内容围绕两个类别开展设计与制作。类别一:帮助老年人独自活动起居的机械装置(简称助老机械);类别二:现代智能家居的机械装置(简称智能家居机械)。

智慧城市、智慧社会是目前社会发展的主旋律,而应对人口老龄化的健康养老问题,也已经成为当前我国必须面对和解决的社会问题。对于"助老机械",重点设计当老人独自在家活动时,辅助其从床上坐立、上下床、如厕、洗浴的机械装置;设计预防老人跌伤、辅助其跌倒后站立的机械装置;设计提醒吃药、物品整理和方便存取等方面的机械装置;还包括针对居住复式楼层的家庭,设计帮助老人上下楼的机械装置。

对于"智能家居机械",重点是使用智能技术,设计和开发新一代住宅用机械和家用机械装置,如设计实现自动通风、合理采光、室内物品整理、室内卫生打扫、衣物晾晒与折叠存放等功能的机械装置。还包括设计在台风暴雨来临时,加固防护门窗的机械装置;设计地下车库智能阻水、排水的机械装置;也包括设计针对北方大暴雪时,清除屋顶积雪的机械装置。在设计上述机械装置时,提倡和鼓励利用"智能化"技术和充分发挥人的智慧。

本教材部分编写老师指导的作品"家用智能灭火机器人",结构新颖,特点突出,本章以此为例详细介绍作品的设计和加工制造过程。

15.1 水面油污智能清洁机器人案例

15.1.1 设计过程

水面油污智能清洁机器人具有自主清理油污和垃圾、波浪发电以及太阳能发电等功能。根据功能将机器人分为四个主要部分:油污收集装置、垃圾收集装置、发电系统以及控制系统。控制系统为整个机器人的核心,接收信息并控制其他装置有条不紊地工作。

油污收集装置由一对挤压辊筒、一条由特殊材料制成的吸油带及其特有的传动系统组成。其工作原理为:水面上的油污被吸入吸油带中,接着通过上方的挤压辊筒将油污挤出并收集进入油污箱中,可调节上方一对挤压辊筒的挤压间隙,以便控制出油量。该设计满足清洁效率高、与垃圾分开收集、节省空间、操作方便等要求。

垃圾收集装置由若干拦板、同步带、尼龙网及其特有的传动系统组成。其工作原理为:拦板将垃圾从水面捞起,并通过同步带输送至垃圾箱中,装在同步带上的尼龙网可防止垃圾掉落,同时过滤掉垃圾中附带的水分。该设计满足清洁效率高、清洁范围广等要求。

发电系统由太阳能发电装置与波浪发电装置组成。其中,太阳能发电装置由太阳能光伏板实现光能到电能的转换,安装在机器人的后备厢盖上;波浪发电装置位于机器人的左右两侧,其主要依靠水面波浪起伏的动能和势能来驱动转筒旋转,并通过齿轮变速机构将机械能传递给发电机,带动发电机旋转产生电能。太阳能和波浪能为机器人长时间在水面工作提供保障。

控制系统由电子调速器、信号接收器、数字舵机、单片机等多个控制设备组成。控制系统作为机器人的"大脑"主要用来接收外界信号,并根据指定的算法向各个设备发出指令,控制整个机器人的动作。

水面油污智能清洁机器人有自动控制与远程控制两种控制方式。当机器人处于自动控制模式时,通过机器人上方的视觉传感器捕获机器人周围的图像信息,传输至微处理器进行识别处理,当微处理器通过算法识别到目标物(油污和垃圾)时自动行驶接近目标物,并控制清洁装置将其清理。当机器人处于远程控制模式时,操控者通过肉眼或者摄像头确认目标物位置,操作遥控器发出信号给信号接收器,控制机器人的动作,执行清理任务。

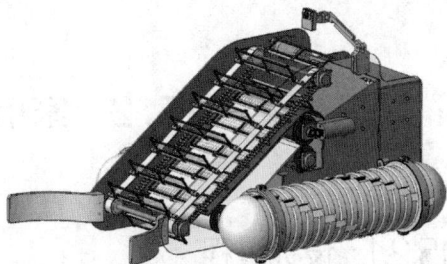

图 15-1　水面油污智能清洁机器人三维模型

图 15-1 为水面油污智能清洁机器人三维模型。

15.1.2　制造过程

考虑到水面工作的特殊性,需尤其注意机器人船身的排水量、重心、防水性,材料的强度以及制作成本等多项重要指标。在制作过程中,主要采用 3D 打印、激光切割等技术。

与传统的加工方式相比,3D 打印是一种增材制造方式。3D 打印在结构减重、性能优化、个性化定制方面有着独特的优势,同时可减少生产环节,有效节省制作时间。通过 3D 打印制作的零件足够满足该机器人对零件密封性、强度等的要求。机器人的支架、端盖、电机壳等大部分小型零件均通过 3D 打印的方式制作,不仅制作成本低,打印的材料具有足够的强度,还可以随时更改设计方案,容错率较高。

激光切割加工具有较高的加工精度,且加工质量好,尤其对于孔位较多的板材,激光切割是最合适的加工方式。机器人的船身、油污储存箱、垃圾储存箱以及后备厢的材料均为亚克力板,通过激光切割后进行人工拼接,能够满足精度要求,后续再进行固定与防水处理。在设计时,两个侧板下方波浪发电装置的安装位置采用了多组孔位,使得两侧的波浪发电装置可以进行上下和前后调节,以调节船身的吃水深度以及排水量,保障清洁工作能够正常进行。另外,垃圾收集装置的拦板采用可折叠结构,工作时拦板伸开,不工作时拦板折叠在下方,大幅度节省了空间,同时降低了整个机器人的重心。拦板折叠设计与波浪发电装置的可调节性设计相互配合,提高了机器人水面工作的安全性、稳定性。各项安装工作完成后,对机器人船身、内部电子电气设备及电路均做了防水处理。

图 15-2、图 15-3 分别为水面油污智能清洁机器人实物模型和尾部结构实物模型。

图 15-2 水面油污智能清洁机器人实物模型

图 15-3 水面油污智能清洁机器人尾部结构实物模型

15.2 家用智能灭火机器人案例

15.2.1 设计过程

家用智能灭火机器人由智能灭火模块和综合除尘模块组成。当由红外测温探测器、高清摄像头、激光雷达和处理器组成的中央控制系统判定火灾为 A 类时,由智能灭火模块实施精准灭火,将火灾扼杀在萌芽时期;当判定火灾为 B 类时,综合除尘模块开启,通过涵道风场、布袋除尘、电场除尘、光触媒催化板对火灾产生的浓烟进行净化,为人们的逃生争取宝贵的时间。无论判定为何种类型的火灾,控制系统都会通过手机 App 和语音播报提醒用户,保障用户的安全。同时本产品兼具全屋实时摄像、空气净化等功能,能更好地为用户提供服务,如图 15-4 所示。

为了实现以上功能,设计了智能灭火模块和综合除尘模块。其中,智能灭火模块包括红外定位方案、图像定位方案、机械臂方案、阻燃液喷射方案,综合除尘模块包括布袋除尘方案和电场除尘方案。

图 15-4 为家用智能灭火机器人三维模型。

图 15-4 家用智能灭火机器人三维模型

1. 红外定位方案

在家用智能灭火机器人的实际应用中,高温检测装置对可能发生的燃烧进行预警,并可在火焰未成形时检测到高温点,提前报警。

采用非接触式工业红外温度传感器(图 15-5)对房屋实时扫描,传感器使用 RS485 工业通信,将温度数据实时发送至控制系统,发现高温点后记录其位置,进行预警。

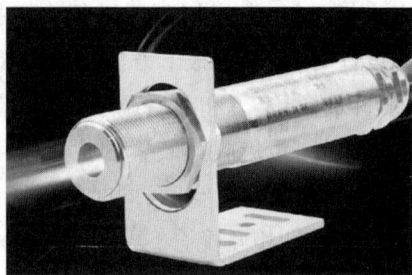

图 15-5 非接触式工业红外温度传感器

舵机控制电路板接收来自信号线的控制信号后,控制电动机转动。电动机带动一系列齿轮组,经减速传动至输出舵盘。舵机的输出轴与位置反馈电位计是相连的,在舵盘转动的同时带动位置反馈电位计。位置反馈电位计输出一个电压信号到控制电路板,进行反馈。然后,控制电路板根据位置信号决定电动机转动的方向和速度,达到目标后停止。其工作流程为:控制信号→控制电路板→电动机转动→齿轮组减速→舵盘转动→位置反馈电位计→控制电路板反馈。转角与输入脉冲的关系如图 15-6 所示。

根据转角与输入脉冲的关系,通过记录当前信号脉宽,可得到舵机转动的角度。通过双舵机组成转动云台(图 15-7),经计算得到高温点位置。云台控制传感器航向角与俯仰角,实现传感器扫描整个室内空间的功能。

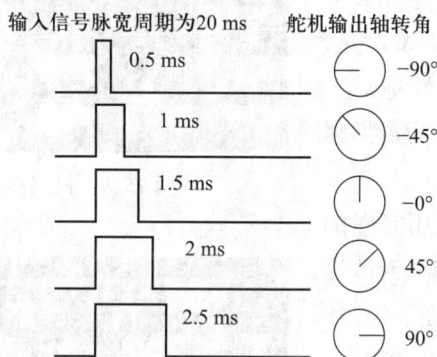

图 15-6 转角与输入脉冲的关系

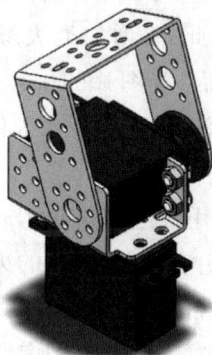

图 15-7 云台示意图

2. 图像定位方案

传统的火灾探测器主要以物理传感器为主,通过检测烟、光、气的变化判断是否发生火灾,普遍存在覆盖范围小、使用场景单一的问题。实际应用中还存在传感器数量过多,维护困难等缺陷。

近年来,利用监控图像进行火灾检测的视觉型探测器逐渐受到重视,同时,随着深度学习图像算法的逐渐成熟,基于 Risc-V 架构的图像处理芯片可以在体积较小的空间内实现目标物体的识别与定位。本作品采用 YOLO 算法,自建数据库训练模型,经实测,作品达到了火焰定位的预期效果。

火灾发生初期燃烧面积小,较易控制,但由于摄像头的安装位置一般离地面较远,火焰在画面中一般占比较小,因此如何及时准确地检测小尺度火焰是减少火灾危害的关键所在。结合火灾检测任务的实际需求,本作品选用目标检测领域中可满足高精度要求且兼具实时性的 YOLOv3 检测框架。

"You Only Look Once"或"YOLO"是一个对象检测算法的名字,是 Redmon 等人在 2016 年发表的一篇研究论文中命名的。YOLO 实现了自动驾驶汽车等前沿技术中的实时对象检测,能够处理实时视频流,延迟小于 25 ms。

在本作品的设计中,先进行数据集采集,再进行数据集的标注,最后进行模型训练与加载。

样本数据主要来源于百度开放数据集等互联网数据（图 15-8）。

对部分火源火灾视频样本采用 OpenCV 分割视频帧，将其改变为图片格式的数据样本（图 15-9）。

在数据集标注方面，采用图像标注工具 VOTT 对火源图片进行标定。在现实火源以及火灾现场中，火焰与传播媒介、烟雾等会同时存在，其作为火源标定误判的影响因素，标定期间应尽量避免被框入检测范围。此外，增加类火颜色物体（如发光、木色、黄色物品）等图片的采样，并针对性地对火焰区域进行标注，可避免误报。图 15-10 为数据集标注实操情况。

本作品采用改进的 YOLOv3 模型，使用自建的包含训练集图片、测试集图片的火灾数据集，对改进后的 YOLO 神经网络模型通过在线 AI 训练平台（图 15-11）进行训练，其中输入图像尺寸为 224×224。

K210 是一款 64 位双核带硬件 FPU、卷积加速器、FFT、Sha256 的 RISC-V CPU，相关资料非常完善，易于进行二次开发，且识别效果出色。识别到火焰后将火焰位置（Image 的 XY 坐标）发送至控制系统。

K210 内部配备的 KPU 是一种神经网络处理器，能够在先前训练的模型基础上加快推理过程。KPU 内置卷积、批归一化、激活和池化运算单元，实时工作的最大固定点模型大小为 5 ~ 5.9 MIB，并支持 1×1 和 3×3 卷积内核。K210 有 6 MIB 通用 SRAM 与 2 MIB 专用 AISRAM，共计 8 MIB。模型的输入输出特征存储在 2 MIB 的 AISRAM 中，权重参数存储在 6 MIB 通用 SRAM 中。

通过外置 SD 存储卡使摄像头加载 YOLO 火焰模型，系统运行后实时监测，发现火焰立即发送至控制系统，使用 K210 摄像头模块进行图像采集并加载。图 15-12 所示为本作品使用的 K210 主板。

图 15-8　火焰数据集

图 15-9　网络数据集

图 15-10　数据集标注实操

图 15-11　在线 AI 训练平台

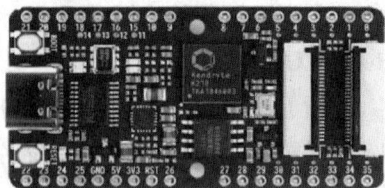

图 15-12　K210 主板

3. 机械臂方案

机械臂是高精度、多输入多输出、高度非线性、强耦合的复杂系统。因其独特的操作灵活性,已在工业装配、安全防爆等领域得到广泛应用。

为降低成本并降低求解的复杂度与控制难度,本作品使用三连杆结构(图 15–13),关节处使用大扭矩直流减速电动机,与传动结构组成可负载喷射灭火阻燃液装置的机械臂。

获取火焰坐标后,控制系统根据坐标值控制电动机转动至合适位置。由于安装位置固定,火焰坐标与机械臂方向一一对应。根据摄像头或红外探头获取的坐标值(如机械臂转动角度为 90° 时,是指摄像头与水平地面夹角 – 火焰与摄像头方向夹角 =90°),经处理,控制机械臂转动至火焰方向。通过机械臂控制喷射装置,可实现阻燃液喷射区域覆盖整个房间。

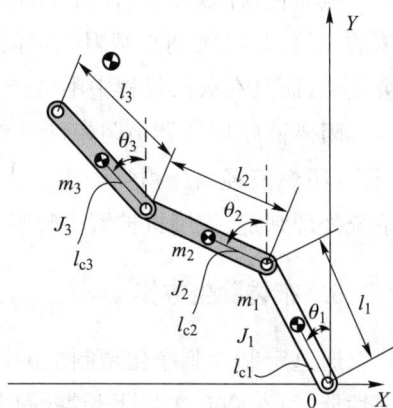

图 15–14 为关节角度读取电路图。

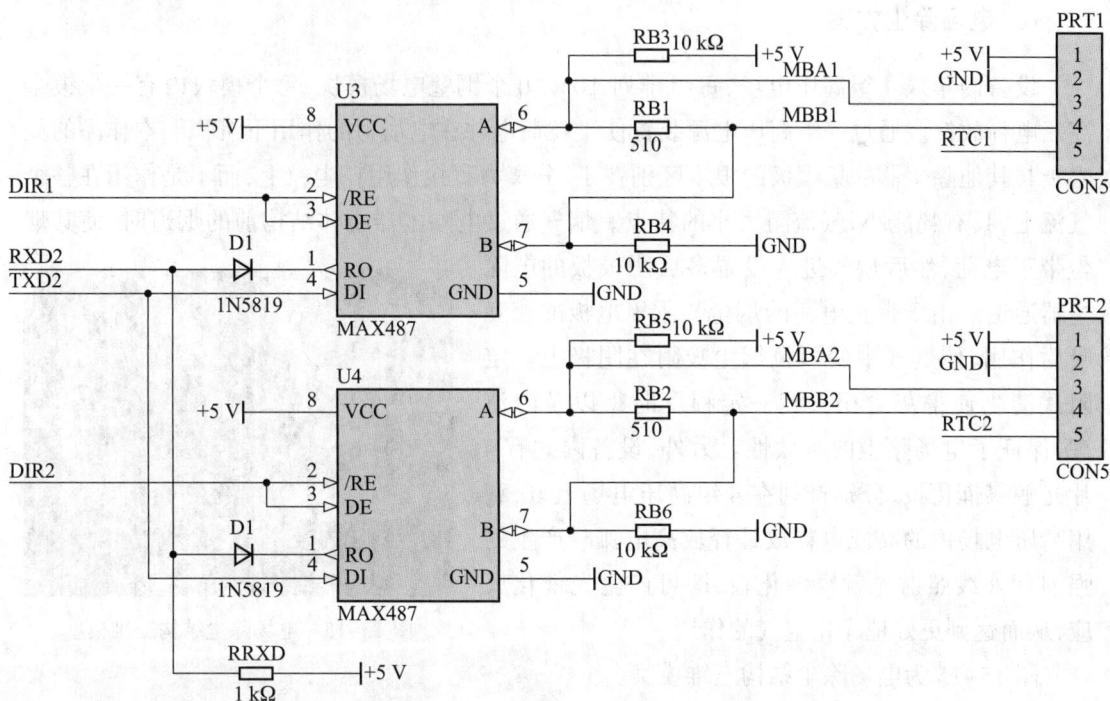

图 15–13 三连杆机械臂二维示意图

图 15–14 关节角度读取电路图

4. 阻燃液喷射方案

阻燃液采用可熄灭电起火的消防阻燃液(氢氧化镁阻燃剂),通过对火源进行远距离喷射进行灭火操作。

氢氧化镁阻燃剂具有强大的灭火功效。在同等环境下,其灭火速度是干粉的五倍,是泡沫的三倍,是同级别水基阻燃剂的两倍。最重要的是经过氢氧化镁阻燃剂灭火后的物质不会复燃,而且在灭火过程中不会产生任何污染,绿色环保。

阻燃液喷射装置由阻燃液存储舱、高压水泵、高压喷嘴组成,采用高压柱塞泵提升系统压力,阻燃液经高压喷嘴喷出。火焰检测系统定位火焰后,将坐标发送至控制系统,经控制系统处理判定,控制机械臂将喷嘴对准火焰底部,从而实现灭火。

5. 布袋除尘方案

通过定制针刺净化毡制成的净化布袋,实现烟雾的初步净化。这种材料具有较高的耐温性能,可在 260 ℃以下长期使用,且具有良好的抗化学性,对酸碱性质的含尘气体有非常显著的净化效果,便于在火灾场景发挥良好的除尘效果。布袋通过推杆电动机进行伸缩,节省空间,使用方便。

6. 电场除尘方案

设备内集成 4 组高压电场,每组排列 10×10 个铜壁电场模块,每个模块内有一根镀金高压电释放针。通过一组高压电源装置使尘粒荷电并在电场力的作用下沉积。本作品的集尘极与其他除尘器的集尘极的根本区别在于,分离力直接作用在尘粒上,而不是作用在整个气流上,具有耗能小、气流阻力小的特点。烟气通过电除尘器主体结构前的烟道时,使其烟尘带正电荷,然后烟气进入设置多层阴极板的电除尘器通道。由于带正电荷的烟尘与阴极电板的相互吸附作用,使烟气中的颗粒烟尘吸附在阴极上。定阻式清尘使得灰尘积累到一定程度时得以及时清理,保证了电场除尘的有效性。另外,设备内共有 4 片光触媒催化板,分别排列在 4 组高压电场上方,利用高压电场内的高压电释放针释放高电弧时产生的强烈紫外线照射光触媒催化板,即可产生光催化反应,从而达到更好地净化空气的作用。

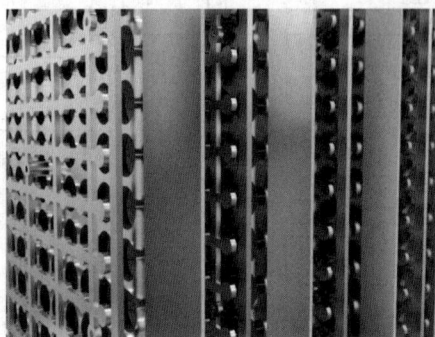

图 15-15 电场除尘结构三维模型

图 15-15 为电场除尘结构三维模型。

15.2.2 制造过程

在制造家用智能灭火机器人的过程中,考虑材料成本、材料性能、加工难度、加工时长、加工精度、加工成本等因素,材料主要选择了铝材、亚克力板、石棉板和 PLA,加工方式主要采用激光切割、数控加工和 3D 打印。

铝材质地柔软、强度好、耐蚀性能好、价格便宜,本设计采用欧标—2020L 铝型材和铝板,欧标—2020L 铝型材最大的优势是安装方便,有专门的铝型材连接配件,不需要用焊接方式连接,比其他金属框架材料更省时省力,且环保无污染,耐磨性、稳定性强,用来做产品骨架较为合适。铝板作为产品外壳,极大保护了产品内部的零部件,且美观,使产品富有科技感。

亚克力板价格便宜,便于加工,可塑性强,绝缘性好,有一定的耐温性,用来做电场除尘装置的外壳较为合适,杜绝了安全隐患。

石棉板具有耐高温、隔热、耐化学腐蚀和电绝缘的优良特性,用它作电场除尘装置的主体,有利于高效除烟。

PLA 是一种热塑性聚合物,成本低,通过 3D 打印技术成形后具有一定的强度和硬度,可以代替某些金属零件。本作品许多固定件和连接件都是由此材料制作而成,节约了成本。

激光切割用聚焦镜将 CO_2 激光束聚焦在材料表面使材料熔化,同时用与激光束同轴的压缩气体吹走被熔化的材料,并使激光束与材料沿一定轨迹作相对运动,从而形成一定形状的切缝。这种加工方式具有精度高、切缝窄、速度快和不损伤工件等优点。考虑到作品的气密性要求,特别设计了多孔的板材结构,用于封装产品。使用激光切割技术可以快速加工铝板,确保孔位的精准度。

数控机床是一种装有程序控制系统的自动化机床,可以高精度加工复杂的零件结构。本设计将此项技术用在电场除尘装置中,使得设计独特的石棉板结构一体成形生产出来,降低了加工难度,提高了结构的稳定性。

3D 打印是一种以数字模型文件为基础,利用粉末状金属或塑料等可黏合材料,通过逐层打印的方式构造物体的技术。其最大的优势就是可塑性强,在制造产品的过程中,经常会遇到改变设计方案的情况,而通过三维建模软件重新设计结构,导出数字模型,即可 3D 打印出新的零件,适配新的方案。

图 15-16 为家用智能灭火机器人实物模型。

图 15-16　家用智能灭火机器人实物模型

思考和练习

1. 机械创新设计如何兼顾产品的生产成本和产品的性能?
2. 3D 打印技术的优缺点是什么?
3. 激光加工的精度如何保证?
4. 深度学习算法可以用在哪些方面?
5. 图像视觉技术的基本原理是什么?
6. 如何保证机械臂的传动误差?
7. 如何保证数控加工的加工精度?
8. 设计实践题:完成康复机械或者运动训练机械的设计。

（1）设计要求

① 设计一个康复机械或者运动训练机械,该设计不得为目前生活中已经存在的康复机械或者运动训练机械。

② 该设计应适用于绝大多数患者或运动爱好者,所设计的产品不应太过笨重。

③ 在设计过程中应考虑安全保护装置。

④ 该设计预期使用年限为 8 年。

（2）设计任务

① 设计一个有益于伤患恢复健康的康复机械或帮助体育爱好者运动的训练机械。

② 自主选择一个题目并作出机械结构的设计。

③ 完成设计装置装配图一张（A0 或 A1 图样）,零件图 2 张。

④ 编写设计说明书一份。

9. 设计实践题,完成某种环卫机械的设计。

（1）设计要求

① 设计一台环卫机械,该设计不能是已经设计出来的环卫机械。

② 该设计应为环卫工人减轻环卫工作负担,应有益于城市整洁,所设计的产品不应太大。

③ 所设计的产品应留有保护装置,在撞到行人或车辆时能够迅速停止工作。

④ 该设计要求使用寿命为 8 年。

（2）设计任务

① 自主设计一台环卫机械。

② 完成设计装置装配图一张（A0 或 A1 图样）,零件图 2 张。

③ 编写设计说明书一份。

10. 设计实践题,完成某种救援或者破障的机械装置设计。

（1）设计要求

① 自主设计一个救援、破障的机械装置,该装置应能够应对一些复杂环境情况。

② 所设计产品不能是他人已经设计出来的产品;所设计产品应便于携带。

③ 该产品在救援、破障过程中不能伤到受灾者,并能够迅速检测到受灾者的位置。

④ 该设计产品使用年限不能低于 8 年。

（2）设计任务

① 设计一个用于救援、破障、逃生、避难的机械产品。

② 完成设计装置装配图一张（A0 或 A1 图样），零件图 2 张。

③ 编写设计说明书一份。

11. 设计实践题，完成某种厨卫机械装置的设计。

（1）设计要求

① 自主设计一个厨卫机械装置，该装置能够打扫家庭厨房的卫生。

② 该设计产品不能是他人已经设计出来的产品，所设计产品不能体积过大。

③ 所设计产品可以加入自动化控制部分，不仅仅局限于机械装置。

④ 该设计产品要求使用年限为 8 年。

（2）设计任务

① 设计一个厨卫机械装置。

② 完成设计装置装配图一张（A0 或 A1 图样），零件图 2 张。

③ 编写设计说明书一份。

12. 设计实践题，完成某家庭用机械的设计。

（1）设计要求

① 设计一台对家庭或宿舍内物品进行清洁、整理、储存和维护的机械。

② 机械可连续平稳运转。

③ 机械使用交流电供电。

（2）设计任务

① 设计一台对家庭或宿舍内物品进行清洁、整理、储存和维护的机械。

② 完成机械装配图 1 张（A0 或 A1 图样），典型传动零部件（如齿轮及轴类）零件图 2 张。

③ 编写说明书 1 份。

13. 设计实践题，完成休闲娱乐机械的设计。

（1）设计要求

① 设计一台在家庭、校园、社区内设置的健康益智的生活、娱乐机械。

② 机械可连续平稳运转。

③ 机械使用交流电供电。

（2）设计任务

① 设计一台在家庭、校园、社区内设置的健康益智的生活、娱乐机械。

② 完成机械装配图 1 张（A0 或 A1 图样），典型传动零部件（如齿轮及轴类）零件图 2 张。

③ 编写说明书 1 份。

14. 设计实践题,完成休闲机械玩具的设计。

(1)设计要求

① 设计一台机械玩具。

② 机械可连续平稳运转。

③ 机械使用电池供电。

(2)设计任务

① 设计一台机械玩具。

② 完成机械装配图 1 张(A0 或 A1 图样),典型传动零部件(如齿轮及轴类)零件图 2 张。

③ 编写说明书 1 份。

15. 设计实践题,完成教室用设备的设计。

(1)设计要求

① 设计一台教室用设备,教室用设备包括桌椅、讲台、黑板、投影设备、展示设备等。

② 设备可连续平稳运转。

③ 设备使用交流电供电。

(2)设计任务

① 设计一台教室用设备。

② 完成机械装配图 1 张(A0 或 A1 图样),典型传动零部件(如齿轮及轴类)零件图 2 张。

③ 编写说明书 1 份。

16. 设计实践题,完成钱币的分类、清点、整理机械装置的设计。

(1)设计要求

① 设计一台钱币的分类、清点、整理机械装置。

② 可以对混杂在一起的各种纸币和硬币进行分类、清点、整理。

③ 设计时,可以只实现分类、清点、整理钱币三种功能中的一种或两种功能,也可以同时实现三种功能。

④ 设备可连续平稳运转。

⑤ 设备使用交流电供电。

(2)设计任务

① 设计一台钱币的分类、清点、整理机械装置。

② 完成机械装配图 1 张(A0 或 A1 图样),典型传动零部件(如齿轮及轴类)零件图 2 张。

③ 编写说明书 1 份。

17. 设计实践题,完成包装机械装置的设计。

（1）设计要求

① 设计一台包装多种材质、尺寸和形状商品的个性化机械装置。

② 可以对不同材质、尺寸和形状的商品进行包装。

③ 设备可连续平稳运转。

④ 设备使用交流电供电。

（2）设计任务

① 设计一台包装多种材质、尺寸和形状商品的个性化机械装置。

② 完成机械装配图 1 张（A0 或 A1 图样），典型传动零部件（如齿轮及轴类）零件图 2 张。

③ 编写说明书 1 份。

18. 设计实践题，完成商品载运装置的设计。

（1）设计要求

① 设计一台帮助快递员载运商品的辅助装置。

② 商品载运装置不仅要使用方便快捷，而且要保证投递员和商品的安全，便于实现文明装卸，文明分发、投递各类快件。

③ 设备可连续平稳运转。

④ 设备使用直流电或交流电供电。

（2）设计任务

① 设计一台帮助快递员载运和搬动物品等的辅助装置。

② 完成机械装配图 1 张（A0 或 A1 图样），典型传动零部件（如齿轮及轴类）零件图 2 张。

③ 编写说明书 1 份。

19. 设计实践题，完成助力机械的设计。

（1）设计要求

① 设计一台帮助快递员搬动物品的辅助装置。

② 机械装置在搬运商品的过程中可以减轻快递员的劳动强度，且能保障商品的安全，装置小巧轻便。

③ 设备可连续平稳运转。

④ 设备使用直流电或交流电供电。

（2）设计任务

① 设计一台帮助快递员搬动物品的辅助装置。

② 完成机械装配图 1 张（A0 或 A1 图样），典型传动零部件（如齿轮及轴类）零件图 2 张。

③ 编写说明书 1 份。

20. 设计实践题，完成某小型停车机械装置的设计。

（1）设计要求

① 设计一种节约场地、节约能源、低成本、免维护的小型停车机械装置。

② 该装置的空间利用率高,安全、便捷。

③ 使用期限:10 年,大修期为 3 年。

④ 车辆种类包括小轿车、摩托车、电动车、自行车 4 种。

⑤ 停放位置可以是车主自有场地,也可以是小区公共场所。

⑥ 要求选用的机构结构简单、运动灵活可靠。

（2）设计任务

① 传动系统示意图 1 张。

② 执行机构方案图及机构运动简图一张（A2 图样）。

③ 完成减速器装配图 1 张（A0 或 A1 图样）,典型传动零部件（如大齿轮、输出轴等）零件图 2~3 张。

④ 编写说明书 1 份。

21. 设计实践题,完成帮助老年人独自活动起居的机械装置设计。

（1）设计要求

① 设计一种帮助老年人独自活动起居的机械装置。

② 机械装置可辅助老人从床上坐立、上下床、如厕、洗浴;可预防其跌伤,辅助其跌倒后站立;可提醒老人吃药,进行物品整理,使物品方便存取等。

③ 该装置操作容易、安全、便捷。

④ 使用期限:10 年,大修期为 3 年。

⑤ 要求选用的机构结构简单、运动灵活可靠。

（2）设计任务

① 传动系统示意图 1 张。

② 执行机构方案图及机构运动简图一张（A2 图样）。

③ 完成减速器装配图 1 张（A0 或 A1 图样）,典型传动零部件（如大齿轮、输出轴等）零件图 2~3 张。

④ 编写说明书 1 份。

22. 设计实践题,完成用于修复自然生态的机械装置设计。

（1）设计要求

① 设计一种用于修复自然生态的机械装置,包括防风固沙、植被修复和净化海洋污染物的机械装置。

② 该装置操作容易、安全、便捷。

③ 使用期限:10 年,大修期为 3 年。

④ 要求选用的机构结构简单、运动灵活可靠。

（2）设计任务

① 传动系统示意图 1 张。

② 执行机构方案图及机构运动简图一张（A2 图样）。

③ 完成减速器装配图 1 张（A0 或 A1 图样），典型传动零部件（如大齿轮、输出轴等）零件图 2 ~ 3 张。

④ 编制说明书 1 份。

23. 设计实践题，完成用于现代智能家居的机械装置设计。

（1）设计要求

① 设计和开发新一代住宅用机械和家用的智能机械装置，如实现自动通风、合理采光、室内物品整理、室内卫生打扫、衣物晾晒与折叠存放等功能的装置。

② 该装置操作容易、安全、便捷。

③ 使用期限：10 年，大修期为 3 年。

④ 要求选用的机构结构简单、运动灵活可靠。

（2）设计任务

① 传动系统示意图 1 张。

② 执行机构方案图及机构运动简图一张（A2 图样）。

③ 完成减速器装配图 1 张（A0 或 A1 图样），典型传动零部件（如大齿轮、输出轴等）零件图 2 ~ 3 张。

④ 编制说明书 1 份。

24. 设计实践题，完成用于辅助人工采摘水果的机械装置或工具的设计。

（1）设计要求

① 设计一种辅助人工采摘水果的机械装置。

② 辅助人工采摘的水果仅限于苹果、梨、桃、枣、柑子、橘子、荔枝、樱桃、菠萝、草莓等 10 种水果。

③ 该装置操作容易、安全、便捷。

④ 使用期限：10 年，大修期为 3 年。

⑤ 要求选用的机构结构简单、运动灵活可靠。

（2）设计任务

① 传动系统示意图 1 张。

② 执行机构方案图及机构运动简图一张（A2 图样）。

③ 完成减速器装配图 1 张（A0 或 A1 图样），典型传动零部件（如大齿轮、输出轴等）零件图 2 ~ 3 张。

④ 编制说明书 1 份。

参 考 文 献

［1］史晓亮,舒敬萍,彭兆.机械制造工程实训及创新教程［M］.北京:清华大学出版社,2020.

［2］孙康宁,张景德.工程材料与机械制造基础［M］.第3版.北京:高等教育出版社,2019.

［3］傅水根,李双寿.机械制造实习［M］.北京:清华大学出版社,2009.

［4］张学政.金属工艺学实习教材［M］.第3版.北京:高等教育出版社,2004.

［5］杨贺来.金属工艺学实习教程［M］.北京:北京交通大学出版社,2007.

［6］钱继锋.金工实习教程［M］.北京:北京大学出版社,2006.

［7］谷定来.图解钳工入门［M］.北京:机械工业出版社,2017.

［8］欧阳波仪.钳工入门［M］.北京:化学工业出版社,2012.

［9］沈冰.金工实习［M］.北京:中国电力出版社,2008.

［10］李建明.金工实习［M］.北京:高等教育出版社,2010.

［11］廖凯,邱显焱.机械工程实训［M］.第3版.北京:科学出版社,2020.

［12］侯书林,张炜,杜新宇.机械工程实训［M］.北京:北京大学出版社,2015.

［13］薄宵.磨工实用技术手册［M］.南京:江苏科学技术出版社,2002.

［14］任秀华,张超,张涵.机械设计创新实践［M］.北京:机械工业出版社,2018.

［15］杨家军.机械创新设计与实践［M］.武汉:华中科技大学出版社,2021.

［16］明兴祖.数控技术［M］.第3版.北京:化学工业出版社,2015.

［17］明瑞.数控加工技术［M］.第4版.北京:化学工业出版社,2022.

［18］明瑞,卢定军,周静.数控加工实践教材［M］.第2版.北京:化学工业出版社,2023.